国家出版基金资助项目
现代数学中的著名定理纵横谈丛书
丛书主编 王梓坤

Bernstein Polynomial and Bézier Surface

Bernstein 多项式
与 Bézier 曲面

佩捷 吴雨宸 编著

哈尔滨工业大学出版社
HARBIN INSTITUTE OF TECHNOLOGY PRESS

内容简介

本书详细介绍了 Bernstein 多项式和 Bézier 曲线及曲面. 全书共分 3 章及 5 个附录,读者通过阅读此书可以更全面地了解其相关知识及内容.

本书适合从事高等数学学习和研究的大学师生及数学爱好者参考阅读.

图书在版编目(CIP)数据

Bernstein 多项式与 Bézier 曲面/佩捷,吴雨宸编著. —哈尔滨:哈尔滨工业大学出版社,2016.1
(现代数学中的著名定理纵横谈丛书)
ISBN 978−7−5603−5574−0

Ⅰ.①B… Ⅱ.①佩… ②吴… Ⅲ.①伯恩斯坦多项式−研究 ②曲线−定理−研究 Ⅳ.①O174.14 ②O123.3

中国版本图书馆 CIP 数据核字(2015)第 197855 号

策划编辑	刘培杰　张永芹
责任编辑	张永芹　杜莹雪
封面设计	孙茵艾
出版发行	哈尔滨工业大学出版社
社　　址	哈尔滨市南岗区复华四道街 10 号　邮编 150006
传　　真	0451−86414749
网　　址	http://hitpress.hit.edu.cn
印　　刷	牡丹江邮电印务有限公司
开　　本	787mm×960mm　1/16　印张 23.25　字数 250 千字
版　　次	2016 年 1 月第 1 版　2016 年 1 月第 1 次印刷
书　　号	ISBN 978−7−5603−5574−0
定　　价	98.00 元

(如因印装质量问题影响阅读,我社负责调换)

◎代序

读书的乐趣

你最喜爱什么——书籍.

你经常去哪里——书店.

你最大的乐趣是什么——读书.

这是友人提出的问题和我的回答.真的,我这一辈子算是和书籍,特别是好书结下了不解之缘.有人说,读书要费那么大的劲,又发不了财,读它做什么?我却至今不悔,不仅不悔,反而情趣越来越浓.想当年,我也曾爱打球,也曾爱下棋,对操琴也有兴趣,还登台伴奏过.但后来却都一一断交,"终身不复鼓琴".那原因便是怕花费时间,玩物丧志,误了我的大事——求学.这当然过激了一些.剩下来唯有读书一事,自幼至今,无日少废,谓之书痴也可,谓之书橱也可,管它呢,人各有志,不可相强.我的一生大志,便是教书,而当教师,不多读书是不行的.

读好书是一种乐趣,一种情操;一种向全世界古往今来的伟人和名人求教的方法,一种和他们展开讨论的方式;一封出席各种社会、体验各种生活、结识各种人物的邀请信;一张迈进科学宫殿和未知世界的入场券;一股改造自己、丰富自己的强大力量.书籍是全人类有史以来共同创造的财富,是永不枯竭的智慧的源泉.失意时读书,可以使人重整旗鼓;得意时读书,可以使人头脑清醒;疑难时读书,可以得到解答或启示;年轻人读书,可明奋进之道;年老人读书,能知健神之理.浩浩乎!洋洋乎!如临大海,或波涛汹涌,或清风微拂,取之不尽,用之不竭.吾于读书,无疑义矣,三日不读,则头脑麻木,心摇摇无主.

潜能需要激发

我和书籍结缘,开始于一次非常偶然的机会.大概是八九岁吧,家里穷得揭不开锅,我每天从早到晚都要去田园里帮工.一天,偶然从旧木柜阴湿的角落里,找到一本蜡光纸的小书,自然很破了.屋内光线暗淡,又是黄昏时分,只好拿到大门外去看.封面已经脱落,扉页上写的是《薛仁贵征东》.管它呢,且往下看.第一回的标题已忘记,只是那首开卷诗不知为什么至今仍记忆犹新:

日出遥遥一点红,飘飘四海影无踪.
三岁孩童千两价,保主跨海去征东.

第一句指山东,二、三两句分别点出薛仁贵(雪、人贵).那时识字很少,半看半猜,居然引起了我极大的兴趣,同时也教我认识了许多生字.这是我有生以来独立看的第一本书.尝到甜头以后,我便千方百计去找书,向小朋友借,到亲友家找,居然断断续续看了《薛丁山征西》《彭公案》《二度梅》等,樊梨花便成了我心中的女英雄.我真入迷了.从此,放牛也罢,车水也罢,我总要带一本书,还练出了边走田间小路边读书的本领,读得津津有味,不知人间别有他事.

当我们安静下来回想往事时,往往会发现一些偶然的小事却影响了自己的一生.如果不是找到那本《薛仁贵征东》,我的好学心也许激发不起来.我这一生,也许会走另一条路.人的潜能,好比一座汽油库,星星之火,可以使它雷声隆隆、光照天地;但若少了这粒火星,它便会成为一潭死水,永归沉寂.

抄,总抄得起

好不容易上了中学,做完功课还有点时间,便常光顾图书馆.好书借了实在舍不得还,但买不到也买不起,便下决心动手抄书.抄,总抄得起.我抄过林语堂写的《高级英文法》,抄过英文的《英文典大全》,还抄过《孙子兵法》,这本书实在爱得狠了,竟一口气抄了两份.人们虽知抄书之苦,未知抄书之益,抄完毫末俱见,一览无余,胜读十遍.

始于精于一,返于精于博

关于康有为的教学法,他的弟子梁启超说:"康先生之教,专标专精、涉猎二条,无专精则不能成,无涉猎则不能通也."可见康有为强烈要求学生把专精和广博(即"涉猎")相结合.

在先后次序上,我认为要从精于一开始.首先应集中精力学好专业,并在专业的科研中做出成绩,然后逐步扩大领域,力求多方面的精.年轻时,我曾精读杜布(J. L. Doob)的《随机过程论》,哈尔莫斯(P. R. Halmos)的《测度论》等世界数学名著,使我终身受益.简言之,即"始于精于一,返于精于博".正如中国革命一样,必须先有一块根据地,站稳后再开创几块,最后连成一片.

丰富我文采,澡雪我精神

辛苦了一周,人相当疲劳了,每到星期六,我便到旧书店走走,这已成为生活中的一部分,多年如此.一次,偶然看到一套《纲鉴易知录》,编者之一便是选编《古文观止》的吴楚材.这部书提纲挈领地讲中国历史,上自盘古氏,直到明末,记事简明,文字古雅,又富于故事性,便把这部书从头到尾读了一遍.从此启发了我读史书的兴趣.

我爱读中国的古典小说,例如《三国演义》和《东周列国志》.我常对人说,这两部书简直是世界上政治阴谋诡计大全.即以近年来极时髦的人质问题(伊朗人质、劫机人质等),这些书中早就有了,秦始皇的父亲便是受害者,堪称"人质之父".

《庄子》超尘绝俗,不屑于名利.其中"秋水""解牛"诸篇,诚绝唱也.《论语》束身严谨,勇于面世,"己所不欲,勿施于人",有长者之风.司马迁的《报任少卿书》,读之我心两伤,既伤少卿,又伤司马;我不知道少卿是否收到这封信,希望有人做点研究.我也爱读鲁迅的杂文,果戈理、梅里美的小说.我非常敬重文天祥、秋瑾的人品,常记他们的诗句:"人生自古谁无死,留取丹心照汗青""谁言女子非英物,夜夜龙泉壁上鸣".唐诗、宋词、《西厢记》《牡丹亭》,丰富我文采,澡雪我精神,其中精粹,实是人间神品.

读了邓拓的《燕山夜话》,既叹服其广博,也使我动了写《科学发现纵横谈》的心.不料这本小册子竟给我招来了上千封鼓励信.以后人们便写出了许许多多的"纵横谈".

从学生时代起,我就喜读方法论方面的论著.我想,做什么事情都要讲究方法,追求效率、效果和效益,方法好能事半而功倍.我很留心一些著名科学家、文学家写的心得体会和经验.我曾惊讶为什么巴尔扎克在51年短短的一生中能写出上百本书,并从他的传记中去寻找答案.文史哲和科学的海洋无边无际,先哲们的明智之光沐浴着人们的心灵,我衷心感谢他们的恩惠.

读书的另一面

以上我谈了读书的好处,现在要回过头来说说事情的另一面.

读书要选择.世上有各种各样的书:有的不值一看,有的只值看20分钟,有的可看5年,有的可保存一辈子,有的将永远不朽.即使是不朽的超级名著,由于我们的精力与时间有限,也必须加以选择.决不要看坏书,对一般书,要学会速读.

读书要多思考.应该想想,作者说得对吗?完全吗?适合今天的情况吗?从书本中迅速获得效果的好办法是有的放矢地读书,带着问题去读,或偏重某一方面去读.这时我们的思维处于主动寻找的地位,就像猎人追找猎物一样主动,很快就能找到答案,或者发现书中的问题.

有的书浏览即止,有的要读出声来,有的要心头记住,有的要笔头记录.对重要的专业书或名著,要勤做笔记,"不动笔墨不读书".动脑加动手,手脑并用,既可加深理解,又可避忘备查,特别是自己的灵感,更要及时抓住.清代章学诚在《文史通义》中说:"札记之功必不可少,如不札记,则无穷妙绪如雨珠落大海矣."

许多大事业、大作品,都是长期积累和短期突击相结合的产物.涓涓不息,将成江河;无此涓涓,何来江河?

爱好读书是许多伟人的共同特性,不仅学者专家如此,一些大政治家、大军事家也如此.曹操、康熙、拿破仑、毛泽东都是手不释卷,嗜书如命的人.他们的巨大成就与毕生刻苦自学密切相关.

王梓坤

目录

第1章 Bernstein 多项式与 Bézier 曲线 //1

§1 引言 //1

§2 同时代的两位 Bernstein //3

§3 推广到 m 阶等差数列 //5

§4 另一个推广 //6

§5 逼近论中的 Bernstein 定理 //10

§6 数学家的语言——算子 //16

§7 构造数值积分公式的算子方法 //19

  7.1 几个常用的符号算子及其关系式 //20

  7.2 Euler 求和公式的导出 //24

  7.3 利用符号算子表出的数值积分公式 //25

§8 将 B_n 也视为算子 //27

§9 来自宾夕法尼亚大学女研究生的定理 //32

§10 计算几何学与调配函数 //37

§11 Bézier 曲线与汽车设计 //39

§12 推广到三角形域 //45

§13 Bernstein 多项式的多元推广 //55

第2章 Bernstein 多项式和保形逼近 //58

§1 Bernstein 多项式的性质 //59

§2 保形插值的样条函数方法 //69

§3 容许点列的构造 //75

 3.1 单调数组的容许点列构造 //75

 3.2 凸数组的容许点列构造 //77

 3.3 数值例子 //80

§4 分片单调保形插值 //81

§5 多元推广的 Bernstein 算子的逼近性质 //84

 5.1 引言 //84

 5.2 基本引理 //85

 5.3 主要结果 //86

第3章 数学工作者论 Bézier 方法 //91

§1 常庚哲,吴骏恒论 Bézier 方法的数学基础 //91

 1.1 引言 //91

 1.2 Bézier 曲线 //91

1.3 函数族$\{f_{n,i}\}$的若干性质 //93

1.4 Bézier 曲线的 Bernstein 形式 //95

1.5 联系矩阵的逆矩阵 //96

1.6 作图方法的证明 //98

§2 苏步青论 Bézier 曲线的仿射不变量 //104

2.1 n 次平面 Bézier 曲线的仿射不变量 //104

2.2 三次平面 Bézier 曲线的保凸性 //106

2.3 四次平面 Bézier 曲线的拐点 //111

2.4 几个具体的例子 //115

§3 华宣积论四次 Bézier 曲线的拐点和奇点 //118

3.1 四次 Bézier 曲线的拐点 //119

3.2 B_4 的尖点 //125

3.3 B_4 有二重点的充要条件 //129

3.4 无二重点的一个充分条件 //134

§4 带两个形状参数的五次 Bézier 曲线的扩展 //136

4.1 引言 //136

4.2 基函数的定义及性质 //137

4.3 曲线的构造及性质 //139

4.4 结论 //142

附录Ⅰ Bézier 曲线的模型 //143

§1 引言 //143

  1.1 简介 //143

  1.2 多种面目 //144

§2 第一种定义法:点定义法 //144

  2.1 Bernstein 多项式 //144

  2.2 Bézier 曲线的第一种定义 //155

  2.3 Bézier 曲线的变换 //168

  2.4 在其他多项式基底上的展开 //172

§3 Bézier 曲线的局部性质 //177

  3.1 逐次导向量,切线 //177

  3.2 Bézier 曲线的局部问题 //179

§4 第二种定义法:向量与制约 //185

  4.1 n 维空间曲线的定义 //185

  4.2 多项式 f_3^i 的确定 //186

  4.3 一般情形 //188

  4.4 Bézier 曲线的第二种定义 //190

§5 Bézier 曲线的几何绘制 //196

  5.1 参数曲线 //196

  5.2 四个例子 //197

§6 第三种定义法:"重心"序列法 //202

  6.1 概要 //202

  6.2 De Casteljau 算法 //203

6.3 用第一种定义法引进向量序列 //208

6.4 导向量的 De Casteljau 算法 //213

6.5 用于几何绘制 //216

§7 矢端曲线 //220

7.1 定义 //220

7.2 推广 //221

§8 Bézier 曲线的几何 //224

8.1 抛物线情形 //224

8.2 三次曲线问题 //228

8.3 四次曲线问题 //234

8.4 Bézier 曲线的子弧 //238

8.5 阶次的增减 //240

§9 形体设计 //247

9.1 几种可能的方法 //247

9.2 复合曲线 //248

附录Ⅱ 魏尔斯特拉斯定理 //252

§1 魏尔斯特拉斯第一及第二定理的表述 //252

§2 第一定理的 A·勒贝格的证明 //257

§3 第一定理的 E·兰道的证明 //262

§4 第一定理的 C·H·伯恩斯坦的证明 //267

§5 C·H·伯恩斯坦多项式的若干性质 //274

§6 第二定理的证明以及第一定理与第二定理的

　　　　联系　//282

　　§7　关于插补基点的法柏定理　//289

　　§8　费叶的收敛插补过程　//299

附录Ⅲ　关于 Bernstein 型和 Bernstein-Grünwald 型
　　　　插值过程　//303

　　§1　引言　//303

　　§2　关于一个 B－过程　//305

　　§3　关于一个 BG－过程　//318

　　§4　一般定理　//323

附录Ⅳ　Bernstein 多项式逼近的一个注记（A Note
　　　　on Approximation by Bernstein Polynomi-
　　　　als）　//326

　　§1　Introduction　//326

　　§2　Results　//328

　　§3　Proofs　//330

附录Ⅴ　数值分析中的伯恩斯坦多项式　//336

　　§1　伯恩斯坦多项式的一些性质　//336

　　§2　关于被逼近的函数的导数与伯恩斯坦逼近
　　　　多项式间的联系　//340

　　§3　最小偏差递减的快慢　//344

参考文献　//347

编辑手记　//355

第1章 Bernstein 多项式[①]与 Bézier 曲线[②]

§1 引 言

借用一句歌词:岁月辽阔,咫尺终究是在天涯,剪不断,这无休的牵挂. 对于像 Bernstein 多项式与 Bézier 曲线这样专业的数学名词在中国是少为人知的,一直到 20 世纪 80 年代之前,它们还只限于专业数学工作者的小圈子内. 中国数学的黄金时代如果说有的话,那么 20 世纪 80 年代绝对算上一个,数学家们以忘我的钻研热情和高昂的拼搏斗志在各自的领域给出了一批国际水准的成果,同时作为科学共同体的一员,他们还没有忘了向全社会普及数学,特别是向青少年普及近代数学的责任和义务. 许多著名数学家亲自操刀,写出了一批高质量的数学科普文章和著作. 我们发现就其效果似乎是以高深的数学思想为背景命制一些数学竞赛试题更有效.

1986 年全国高中数学联赛二试题 1 为:

试题 1 已知实数列 $a_0, a_1, a_2, \cdots$,满足
$$a_{i-1} + a_{i+1} = 2a_i, \ i=1,2,3,\cdots$$

[①] 译为"伯恩斯坦多项式". ——编者注
[②] 译为"贝齐尔曲线". ——编者注

Bernstein 多项式与 Bézier 曲面

求证：对于任何自然数 n
$$P(x) = a_0 C_n^0 (1-x)^n + a_1 C_n^1 x(1-x)^{n-1} + \\ a_2 C_n^2 x^2 (1-x)^{n-2} + \cdots + \\ a_{n-1} C_n^{n-1} x^{n-1} (1-x) + a_n C_n^n x^n$$
是 x 的一次多项式或常数.

（注：原题条件限制 $\{a_i\}$ 不为常数列. 证明中只要证 $P(x)$ 为一次函数，是此题的一个特例）

证明 在 $a_0 = a_1 = \cdots = a_n$ 时，有
$$P(x) = a_0 [C_n^0 (1-x)^n + \\ C_n^1 (1-x)^{n-1} x + \cdots + C_n^n x^n] = \\ a_0 [(1-x) + x]^n = a_0$$
为常数. 对于一般情况，由已知 $a_k = a_0 + kd$，d 为常数，$k = 0,1,2,\cdots,n$. 因为
$$C_n^0 (1-x)^n + 1 \cdot C_n^1 (1-x)^{n-1} x + \cdots + \\ k C_n^k (1-x)^{n-k} x^k + \cdots + n C_n^n x^n = \\ n C_{n-1}^0 (1-x)^{n-1} x + \cdots + \\ n C_{n-1}^{k-1} (1-x)^{n-k} x^k + \cdots + n C_{n-1}^{n-1} x^n = \\ nx [C_{n-1}^0 (1-x)^{n-1} + \\ C_{n-1}^1 (1-x)^{n-2} x + \cdots + C_{n-1}^{n-1} x^{n-1}] = \\ nx [(1-x) + x]^{n-1} = nx$$

所以
$$P(x) = a_0 [C_n^0 (1-x)^n + C_n^1 (1-x)^{n-1} x + \cdots + C_n^n x^n] + \\ d [0 \cdot C_n^0 (1-x)^n + \cdots + k C_n^k (1-x)^{n-k} x^k + \cdots + \\ n C_n^n x] = a_0 + ndx$$

为一次多项式.

这是一道背景深刻的好题，它以函数构造论中的 Bernstein 多项式及计算几何中的 Bézier 曲线为背景.

第1章　Bernstein 多项式与 Bézier 曲线

§2　同时代的两位 Bernstein

在数学史上几乎同一时期有两位同名不同国籍但同样著名的数学家 Bernstein. 一位是德国的 Bernstein Felix(1878.2.24—1956.12.3), 此人生于德国哈勒, 卒于瑞士苏黎世, 他师从于著名数学家 Cantor, Hilbert 和 Klein.

早在 1897 年, Bernstein 就首先证明了集合的等价定理: 如果集合 A 与集合 B 的一个子集等价, 集合 B 也和集合 A 的一个子集等价, 那么集合 A 与集合 B 等价, 这是集合论的基本定理, 由此可以建立基数概念. 他对数论、拉普拉斯变换、凸函数和等周问题也有贡献.

不过本节我们要介绍的是另一位 Bernstein, 他就是前苏联数学家 Bernstein Sergeĭ Natanovič(1880.3.5—1968.10.26). 他生于敖德萨, 1899 年毕业于巴黎大学, 1901 年毕业于多科工艺学校(许多法国著名数学家均出于此校). 1929 年成为前苏联科学院院士, 他曾在列宁格勒工学院和列宁格勒大学任教授, 对著名的列宁格勒数学学派影响很大.

Bernstein 的工作大体可分三部分:

① 函数逼近论方面, Bernstein 是当之无愧的开创者, 引进了许多以他名字命名的重要概念, 如: 本节要介绍的 Bernstein 多项式、三角多项式、导数的 Bernstein 不等式, 并开辟了许多新的研究方向, 如多项式逼近、确定单连通域上多项式逼近的准确近似度

等.

② 在微分方程领域，Bernstein 证明和涉足著名的 Hilbert 问题的第 19 和第 20 问题，创造了一种求解二阶偏微分方程边值问题的新方法（Bernstein 方法）.

③ 在概率论方面，他最早提出（1917 年）并发展了概率论的公理化结构，建立了关于独立随机变量之和的中心极限定理，研究了非均匀的马尔可夫链. 另外，他与 Levy, Paul Pierre(1886—1971) 在研究一维布朗扩散运动时，曾最先尝试用概率方式研究所给随机微分方程，并将它推广到多维扩散过程. 今天随机微分方程已成为研究金融的重要工具，许多获诺贝尔经济奖的工作都与此有关.

他的这些工作都被收集在前苏联科学院于 1952 年、1959 年、1960 年、1964 年出版的他的共 4 卷论文集中.

由于他的巨大的贡献与成就，Bernstein 于 1911 年获比利时科学院奖，1920 年获法国科学院奖，1962 年获苏联国家奖.

现在以 Bernstein 命名的多项式是指：

设 $f(x)$ 为定义于闭区间 $[0,1]$ 上的函数，称多项式

$$B_n(f(x);x) = \sum_{k=0}^{n} f\left(\frac{k}{n}\right) C_n^k x^k (1-x)^{n-k}$$

为函数 $f(x)$ 的 Bernstein 多项式. 有时也简记为 $B_n(f;x)$ 或 $B_n(x)$.

§3 推广到 m 阶等差数列

试题 2 对于一次多项式（一阶等差数列通项公式为一次），当 $n \geqslant 1$ 时，它的 Bernstein 多项式 $B_n(f(x);x)$ 的次数为一次（而非 n 次）．

一个自然会想到的问题是：可否将这一结论推广到 m 次多项式（m 阶等差数列的通项公式为 m 次），即下述定理是否成立：

定理 1 若函数 $f(x)$ 是一个 m 次多项式，则当 $n \geqslant m$ 时，它的 Bernstein 多项式 $B_n(f(x);x)$ 的次数为 m 次（而非 n 次）．

证明 显然，只需证明当 $f(x)=x^m$ 时定理成立即可，也就是要证明
$$\sum_{k=0}^{n} k^m C_n^k x^k (1-x)^{n-k}$$
当 $n \geqslant m$ 时为一个 m 次多项式．

若把恒等式
$$\sum_{k=0}^{n} C_n^k z^k = (1+z)^n$$
逐步微分 m 次且每次都乘上 z，则左边成为
$$\sum_{k=0}^{n} k^m C_n^k z^k$$
右边可得到一个可以被 $(1+z)^{n-m}$ 除尽的 n 次多项式．

这可以对 m 用归纳法来验证，即有
$$\sum_{k=0}^{n} k^m C_n^k z^k = (1+z)^{n-m} P_m(z) \qquad (1)$$

5

令 $z = \dfrac{x}{1-x}$,并乘上 $(1-x)^n$,则式(1)可变为

$$\sum_{k=0}^n k^m C_n^k x^k (1-x)^{n-k} = (1-x)^m P_m\left(\dfrac{x}{1-x}\right)$$

亦即为一个 m 次多项式.

利用定理 1 可得到一个很有用的结论:

对于一切实数 x,都有 $\lim\limits_{n\to\infty} B_n(x^m;x) = x^m$.

而这一结果可以直接推出一个重要定理,即 Kantorovic 在 1931 年得到的一条定理:

若 $f(x)$ 为整函数,则它的 Bernstein 多项式 $B_n(f(x);x)$ 在整个数轴上都收敛于 $f(x)$.

§4 另一个推广

原石家庄师专的王玉怀先生将这个试题作了另一个推广:

定理 2 已知实数列 $a_0, a_1, a_2, \cdots$,满足

$$a_{i-1} + a_{i+1} = 2a_i, \quad i = 1, 2, 3, \cdots$$

求证:对于任何自然数 n

$$\begin{aligned}P(x) = &\, a_0^2 C_n^0 (1-x)^n + a_1^2 C_n^1 x (1-x)^{n-1} + \\ & a_2^2 C_n^2 x^2 (1-x)^{n-2} + \cdots + \\ & a_{n-1}^2 C_n^{n-1} x^{n-1} (1-x) + a_n^2 C_n^n x^n\end{aligned}$$

是 x 的次数不超过 2 的多项式.

证明 设

$$P(x) = Ax^2 + Bx + C$$

用 $x = 0$ 代入,得

$$C = P(0) = a_0^2 C_n^0 = a_0^2$$

第 1 章　Bernstein 多项式与 Bézier 曲线

再用 $x=1$ 代入，得
$$A+B+C=P(1)=a_n^2$$
即
$$A+B+a_0^2=a_n^2$$
或
$$A+B=a_n^2-a_0^2$$
由题设条件 $a_0,a_1,a_2,\cdots$ 为等差数列，因此
$$a_n=a_0+n(a_1-a_0),\ n=0,1,2,\cdots$$
所以
$$A+B=[a_0+n(a_1-a_0)]^2-a_0^2$$
整理，得
$$A+B=n^2(a_1-a_0)^2+2n(a_1-a_0)a_0 \qquad (2)$$
又 $\qquad P'(x)=2Ax+B$
$$\begin{aligned}P'(x)=&na_0^2\mathrm{C}_n^0(1-x)^{n-1}(-1)+a_1^2\mathrm{C}_n^1(1-x)^{n-1}+\\&(n-1)a_1^2\mathrm{C}_n^1 x(1-x)^{n-2}(-1)+\cdots+\\&(n-1)a_{n-1}^2\mathrm{C}_n^{n-1}x^{n-2}(1-x)+\\&(-1)a_{n-1}^2\mathrm{C}_n^{n-1}x^{n-1}+na_n^2\mathrm{C}_n^n x^{n-1}\end{aligned}$$
于是，有
$$B=P'(0)=n(a_1^2-a_0^2)$$
代入式（2），得
$$A=(n^2-n)(a_1-a_0)^2$$
现在，需要证明
$$P(x)=(n^2-n)(a_1-a_0)^2 x^2+n(a_1^2-a_0^2)x+a_0^2$$
$$(3)$$

下面用归纳法来证明：

当 $n=1$ 时，有
$$P(x)=a_0^2\mathrm{C}_1^0(1-x)+a_1^2\mathrm{C}_1^1 x=$$
$$a_0^2-a_0^2 x+a_1^2 x=$$

7

Bernstein 多项式与 Bézier 曲面

$$(a_1^2 - a_0^2)x + a_0^2$$

因此,当 $n=1$ 时,公式(3) 成立.

设公式对于 n 成立,进而证明对 $n+1$ 也成立. 这时

$$P(x) = \sum_{i=0}^{n+1} a_i^2 C_{n+1}^i x^i (1-x)^{n+1-i}$$

利用公式 $C_{n+1}^i = C_n^{i-1} + C_n^i$,做如下推导

$$P(x) = \sum_{i=0}^{n+1} a_i^2 [C_n^i + C_n^{i-1}] x^i (1-x)^{n+1-i} =$$

$$\sum_{i=0}^{n} a_i^2 C_n^i x^i (1-x)^{n+1-i} +$$

$$\sum_{i=1}^{n+1} a_i^2 C_n^{i-1} x^i (1-x)^{n+1-i} =$$

$$(1-x) \sum_{i=0}^{n} a_i^2 C_n^i x^i (1-x)^{n-i} +$$

$$x \sum_{i=1}^{n+1} a_i^2 C_n^{i-1} x^{i-1} (1-x)^{n-(i-1)}$$

在最后一个和式中,用 i 来代替 $i-1$,得

$$P(x) = (1-x) \sum_{i=0}^{n} a_i^2 C_n^i x^i (1-x)^{n-i} +$$

$$x \sum_{i=0}^{n} a_{i+1}^2 C_n^i x^i (1-x)^{n-i} \qquad (4)$$

注意到

$$a_{i+1} = a_i + (a_1 - a_0)$$

于是,有

$$\sum_{i=0}^{n} a_{i+1}^2 C_n^i x^i (1-x)^{n-i} = \sum_{i=0}^{n} [a_i + (a_1 - a_0)]^2 C_n^i x^i (1-x)^{n-i} =$$

$$\sum_{i=0}^{n} a_i^2 C_n^i x^i (1-x)^{n-i} +$$

8

第 1 章　Bernstein 多项式与 Bézier 曲线

$$2(a_1 - a_0) \cdot$$
$$\sum_{i=0}^{n} a_i C_n^i x^i (1-x)^{n-i} +$$
$$(a_1 - a_0)^2 \sum_{i=0}^{n} C_n^i x^i (1-x)^{n-i}$$

上述第二个和式,由原试题 2 知道

$$\sum_{i=0}^{n} a_i C_n^i x^i (1-x)^{n-i} = P(x) = a_0 + n(a_1 - a_0)x$$
$$2(a_1 - a_0) \sum_{i=0}^{n} a_i C_n^i x^i (1-x)^{n-i} =$$
$$2(a_1 - a_0)[a_0 + n(a_1 - a_0)x]$$

又因为

$$\sum_{i=0}^{n} C_n^i x^i (1-x)^{n-i} = 1$$

将它们代入式(4),得

$$P(x) = \sum_{i=0}^{n} a_i^2 C_n^i x^i (1-x)^{n-i} +$$
$$2(a_1 - a_0)[a_0 + n(a_1 - a_0)x]x +$$
$$(a_1 - a_0)^2 x$$

由归纳假设可知

$$P(x) = (n^2 - n)(a_1 - a_0)^2 x^2 + n(a_1^2 - a_0^2)x + a_0^2 +$$
$$2(a_1 - a_0)[a_0 + n(a_1 - a_0)x]x + (a_1 - a_0)^2 x =$$
$$[(n^2 - n)(a_1 - a_0)^2 + 2n(a_1 - a_2)^2]x^2 +$$
$$[n(a_1^2 - a_0^2) + 2(a_1 - a_0)a_0 + (a_1 - a_0)^2]x + a_0^2 =$$
$$[(n+1)^2 - (n+1)](a_1 - a_0)^2 x^2 +$$
$$(n+1)(a_1^2 - a_0^2)x + a_0^2$$

这说明,公式(4)对于 $n+1$ 也成立.

§5 逼近论中的 Bernstein 定理

Bernstein 多项式的产生是出于函数逼近论的需要. 在函数逼近论中一个最基本的问题就是:能不能用结构最简单的函数——多项式去逼近任意的连续函数,而且具有预先给定的精确度? 1885 年德国数学家 Weierstrass,Karl(1815—1897)对这个问题给了肯定的答案.

这是逼近论中的一个基本定理,有许多不同的证明. 前苏联著名数学家 И·П·纳汤松推崇的是基于 Bernstein 定理的证明.

Bernstein 证明了:若 $f(x)$ 在闭区间 $[0,1]$ 上连续,则对于 x 一致有 $\lim\limits_{n\to\infty} B_n(f(x);x) = f(x)$.

其实对于区间 $[0,1]$ 来说,Bernstein 定理与 Weierstrass 定理是等同的,并且它要优于后者. 因为它建立了完全确定的多项式 $B_n(f(x);x)$ 的形状,而后者只确认了近似多项式的存在,并未给出其结构来.

用多项式去逼近一个函数,如 $f(x) = \dfrac{1}{1+x^2}, x \in [-5,5]$,在区间 $[-5,5]$ 上采用等距节点作 Lagrange 多项式插值. Runge(一位德国物理学家)发现:如果节点的个数趋向于无穷,那么只有在 $|x| \leqslant 3.63\cdots$ 时,插值多项式序列才趋向于函数 $f(x)$. 在这个范围之外,那多项式序列竟是发散的! 这就是著名的"Runge 现象". 为了避免此类现象的发生,我们应不拘泥于个别点上函数值的相等,而要求从整体上来说两个函数

10

相当接近,这就是逼近理论. 我们特别希望逼近函数在很大程度上继承了被逼近函数的几何形态,这才发展出 Bernstein 定理.

Bernstein 定理的证明可以说是完全初等的,它需要两个引理.

引理 1 对于任何 x,都有
$$\sum_{k=0}^{n}(k-nx)^2 C_n^k (1-x)^{n-k} \leqslant \frac{n}{4}$$

证明 将恒等式
$$\sum_{k=0}^{n} C_n^k z^k = (z+1)^n \tag{5}$$

两端求导并乘 z,得到
$$\sum_{k=0}^{n} k C_n^k z^k = nz(z+1)^{n-1} \tag{6}$$

将式(6)两端再求导并乘 z,得到
$$\sum_{k=0}^{n} k^2 C_n^k z^k = nz(nz+1)(z+1)^{n-2} \tag{7}$$

在式(5),(6),(7)中,令 $z = \dfrac{x}{1-x}$,并用 $(1-x)^n$ 乘以式(5),(6),(7),便得到三个组合恒等式

$$\sum_{k=0}^{n} C_n^k x^k (1-x)^{n-k} = 1 \tag{8}$$

$$\sum_{k=0}^{n} k C_n^k x^k (1-x)^{n-k} = nx \tag{9}$$

$$\sum_{k=0}^{n} k^2 C_n^k x^k (1-x)^{n-k} = nx(nx+1-x) \tag{10}$$

用 $n^2 x^2$,$-2nx$,1 分别乘以式(8),(9),(10),并相加得

$$\sum_{k=0}^{n} (k-nx)^2 C_n^k x^k (1-x)^{n-k} = nx(1-x)$$

再注意到
$$x(1-x) \leqslant \left(\frac{x+(1-x)}{2}\right)^2 = \frac{1}{4}$$

可得
$$\sum_{k=0}^n (k-nx)^2 C_n^k (1-x)^{n-k} \leqslant \frac{n}{4}$$

引理 2 设 $x \in [0,1]$,且 δ 是任意正数,用 $\Delta_n(x)$ 表示整数 $0,1,2,\cdots,n$ 中满足不等式

$$\left|\frac{k}{n} - x\right| \geqslant \delta \tag{11}$$

的那些值 k 所成的集合,则

$$\sum_{k \in \Delta_n(x)} C_n^k x^k (1-x)^{n-k} \leqslant \frac{1}{4n\delta^2}$$

证明 若 $k \in \Delta_n(x)$,由式(11) 可得

$$\frac{(k-nx)^2}{n^2 \delta^2} \geqslant 1$$

所以
$$\sum_{k \in \Delta_n(x)} C_n^k x^k (1-x)^{n-k} \leqslant$$
$$\frac{1}{n^2 \delta^2} \sum_{k \in \Delta_n(x)} (k-nx)^2 C_n^k x^k (1-x)^{n-k}$$

如果在右方的和中,取遍 $k=0,1,2,\cdots,n$ 以求和,则此和只可能增大. 因为当 $x \in [0,1]$ 时,所有新添的加数(对应于 $0,1,2,\cdots,n$ 中那些不含 $\Delta_n(x)$ 中的 k) 都不是负的,于是由引理 1 可知引理 2 成立.

引理 2 的含义,粗略地说便是:当 n 很大时,在和 $\sum_{k=2}^n C_n^k x^k (1-x)^{n-k}$ 中起主要作用的只是满足条件

$$\left|\frac{k}{n} - x\right| < \delta$$

的那些 k 值所对应的加数,而其余的项对和的值几乎没有什么贡献.

第 1 章 Bernstein 多项式与 Bézier 曲线

由此我们不难推断,若 $f(x)$ 连续,则当 n 很大时,它与 Bernstein 多项式 $B_n(f(x);x)$ 相差极微. 由引理 2 证明中可见,在 $\sum_{k=0}^{n} C_n^k x^k (1-x)^{n-k}$ 中 $\frac{k}{n}$ 远离 x 的那些项,几乎不起什么作用,这对于多项式 $B_n(f(x);x)$ 亦是如此. 由于因子 $f(\frac{k}{n})$ 是有界的,所以在多项式 $B_n(f(x);x)$ 中,只有与 $\frac{k}{n}$ 十分靠近 x 的那些加数才是重要的,可是在这些项中,因子 $f(\frac{k}{n})$ 几乎与 $f(x)$ 无异(连续性). 这就意味着,如果用 $f(x)$ 来代替 $f(\frac{k}{n})$ 的项,那么多项式 $B_n(f(x);x)$ 几乎没有改变. 换句话说,近似等式

$$B_n(f(x);x) \approx \sum_{k=0}^{n} f(x) C_n^k x^k (1-x)^{n-k} = $$
$$f(x) \sum_{k=0}^{n} C_n^k x^k (1-x)^{n-k} = $$
$$f(x)$$

成立,这就是证明 Bernstein 定理的大体思路.

$f(x)$ 在 $[0,1]$ 上连续这一假定是不可缺少的. 考察 Dirichlet 函数

$$D(x) = \begin{cases} 1, & \text{当 } x \text{ 为有理数时} \\ 0, & \text{当 } x \text{ 为无理数时} \end{cases}$$

容易看出,$B_n(0) = 1$ 对 $\forall n \in \mathbf{N}$ 成立. 这说明,若不对函数 f 做一定的限制,$B_n(f)$ 与 f 可能毫无关联.

另外,$B_n(f(x);x)$ 也称 Bernstein 算子,它有种种变形与推广.

G. G. Lorentz 在 1953 年用稍加修饰了的

Bernstein 算子

$$\sum_{v=0}^{n}\binom{n}{v}x^v(1-x)^{n-v}(n+1)\int_{\frac{v}{n+1}}^{\frac{v+1}{n+1}}f(t)\mathrm{d}t$$

解决了一系列有趣定理的证明.

1960 年 D. D. Stancu 在两篇文章中将 Bernstein 算子推广到多个变数.

对于区域 $0 \leqslant x \leqslant 1, 0 \leqslant y \leqslant 1$ 中变数 x 与 y 的任何连续实值函数 $f(x,y)$ 表示式

$$B_{m,n}(f,x,y)=\sum_{v=0}^{m}\sum_{\mu=0}^{n}\binom{m}{v}\binom{m}{\mu}x^v(1-x)^{m-v}y^\mu \cdot$$
$$(1-y)^{n-\mu}f\left(\frac{v}{m},\frac{\mu}{n}\right)$$

叫作 m,n 阶 Bernstein 算子.

值得指出的是,一个变数的 Bernstein 多项式的所有重要性质对 $B_{m,n}(f,x,y)$ 都成立.

D. D. Stancu 还研究了 x 与 y 在三角形区域 $x \geqslant 0, y \geqslant 0, x+y \leqslant 1$ 的情形,并用

$$B_n(f,x,y)=\sum_{v=0}^{n}\sum_{\mu=0}^{n-v}P_n^{v,\mu}(x,y)f(\frac{v}{n},\frac{\mu}{n})$$

定义 n 阶 Bernstein 算子. 其中

$$P_n^{v,\mu}(x,y)=\binom{n}{v}\binom{n-v}{\mu}x^v y^\mu(1-x-y)^{n-v-\mu}$$

在 Bernstein 算子逼近的研究中,还有更一般的递推公式:

设 r 是非负整数,记

$$T_{nr}(x)=\sum_{k=0}^{n}(k-nx)^r P_{nk}(x)$$

其中 $$P_{nk}(x)=\binom{n}{k}x^k(1-x)^{n-k}$$

对于 $T_{nr}(x)$ 我们有以下定理:

定理 3 设 r 是非负整数,$x \in [0,1]$,则有
$$T_{n,r+1}(x) = x(1-n)(T'_{nr}(x_1 + nrT_{n,r-1}(x)))$$

证明 由于对 $x \in [0,1]$,有
$$x(1-x)P'_{nk}(x) = (k-nk)P_{nk}(x)$$

所以
$$x(1-x)T'_{nr}(x) = \sum_{k=0}^{n}\left[(k-nx)^r x(1-x)P'_{nk}(x) - \right.$$
$$\left. nr(k-nx)^{r-1}x(1-x)P_{nk}(x)\right] =$$
$$\sum_{k=0}^{n}((k-nx)^{r+1}P_{nk}(x) -$$
$$nrx(1-x)(k-nx)^{r-1}P_{nk}(x)) =$$
$$T_{n,r+1}(x) - nrx(1-x)T_{n,r-1}(x)$$

稍加整理,便可得到定理 3.

n 个有用的特殊值为
$$T_{n0}(x) = 1$$
$$T_{n1}(x) = 0$$
$$T_{n2}(x) = nx(1-x)$$
$$T_{n3}(x) = n(1-2x)x(1-x)$$
$$T_{n4}(x) = x(1-x)[3n^2 x(1-x) -$$
$$2nx(1-x) + n(1-2x)^2]$$

与之相关的还有如下几个算子列:

i) Durrmeyer-Bernstein 积分型算子列 $\{D_n\}_{n \in \mathbf{N}}$: 对 $f \in C[0,1]$, $n \in \mathbf{N}$, 有
$$D_n(f,x) = (n+1)\sum_{k=0}^{n}P_{nk}(x)\int_0^1 f(t)P_{nk}(t)\mathrm{d}t, x \in [0,1]$$

ii) Bernstein-Kantorovič 算子列 $\{P_n\}_{n \in \mathbf{N}}$: 对于 $f \in C[0,1]$, $n \in \mathbf{N}$, 有

$$P_n(f,x) = (B_n E_n)(f,x) =$$
$$(n+1)\sum_{k=0}^{n}\left(\int_{\frac{k}{n+1}}^{\frac{k+1}{n+1}} f(t)\,\mathrm{d}t\right) P_{nk}(x)$$

iii) Meyer-Konig and Zeller 算子列 $\{M_n\}_{n\in \mathbf{N}}$：对于 $f\in C[0,1], n\in \mathbf{N}$，有

$$M_n(f,x) = \begin{cases} \sum_{k=0}^{n} f(\dfrac{k}{n+k}) m_{nk}(x), & 0\leqslant x < 1 \\ f(1), & x = 1 \end{cases}$$

其中
$$m_{nk}(x) = \binom{n+k}{k} x^k (1-x)^{n+1}$$

利用这些结果还可以编制与试题类似的题目．

§6　数学家的语言——算子

著名数学家 L. Bers 说："数学的力量是抽象，但是抽象只有在覆盖了大量特例时才是有用的."

设 $f(x)$ 表示任一实变数或复变数的函数，Δ 为一差分算子，其定义为
$$\Delta f(x) = f(x+1) - f(x)$$
$$\Delta[\Delta^k f(x)] = \Delta^{k+1} f(x)$$

以算子 Δ 作成的多项式
$$p(\Delta) = p_0 + p_1 \Delta + p_2 \Delta^2 + \cdots + p_n \Delta^n$$

仍可视为一个算子，属实数域或复数域，并规定
$$P(\Delta) f(x) = P_0 f(x) + P_1 \Delta f(x) +$$
$$P_2 \Delta^2 f(x) + \cdots +$$
$$P_n \Delta^n f(x)$$

几个常用的特殊算子为：

第 1 章　Bernstein 多项式与 Bézier 曲线

单位算子 I　　$If(x) = \Delta^0 f(x) = f(x)$

零算子 0　　　$0f(x) = 0$

$\Delta^k + 0 = 0 + \Delta^k = \Delta^k$

位移算子 E　$Ef(x) = f(x+1)$

$E^k = E^{k-1} E$

$E^0 = I$

许多著名公式用算子表示和证明都很方便,如:

Newton 定理　　设 $x \in \mathbf{Z}$,且 $0 \leqslant x \leqslant n$,则

$$f(x) = f(0) + C_x^1 \Delta f(0) + C_x^2 \Delta^2 f(0) + \cdots + C_x^n \Delta^n f(0)$$

证明便是几句话就可解决,即

$$f(x) = E^x f(0) =$$
$$(I + 0)^x f(0) =$$
$$\{\sum_{k=0}^{x} C_x^k \Delta^k\} f(0) =$$
$$\sum_{k=0}^{x} C_x^k \Delta^k f(0)$$

我们再看一个更复杂的结论:

设 $f(x)$ 为一 k 次多项式,则

$$f(x) = f(-1) + C_{x+1}^1 \Delta f(-2) +$$
$$C_{x+2}^2 \Delta^2 f(-3) + \cdots +$$
$$C_{x+k}^k \Delta^k f(-k-1)$$

运用算子语言证明也十分简洁,即:

由于等式两端均为 k 次多项式,所以只要对非负整数 n 证明

$$f(n) = \sum_{\gamma=0}^{k} C_{n+\gamma}^{\gamma} \Delta^{\gamma} f(-\gamma - 1)$$

即可. 我们注意到

$$\Delta^n f(x) = 0, \; n = k+1, k+2$$

Bernstein 多项式与 Bézier 曲面

不难验算

$$(I - E^{-1}\Delta)^{n+1} \{\sum_{\gamma=0}^{k} C_{n+\gamma}^{\gamma}(E^{-1}\Delta)^{\gamma}\} f(x) = f(x) \Rightarrow$$

$$(I - E^{-1}\Delta)^{-n-1} f(x) = \{\sum_{\gamma=0} C_{n+\gamma}^{\gamma}(E^{-1}\Delta)^{\gamma}\} f(x) \Rightarrow$$

$$\sum_{\gamma=0}^{k} C_{n+\gamma}^{\gamma} \Delta^{\gamma} f(-\gamma-1) = E^{-1}\{\sum_{\gamma=0}^{k} C_{n+\gamma}^{\gamma}(E^{-1}\Delta)^{\gamma} f(0)\} =$$

$$E^{-1}(I - E^{-1}\Delta)^{-n-1} f(0) = E^{-1} E^{n+1} (E - \Delta)^{-n-1} f(0) =$$

$$E^n I^{-n-1} f(0) = f(n)$$

既然数学家创造了这样强有力的抽象语言——算子,那么能不能用它来解决开始提出的竞赛试题呢?

数列 $\{a_n\}$ 不过是以 n 为自变量的函数 $f(n)$,所以

$$Ea_i = a_{i+1}, \Delta = E - I$$

$$\Delta a_i = (E - I)a_i = Ea_i - Ia_i = a_{i+1} - a_i$$

利用 E, I 可以将 $p(x)$ 写为

$$p(x) = \sum_{i=0}^{n} C_n^i x^i (1-x)^{n-i} (E^i a_0) =$$

$$\sum_{i=0}^{n} C_n^i (xE)^i [(1-x)I]^{n-i} a_0 =$$

$$(I + \Delta x)^n a_0 =$$

$$\sum_{i=0}^{n} C_n^i (\Delta^i a_i)^i =$$

$$[(1-x)I + xE]^n a_0$$

由已知 $\Delta a_i = \Delta a_{i+1}, i = 0, 1, \cdots,$ 故

$$\Delta^r a_i = \Delta^r a_{i+1} = 0$$

所以

$$p(x) = C_n^0 \Delta^0 a_0 + C_n^1 (\Delta a_0) x =$$

$$Ia_0 + n(\Delta a_0) =$$

第1章　Bernstein多项式与Bézier曲线

$$a_0+n(a_1-a_0)x$$

即 $p(x)$ 为一次函数.

实际上差分算子在数学竞赛中应用非常广泛,有些试题本身就是用算子语言叙述的,如下面:

试题3　对任一实数序列 $A=(a_1,a_2,a_3,\cdots)$,定义 ΔA 为序列 $(a_2-a_1,a_3-a_2,a_4-a_3,\cdots)$,它的第 n 项是 $a_{n+1}-a_n$. 假定序列 $\Delta(\Delta A)$ 的所有的项都是1,且 $a_{19}=a_{92}=0$,试求 a_1.

(第十届(1992年)美国数学邀请赛题8)

解　设 ΔA 的首项为 d,则依条件

$$\Delta(\Delta A)=(d,d+1,d+2,\cdots)$$

其中第 n 项是 $d+(n-1)$. 因此,序列 A 可写成

$$(a_1,a_1+d,a_1+d+(d+1),a_1+d+(d+1)+(d+2),\cdots)$$

其中第 n 项是

$$a_n=a_1+(n-1)d+\frac{1}{2}(n-1)(n-2)$$

由此可知,a_n 是 n 的二次多项式,首项系数是 $\frac{1}{2}$,因为 $a_{19}=a_{92}=0$,所以

$$a_n=\frac{1}{2}(n-19)(n-92)$$

从而

$$a_1=\frac{1}{2}(1-19)(1-92)=819$$

§7　构造数值积分公式的算子方法

19世纪的一些数学家们就曾经广泛地应用符号

算子的运算法则(特别是微分算子的级数形式运算)去推导求积理论与插值法理论中的许多公式. 今日看来, 利用符号算子的形式运算以求得某些数值积分公式的方法, 仍具有深刻的启发性. 这种方法的主要价值, 在于它能帮助人们较简捷地去发现若干有用的公式. 一言以蔽之, 方法的主要意义是在于"发现"而不在于"论证". 当然从数学的理论观点看来, 这种方法是有缺陷的, 因为一般地它只是给出结果(公式或方程), 但却并不指出结果成立的条件. 例如, 用它来导出一些求积公式时, 它并不给出公式中的余项或余项估计, 因而无从知道所得公式的有效适用范围. 总而言之, 符号算子的方法一般地只能认为是研究数值积分公式的一项补充手段(或辅助工具).

在本节的最后部分, 我们将讲述 Люстерник-Диткин 关于构造多重求积公式的一个方法, 这个方法实质上只是利用某种符号算子的运算法则, 以简化求积和的权系数与计值点坐标的方程排演手续而已.

7.1 几个常用的符号算子及其关系式

我们知道, 每一个连续函数 $f(x)$ 在正规解析点的领域内的 Taylor 展开式都可用符号算子表现成紧缩的形式

$$f(x+t) = \sum_{n=0}^{\infty} \frac{t^n}{n!} f^{(n)}(x) = \sum_{n=0}^{\infty} \frac{t^n D^n}{n!} f(x) =$$
$$\sum_{n=0}^{\infty} \frac{(tD)^n}{n!} f(x) = e^{tD} f(x) = E^t f(x) =$$
$$(1+\Delta)^t f(x)$$

此处 D 为微分算子，E 为移位算子，Δ 为差分算子，而它们的原始定义分别为

$$D = \frac{\mathrm{d}}{\mathrm{d}x}, Ef(x) = f(x+1), E^t f(x) = f(x+t)$$

$$\Delta f(x) = f(x+1) - f(x) = (E-1)f(x)$$

在有限差分学与插值法等理论中，有时也常常用到所谓逆差算子 ∇ 与均差算子 δ，其定义分别为

$$\nabla f(x) = f(x) - f(x-1) = (1 - E^{-1})f(x)$$

$$\delta f(x) = f\left(x + \frac{1}{2}\right) - f\left(x - \frac{1}{2}\right) = (E^{\frac{1}{2}} - E^{-\frac{1}{2}})f(x)$$

以上的某些恒等式表明了各种符号算子之间存在着某些等价关系. 为简便记，不妨把 $f(x)$ 略去，而将它们简记成

$$\mathrm{e}^D = E = 1 + \Delta \tag{12}$$

$$\Delta = E - 1, \nabla = 1 - E^{-1} \tag{13}$$

$$\delta = E^{\frac{1}{2}} - E^{-\frac{1}{2}} = E^{\frac{1}{2}} \nabla \tag{14}$$

在(12),(13)中出现的 1 可以理解为不动算子 I，其作用是 $If(x) = f(x)$. 又为了使指数律普遍成立起见，不妨规定

$$\Delta^0 = E^0 = \nabla^0 = D^0 = I \tag{15}$$

容易验证，以 Δ, E 等为变元（系数属于实数域或复数域）的代数多项式全体恰好构成一个交换环，其中零元素 0 的定义是

$$0 f(x) = 0 \text{（对一切 } f(x) \text{）} \tag{16}$$

既然如此，故在一切算子多项式之间，凡加、减、乘等代数运算皆可畅行无阻，无所顾虑. 事实上，假如算子用以作用的对象 $f(x), g(x)$ 等本身限于多项式或其他初等函数时，则对算子亦可进行除法等运算.

例如 $D^{-1} = \dfrac{1}{D}$ 可以理解为积分算子,而 $(1-\lambda D)^{-1}$ 可以展开为

$$\frac{1}{1-\lambda D} = 1 + \lambda D + \lambda^2 D^2 + \cdots \qquad (17)$$

这些都是在常系数线性微分方程算子解法中所熟知的东西. 但一般说来,由算子间的除法及幂级数的形式展开等解析运算所导出的各种算子等式,只能看作是探求其他有用公式的简便手段或辅助工具,而绝不能当作是论证工具. 当我们采用那些算子等式去获得某些在数学分析上可能有意义的公式之后,我们仍然需要独立地给予解析论证.

显然从 (12) 及 (13) 可以导出如下的算子等式

$$D = \log E = \log(1+\Delta) = \Delta - \frac{\Delta^2}{2} + \frac{\Delta^3}{3} - \frac{\Delta^4}{4} + \cdots \qquad (18)$$

$$\log E = -\log(1-\nabla) =$$
$$\nabla + \frac{\nabla^2}{2} + \frac{\nabla^3}{3} + \frac{\nabla^4}{4} + \cdots \qquad (19)$$

$$E = 1 + \Delta = (1-\nabla)^{-1} = 1 + \nabla + \nabla^2 + \nabla^3 + \cdots \qquad (20)$$

$$-\log \nabla = E^{-1} + \frac{E^{-2}}{2} + \frac{E^{-3}}{3} + \frac{E^{-4}}{4} + \cdots \qquad (21)$$

$$D^{-1} = \frac{1}{\log E}, \quad D^{-k} = \left(\frac{\mathrm{d}}{\mathrm{d}x}\right)^k = \left(\frac{1}{\log E}\right)^k \qquad (22)$$

又从 (14) 可以得出

$$\delta^2 = (E^{\frac{1}{2}} - E^{-\frac{1}{2}})^2 = E + E^{-1} - 2I$$

由此解二次方程

$$E^2 - (2+\delta^2)E + I = 0$$

我们便得到

$$E = 1 + \frac{1}{2}\delta^2 + \delta\sqrt{1 + \frac{1}{4}\delta^2} \qquad (23)$$

作为习题，读者还不难自行推导如下的一些恒等式

$$\Delta = \nabla(1-\nabla)^{-1} = \delta\left(1+\frac{1}{4}\delta^2\right)^{\frac{1}{2}} + \frac{1}{2}\delta^2 = e^D - 1 \qquad (24)$$

$$\nabla = \Delta(1+\Delta)^{-1} = \delta\left(1+\frac{1}{4}\delta^2\right)^{\frac{1}{2}} - \frac{1}{2}\delta^2 = 1 - e^{-D} \qquad (25)$$

$$\delta = \Delta(1+\Delta)^{-\frac{1}{2}} = \nabla(1-\nabla)^{-\frac{1}{2}} = 2\sinh\frac{1}{2}D \qquad (26)$$

利用以上的某些算子恒等式，我们能够立即推出一些熟知的插值公式与数值微分公式. 例如，根据(20)可以立即得到 Newton 的两个插值公式

$$f(x) = (1+\Delta)^x f(0) =$$
$$\left\{1 + \binom{x}{1}\Delta + \binom{x}{2}\Delta^2 + \cdots\right\} f(0) \qquad (27)$$

$$f(x) = (1+\nabla)^{-x} f(0) =$$
$$\left\{1 + \binom{x}{1}\nabla + \binom{x+1}{2}\nabla^2 + \cdots\right\} f(0) \qquad (28)$$

根据(18)及(19)可立即得到 Gregory-Markoff 的微分公式

$$f'(x) = \Delta - \frac{1}{2}\Delta^2 + \frac{1}{3}\Delta^3 - \frac{1}{4}\Delta^4 + \cdots \qquad (29)$$

$$f'(x) = \nabla + \frac{1}{2}\nabla^2 + \frac{1}{3}\nabla^3 + \frac{1}{4}\nabla^4 + \cdots \qquad (30)$$

也还可以验证,由(23)的两边取 x 次方再展开为 δ 的幂级数,便能推导出 Stirling 的插值公式来.

7.2 Euler 求和公式的导出

在数值积分理论与级数求和法中,Euler-Maclaurin 公式是一个极有用的工具,这里我们将根据算子运算的观点来推导这个公式.

设 $f(x)$ 是一个无穷可微分函数. 让我们考虑如下的算子 J 与 S

$$Jf(0)=\int_0^1 f(x)\mathrm{d}x,\quad Sf(0)=\sum_{i=1}^n c_i f(x_i)$$

此处 x_i 为固定的节点,c_i 为权系数,而 $c_1+c_2+\cdots+c_n=1$. 容易看出,算子 J 和 S 可通过算子 D 表现出来. 事实上,由(12)可知

$$Jf(0)=\int_0^1 \mathrm{e}^{xD}f(0)\mathrm{d}x=\int_0^1 \mathrm{e}^{xD}\mathrm{d}x f(0)=\frac{\mathrm{e}^D-1}{D}f(0)$$

$$Sf(0)=\sum_{i=1}^n c_i E^{x_i} f(0)=\sum_{i=0}^n c_i \mathrm{e}^{x_i D}f(0)$$

因此,我们有

$$J=\frac{\mathrm{e}^D-1}{D},\quad S=\sum_{i=1}^n c_i \mathrm{e}^{x_i D}$$

两者之差为

$$J-S=J(I-J^{-1}S)=J\left(I-\sum_{i=1}^n c_i \frac{D\mathrm{e}^{x_i D}}{\mathrm{e}^D-1}\right) \quad (31)$$

我们知道,Bernoulli 多项式 $B_k(x)$ 是由如下的展开式(母函数)产生的(或定义的)

$$\frac{t\mathrm{e}^{xt}}{\mathrm{e}^t-1}=\sum_{k=0}^\infty B_k(x)\frac{t^k}{k!}$$

因此(31)可以改写成

第 1 章　Bernstein 多项式与 Bézier 曲线

$$J - S = J\left[I - \sum_{i=1}^{n} c_i \left(\sum_{k=0}^{\infty} B_k(x_i) \frac{D^k}{k!}\right)\right] =$$
$$- J\left[\sum_{i=1}^{n} c_i \left(\sum_{k=1}^{\infty} B_k(x_i) \frac{D_k}{k!}\right)\right] \quad (32)$$

这时我们用到了简单事实

$$\sum_{i=1}^{n} c_i B_0(x_i) = \sum_{i=1}^{n} c_i = 1$$

注意

$$J[D^k f(0)] = \int_0^1 D^k f(x) \mathrm{d}x = f^{(k-1)}(1) - f^{(k-1)}(0)$$

由此代入(32)我们便得到一般化的 Euler-Maclaurin 公式

$$\int_0^1 f(x)\mathrm{d}x = \sum_{i=1}^{n} c_i f(x_i) - \sum_{k=1}^{\infty}\left[\sum_{i=1}^{n} c_i \frac{B_k(x_i)}{k!}\right] \cdot$$
$$[f^{(k-1)}(1) - f^{(k-1)}(0)]$$

特别地，当 $n=2$，取 $c_1=c_2=\dfrac{1}{2}$，$x_1=0$，$x_2=1$ 时，由于 $B_k(0) = (-1)^k B_k(1)$，易见上式便简化成如下的熟知形式

$$\int_0^1 f(x)\mathrm{d}x = \frac{f(0)+f(1)}{2} -$$
$$\sum_{v=1}^{\infty} \frac{B_{2v}}{(2v)!}[f^{(2v-1)}(1) - f^{(2v-1)}(0)]$$
$$(33)$$

其中 $B_{2v}(0)$ 即通常所说的 Bernoulli 数.

7.3　利用符号算子表出的数值积分公式

在本节中我们将推导几个求积公式. 在推导的过程中遇有逐项积分时，都假定那是行之有效的（事实上，这在足够强的条件下总是能行的）.

首先，根据(27)我们立即能得到

$$\int_0^1 f(x)\,\mathrm{d}x = \int_0^1 \mathrm{e}^{xD} f(0)\,\mathrm{d}x =$$

$$\int_0^1 \sum_{v=0}^{\infty} \binom{x}{v} \Delta^v f(0)\,\mathrm{d}x =$$

$$\sum_{v=0}^{\infty} \Delta^v f(0) \int_0^1 \binom{x}{v}\,\mathrm{d}x$$

记 $\quad A_v = \int_0^1 \binom{x}{v}\,\mathrm{d}x, v = 0,1,2,\cdots \qquad (34)$

则 $\quad A_0 = 1, A_1 = \dfrac{1}{2}, A_2 = \dfrac{-1}{12}, A_3 = \dfrac{1}{24},\cdots$

于是上述公式可写作

$$\int_0^1 f(x)\,\mathrm{d}x = f(0) + \frac{1}{2}\Delta f(0) - \frac{1}{12}\Delta^2 f(0) +$$

$$\frac{1}{24}\Delta^3 f(0) + \cdots \qquad (35)$$

同理，对于多元函数 $f(x_1,\cdots,x_n)$ 而言，如引进偏微分算子

$$D_1 = \frac{\partial}{\partial x_1}, \cdots, D_n = \frac{\partial}{\partial x_n}$$

则根据多元函数的 Taylor 展开式或者反复利用(1)都容易立即得出

$$\mathrm{e}^{x_1 D_1 + \cdots + x_n D_n} f(0,\cdots,0) = \mathrm{e}^{x_1 D_1} \cdots \mathrm{e}^{x_n D_n} f(0,\cdots,0) = f(x_1,\cdots,x_n)$$

将算子函数全部展开，易得出如下的多重级数(仿第一段所述)

$$\sum_{v_i=0}^{\infty} \binom{x_n}{v_n} \Delta_1^{v_1} \cdots \Delta_n^{v_n} f(0,\cdots,0) = f(x_1,\cdots,x_n)$$

其中 Δ_k 为对变数 x_k 作用的差分算子. 于是将上式代

入多重积分的被积函数地位,再实行逐项积分,便得到如下的多重求积公式

$$\int_0^1 \cdots \int_0^1 f(x_1, \cdots, x_n) \mathrm{d}x_1 \cdots \mathrm{d}x_n =$$
$$\sum_{v_i=0}^{\infty} A_{v_1} \cdots A_{v_n} \Delta_1^{v_1} \cdots \Delta_n^{v_n} f(0, \cdots, 0) \quad (36)$$

§8 将 B_n 也视为算子

其实 $B_n(f(x);x)$ 相当于将一个函数变为多项式的变换,所以将 B_n 也可视为"算子",即

$$f(x) \xrightarrow{B_n} B_n(f(x);x)$$

为了应用它,我们需要了解这个"算子"有什么特性:

(1)
$$1 \xrightarrow{B_n} 1$$
$$x \xrightarrow{B_n} x$$

即 1 与 x 在变换 B_n 作用之下不变,仍为自身.

(2) $\qquad B_n(f;0) = f(0)$
$\qquad\qquad B_n(f;1) = f(1)$

即在 $[0,1]$ 上,多项式曲线 $y = B_n(f;x)$ 与代表函数的曲线 $y = f(x)$ 有相同的起点和终点.

(3) B_n 为线性算子,即:

① $B_n(f+g;x) = B_n(f;x) + B_n(g;x)$;

② 当 C 为任一常数时,有
$$B_n(Cf;x) = CB_n(f;x)$$

(4) B_n 是正算子,即对任意 $x \in [0,1]$,则有 $B_n(f;x) \geqslant 0$.

这一性质可推出：若 $f(x) \geqslant g(x)$ 对 $[0,1]$ 成立，那么 $B_n(f;x) \geqslant B_n(g;x)$ 也对 $[0,1]$ 成立.

以上这几条性质都十分容易验证，但下面这条性质就比较难，我们称之为 B_n 的磨光性(Smoothing property). 它是 1967 年由两位美国数学家 R. P. Kelisky 和 T. J. Rivlin 证明的. 先介绍一下迭代的概念：

一般而言，设 $f(x)$ 是定义于集合 M 上，且在 M 中取值的映射——若 M 是数集合，$f(x)$ 就是一个函数. 这时，对于 M 中任一个 x，$f(f(x))$，$f(f(f(x)))$ 都是有意义的，记

$$f^0(x) = x$$
$$f^{n+1}(x) = f(f^n(x)), x \in M, n = 0,1,2,\cdots$$

则 $f^n(x)$ 对一切非负整数 n 是有意义的，$f^n(x)$ 叫作 $f(x)$ 的 n 次迭代函数，或简称为 f 的 n 次迭代. 这里，我们记 $B_n^k(f;x)$ 为 B_n 对 f 的 k 次迭代，即变换 B_n 对函数 $f(x)$ 连续作用 k 次所得的多项式.

R. P. Kelisky 和 T. J. Rivlin 要回答的问题是：

当 $n \in \mathbf{N}$ 固定后，而让迭代次数 k 无止境地增加时，多项式序列 $B_n^k(f;x)$ 会趋于一个怎样的极限. 他们得到如下结果：

对于给定的 $n \in \mathbf{N}$，以及任何定义于 $[0,1]$ 上的函数 f，有

$$\lim_{k \to \infty} B_n^k(f;x) = [f(1) - f(0)]x + f(0)$$

为此，我们先证一个引理：

引理 3　$B_n[x(1-x);x] = (1 - \dfrac{1}{n})x(1-x)$

利用二项式定理和组合恒等式

$$\frac{k}{n}C_n^k = C_{n-1}^{k-1}$$

$$(\frac{k}{n})^2 C_n^k = \frac{1}{n}C_{n-1}^{k-1} + (1-\frac{1}{n})C_{n-2}^{k-2}$$

容易计算得

$$B_n(x;x) = x$$

$$B_n(x;x) = \frac{1}{n}x + (1-\frac{1}{n})x^2$$

所以

$$B_n[x(1-x);x] = B_n(x-x^2;x) =$$
$$B_n(x;x) + B_n(-x^2;x) =$$
（根据特性(1)）
$$B_n(x;x) - B_n(x^2;x) =$$
（根据特性(2)）
$$x - [\frac{1}{n}x + (1-\frac{1}{n})x^2] =$$
$$(1-\frac{1}{n})x(1-x)$$

现在我们来证明 R. P. Kelisky 和 T. J. Rivlin 定理.

首先对一类特殊函数,即 $f(x) = x^m (m \in \mathbf{N})$ 证明定理成立. 即

$$\lim_{k \to \infty} B_n^k(x^m;x) = x \qquad (37)$$

由于 $x \in [0,1]$,所以

$$0 \leqslant x - x^m = (x-x^2) + (x^2-x^3) + \cdots +$$
$$(x^{m-1} - x^m) =$$
$$(x + x^2 + \cdots + x^{m-1})(1-x) \leqslant$$
$$(x + x + \cdots + x)(1-x) =$$
$$(m-1)x(1-x)$$

因为 B_n 是正线性算子,可得
$$0 \leqslant x - B_n(x^m;x) =$$
$$B_n(x;x) - B_n(x^m;x) =$$
$$B_n(x - x^m;x) \leqslant$$
$$B_n[(m-1)x(1-x);x] =$$
$$(m-1)B_n[x(1-x);x]$$

由引理可得
$$0 \leqslant x - B_n(x^m;x) \leqslant (m-1)(1-\frac{1}{n})x(1-x)$$

再用 B_n 作用于上式,再一次使用引理,得
$$0 \leqslant x - B_n^2(x^m;x) \leqslant (m-1)(1-\frac{1}{n})^2 x(1-x)$$

用 B_n 连续作用 k 次后,则有
$$0 \leqslant x - B_n^k(x^m;x) \leqslant (m-1)(1-\frac{1}{n})^k x(1-x)$$

注意到,$m-1$ 为常数,$0 < 1 - \frac{1}{n} < 1$ 亦为常数. 从而当 $k \to \infty$ 时,有 $(1-\frac{1}{n})^k \to 0$. 故有
$$\lim_{k \to \infty} B_n^k(x^m;x) = x$$

现在我们来证明:对于 f 是定义于 $[0,1]$ 上的任一函数,定理也成立. 因为 $B_n(f;x)$ 是一个不超过 n 次的多项式,所以可设
$$B_n(f;x) = a_0 x^n + a_1 x^{n-1} + \cdots + a_{n-1} x + a_n$$

当经过 $k+1$ 次迭代后,有
$$B_n^{k+1}(f;x) = a_0 B_n^k(x^n;x) + \cdots + a_{n-1} B_n^k(x;x) + a_n$$

注意到式(37),可得
$$\lim_{k \to \infty} B_n^k(f;x) = \lim_{k \to \infty} a_0 B_n^k(x^n;x) + \cdots +$$
$$\lim_{k \to \infty} a_{n-1} B_n^k(x;x) + \lim_{k \to \infty} a_n =$$

$$a_0 \lim_{k\to\infty} B_n^k(x^n;x) + \cdots +$$
$$a_{n-1} \lim_{k\to\infty} B_n^k(x;x) + a_n =$$
$$a_0 x + a_1 x + \cdots + a_{n-1} x + a_n =$$
$$(a_0 + a_1 + \cdots + a_{n-1} + a_n - a_n)x + a_n$$

由性质(2)知
$$a_0 + a_1 + \cdots + a_n = B_n(f;1) = f(1)$$
$$a_n = B_n(f;0) = f(0)$$

所以
$$\lim_{k\to\infty} B_n^k(f;x) = [f(1) - f(0)]x + f(0)$$

这个定理的原始证明用到了高深的数学工具,后经中国科技大学常庚哲教授的改进才得以以现在这样初等的面貌出现.需要指出的是,这种初等化的证明从某种意义上说更难,更见功力.当年匈牙利数学家(Erdös)给出了被 Hardy 称为永远不可能初等化的素数定理的初等证明,从而一举成名.

现在,我们回到开始提到的"磨光性",从直观上看,曲线 $y = B_n(f;x)$ 比曲线 $y = f(x)$ 要"光滑"一些,即前者的扭摆次数决不会多于后者的扭摆次数.用 B_n 作用于 f 相当于将较"粗糙"的图像"打磨"了一次,如果反复作用,则在序列
$$f(x), B_n(f;x), B_n^2(f;x), B_n^3(f;x), \cdots$$
中,后一个总比前一个光滑,作为它们的极限,则是一条最光滑的曲线——直线.注意到,由性质(2)知,它又必须经过原曲线 $y = f(x)$ 的起点和终点,因此必须取 $[f(1) - f(0)]x + f(0)$.

现在,我们可以彻底回答试题 1 所隐含的全部问题了.由性质(1)知,1 与 x 是 B_n 变换之下的不动点;再由性质(3)知,对任何常数 c 及 d,$cx + d$ 都是 B_n 的

不动点,即
$$B_n(c+dx;x) = B_n(c;x) + B_n(dx;x) =$$
$$cB_n(1;x) + dB_n(x;x) =$$
$$c + dx$$

这就是说,一切一次函数都是 B_n 的不动点,试题 1 中所给条件 $a_{i-1} + a_{i+1} = 2a_i$,该数列不为常数列表明这是一个等差数列,而等差数列的通项公式为一次函数.注意到有 $n+1$ 项,所以
$$f(x) = a_0 + ndx$$
它是 B_n 作用之下的不动点,故
$$p(x) = B_n(f(x);x) = f(x) = a_0 + ndx$$

现在一个自然的问题产生了,是不是 B_n 的不动点只能是一次函数,而不能再有其他函数了呢? Kelisky-Rivlin 定理肯定地告诉了我们:是的,别无选择!

设 B_n 有一个不动点 f,即 $B_n(f;x) = f(x)$. 再用 B_n 作用于 $B_n(f(x);x)$,有 $B_n^2(f;x) = B_n(f;x) = f(x)$. 这样一直进行下去,得 $B_n^k(f;x) = f(x)$ 对一切自然数都成立. 取极限,由 Kelisky-Rivlin 定理知
$$f(x) = \lim_{n \to \infty} B_n^k(f;x) = [f(1) - f(0)]x + f(0)$$
只能是一次函数.

由此可见,试题 1 只是 Bernstein 多项式这座巨大冰山浮出水面的一角.

§9 来自宾夕法尼亚大学女研究生的定理

人们在了解到试题 1 的背景以后,会产生这样的

疑问：$a_{i-1}+a_{i+1}=2a_i$ 相当于一个一次函数 $f(n)=an+b$ 在三点处的值，既然 Bernstein 多项式 $B_n(f;x)$ 将 $f(n)=an+b$ 又变为 $f(n)$，并且一次以上多项式经 B_n 作用后，都会发生改变，那么在这一变换中，会不会将 $f(x)$ 原有的一些特性改变了呢？如单调性、凸凹性等. 我们说这一变换有良好的继承性，并不改变 $f(x)$ 本身的性质. 我们有以下的结论：

（1）当 $f(x)$ 单调增（减）时，$B_n(f;x)$ 也单调增（减），我们只需考察 $B'_n(f;x)$ 的正负即可

$$B'_n(f;x)=n\sum_{k=0}^{n-1}[f(\frac{k+1}{n})-f(\frac{k}{n})]J_k^{n-1}(x)$$

其中

$$J_k^n(x)=C_n^k x^k(1-x)^{n-k}, k=0,1,\cdots,n$$

称为 $B_n(f;x)$ 的基函数.

当 $f(x)$ 为单调增函数时

$$f(\frac{k+1}{n})-f(\frac{k}{n})\geqslant 0\Rightarrow B'_n(f;x)\geqslant 0$$

当 $f(x)$ 为单调减函数时

$$f(\frac{k+1}{n})-f(\frac{k}{n})\leqslant 0\Rightarrow B'_n(f;x)\leqslant 0$$

（2）当 $f(x)$ 是凸函数时，$B_n(f;x)$ 也是凸函数.

判断一个函数的凸凹只需考察其二阶导数的情形. 注意到

$$B''_n(f;x)=a(a-1)\sum_{k=0}^{n-2}[f(\frac{k+1}{n})-2f(\frac{k}{n})+f(\frac{k-1}{n})]J_k^{k-2}(x)$$

若 $f(x)$ 是凸函数时，由 Jensen 不等式知

$$\frac{1}{2}[f(\frac{k+1}{n})+f(\frac{k-1}{n})]\geqslant f\{\frac{1}{2}[(\frac{k+1}{n})+(\frac{k-1}{n})]\}=$$

Bernstein 多项式与 Bézier 曲面

$$f(\frac{k}{n})$$

故 $B''_n(f;x) \geqslant 0$

关于凸性,1954 年美国宾夕法尼亚大学的一位女研究生 Averbach 证明了一个有趣的结论:

若 $f(x)$ 在 $[0,1]$ 上是凸函数,则有 $B_n(f;x) \geqslant B_{n+1}(f;x)$ 对所有 $n \in \mathbf{N}$ 及 $x \in [0,1]$ 成立.

对于这一必须使用高深工具才能得到的结果,一位中国科技大学数学系 1982 级学生陈发来凭借纯熟的初等数学技巧给出了一个证明. 他先证明了一个引理,即所谓

升阶公式 $B_n(f,x) = \sum_{k=0}^{n+1} [\frac{k}{n+1} f(\frac{k+1}{n}) + (1-\frac{k}{n+1})f(\frac{k}{n})] J_k^{n+1}(x)$

其意义是:任一个 n 次 Bernstein 多项式都可看成一个 $n+1$ 次 Bernstein 多项式.

它的证明是容易的,先注意到

$$J_k^n(x) = (1-\frac{k}{n+1})J_k^{n+1}(x) + \frac{k+1}{n+1}J_{k+1}^{n+1}(x)$$

于是

$$B_n(f;x) = \sum_{k=0}^{n} f(\frac{k}{n})[(1-\frac{k}{n+1})J_k^{n+1}(x) + \frac{k+1}{n+1}J_{k+1}^{n+1}(x)] =$$

$$\sum_{k=0}^{n+1} [(1-\frac{k}{n+1})f(\frac{k}{n}) + \frac{k}{n+1}f(\frac{k-1}{n})]J_k^{n+1}(x)$$

第 1 章　Bernstein 多项式与 Bézier 曲线

当 $k=-1, n=1$ 时，$f(\frac{k}{n})=0$.

有了以上的升阶公式，Averbach 定理即可很容易得证.

由于 $f(x)$ 是 $[0,1]$ 上的凸函数，所以

$$f(\frac{k}{n+1}) = f[\frac{k}{n+1}(\frac{k-1}{n}) + (1-\frac{k}{n+1})\frac{k}{n}] \leqslant$$
$$\frac{k}{n+1} f(\frac{k-1}{n}) + (1-\frac{k}{n+1}) f(\frac{k}{n})$$

从而

$$B_{n+1}(f;x) = \sum_{k=0}^{n+1} f(\frac{k}{n+1}) J_k^{n+1}(x) \leqslant$$
$$\sum_{k=0}^{n+1} [\frac{k}{n+1} f(\frac{k-1}{n}) +$$
$$(1-\frac{k}{n+1}) f(\frac{k}{n})] J_k^{n+1}(x) =$$
$$(由升阶公式)$$
$$B_n(f;x)$$

由此可见，升阶公式在这里起了关键作用.

作为练习可以证明：以 $(1,0,\varepsilon,0,1)$ 为 Bernstein 系数的四次多项式在 $[0,1]$ 上为凸的充要条件是 $|\varepsilon| \leqslant 1$.

1960 年，罗马尼亚数学家 L.kosmak 证明了 Averbach 定理的逆定理，开了逼近论中逆定理证明的先河. 后来，Z. ziegler、张景中、常庚哲等对此文做出了改进并给出了初等证明，而陈发来则又利用升阶公式对一类函数证明了 Averbach 定理的逆定理.

俄罗斯数学家 E. V. Voronovskaya 从另一个角度证明了：如果函数 $f(x)$ 的二阶导数连续，则

$$f(x) - B_n(f,x) = -\frac{x(1-x)}{2n} f''(x) + O(\frac{1}{n})$$

S. N. Bernstein 证明了:如果函数 $f(x)$ 有更高阶的导数,则可以从偏差 $f(x)-B_n(f,x)$ 的渐近展开式中再分出一些项来. E. M. Wright 和 E. V. Kontororn 研究了解析函数 $f(x)$ 的 Bernstein 多项式 $B_n(f,x)$ 在区间 $[0,1]$ 之外的收敛性,Bernstein 得到了关于 $B_n(f,x)$ 的收敛区域对 $[0,1]$ 上的解析函数 $f(x)$ 的奇点分布的依赖性的进一步结果. A. O. Gelfond 对函数系 $1,\{x^\alpha \lg^k x\}, \alpha>0, k\geqslant 0$ 构造了 Bernstein 型多项式,并把关于 Bernstein 多项式的收敛性和收敛速度的一些估计推广到这种情况.

在《美国数学月刊》上曾有这样一个征解问题:

设 $f\in C[0,1]$, $(B_nf)(x)$ 表示 Bernstein 多项式

$$\sum_{k=0}^{n} C_n^k x^k (1-x)^{n-k} f\left(\frac{k}{n}\right)$$

证明:如果 $f\in C^2[0,1]$,那么对 $0\leqslant x\leqslant 1, n=1,2,\cdots$ 成立

$$|(B_nf)(x)-(B_{n+1}f)(x)|\leqslant$$
$$\frac{x(1-x)}{n+1}\left(\frac{1}{3n}\int_0^1 |f'(t)|^2 dt\right)^{\frac{1}{2}}$$

证明 我们有恒等式

$$(B_nf)(x)-(B_{n+1}f)(x)=$$
$$\frac{x(1-x)}{n(n+1)}\sum_{k=1}^{n} C_{n-1}^{k-1} x^{k-1}(1-x)^{n-k}\left[f;\frac{k-1}{k},\frac{k}{n+1},\frac{k}{n}\right]$$

其中

$$[f;x_1,x_2,x_3]=\frac{1}{x_3-x_1}\left[\frac{f(x_3)-f(x_2)}{x_3-x_2}-\frac{f(x_2)-f(x_1)}{x_2-x_1}\right]=$$

第1章 Bernstein 多项式与 Bézier 曲线

$$\int_0^1 H_k(t) f'(t) \mathrm{d}t$$

是 f 的二阶导差,而

$$(x_3 - x_1) H_k(t) = \begin{cases} \dfrac{t - x_1}{x_2 - x_1}, x_1 < t \leqslant x_2 \\ \dfrac{x_3 - t}{x_3 - x_2}, x_2 \leqslant t < x_3 \end{cases}$$

在其他地方,上式的值为零. 这里还有

$$\int_0^1 H_k^2(t) \mathrm{d}t = \frac{n}{3}$$

这样,从一开始的恒等式和柯西－施瓦兹(Cauchy-Schwarz)不等式就可导出所需的绝对值不等式.

§10 计算几何学与调配函数

计算几何学是一门用计算机综合几何形状信息的边缘学科,它与逼近论、计算数学、数控技术、绘图学等学科紧密联系,涉及的领域异常广阔.

在计算几何中,调配函数是一个重要方法. 假定已知若干个点的坐标,它们可以是设计人员给出的,也可以是测量的结果,技术人员面临的任务是从这些已知点的坐标数据得到一条理想的曲线或一张曲面,工程上称这些已知的点为型值点. 从给定的型值点生成曲线,通常是将型值点的坐标各自配上函数.

举个最简单的例子:

设有两个已知型值点 $\boldsymbol{p}_0, \boldsymbol{p}_1$($\boldsymbol{p}_0, \boldsymbol{p}_1$ 表示向量)

$$\boldsymbol{p}_0 = (x_0, y_0, z_0)$$
$$\boldsymbol{p}_1 = (x_1, y_1, z_1)$$

37

Bernstein 多项式与 Bézier 曲面

连接 p_0 与 p_1 的直线段可表示为
$$p(t) = (1-t)p_0 + tp_1, t \in [0,1]$$
记
$$1 - t = \varphi_0(t), t = \varphi_1(t)$$
当 t 值给定,则 $\varphi_0(t), \varphi_1(t)$ 表示对型值点 p_0 与 p_1 作加权平均时所用的系数,由于这些系数表现为相应型值点影响的大小,故这类函数我们称之为调配函数.

设 $p_0, p_1, \cdots, p_n$ 为型值点,给每一点配以一个函数,写出如下形式的曲线
$$p(t) = \sum_{i=0}^{n} p_i \varphi_i(t), t \in [0,1]$$

关键的问题是如何选择调配函数 $\varphi_0(t), \varphi_1(t), \cdots, \varphi_n(t)$.

在计算机辅助设计与制造(CAD/CAM)的典型问题中,人们归纳出调配函数生成的一般准则:

(1) 当 $p_0 = p_1 = p_2 = \cdots = p_n$ 时, $p(t)$ 应收缩为一点,于是从 $p(t) = p_0 = \sum_{i=0}^{n} p_0 \varphi_i(t) = p_0 \sum_{i=0}^{n} \varphi_i(t)$ 可以推出 $\sum_{i=0}^{n} \varphi_i(t) = 1$.

(2) 曲线 $p(t)$ 落在以型值点为顶点的凸多边形内,且保持型值点的凸性,这时要求函数满足条件
$$\varphi_i(t) \geqslant 0, i = 0, 1, 2, \cdots, n, t \in [0,1]$$

(3) 为了使给定次序的型值点生成的曲线在反方向(即将 p_i 换成 p_{n-i})之下是不变的,要求调配函数满足条件
$$\varphi_i(t) = \varphi_{n-i}(1-t), i = 0, 1, 2, \cdots, n, t \in [0,1]$$

(4) 为了便于计算,调配函数应该有尽量简单的结构,通常取它们为某种多项式、分段多项式或简单的

第 1 章　Bernstein 多项式与 Bézier 曲线

有理函数.

§11　Bézier 曲线与汽车设计

数学家 H. F. Fehr 指出:"数学领域在 20 世纪已被新的、有力的、令人振奋的思想所主宰. 这些新概念一方面是想象力的有趣创造,另一方面在科学、技术,甚至在所谓人文科学研究中也是有用的."

Bernstein 多项式作为纯数学中的一个理论工具,当它被数学家充分研究之后,发现了它具有许多优良的几何性质. 近三十年来,这些性质不仅在理论研究中起到了重要作用,而且在工程实践中也发现了可喜的应用,如在汽车工业中. 法国工程师 P. Bézier 提出了一套利用 Bernstein 多项式的电子计算机设计汽车车身的数学方法.

Bézier 生于 1910 年 9 月 1 日,是法国雷诺汽车公司的优秀工程师. 他从 1933 年起,独立完成一种曲线与曲面的拟合研究,提出了一套自由曲线设计方法,成为该公司第一条工程流水线的数学基础.

设 $p_0, p_1, \cdots, p_n$ 为 $n+1$ 个给定的控制点,它们可以是平面的点,也可以是空间的点,以 Bernstein 多项式的基函数为调配函数作成的曲线.

$$B^n(t) = B^n(p_0, p_1, p_2, \cdots, p_n; t) = \sum_{i=0}^{n} p_i B_i^n(t), t \in [0,1]$$

就叫作以 $\{p_i \mid i=0,1,2,\cdots,n\}$ 为控制点的 n 次 Bézier 曲线,$\{p_i \mid i=0,1,2,\cdots,n\}$ 叫作 Bézier 点,顺次以直线

段连接 $p_0, p_1, \cdots, p_n$ 的折线,不管是否闭合都叫作 Bézier 多边形.(注:这里的 $B_i^n(t)$ 相当于 $J_n^i(t)$)

在数学中有一个所谓的关于周期点列的 Bézier 拟合问题.

任意给定点列 $P_i \in \mathbf{R}^d, i = 0, 1, 2, \cdots, n$,并依序重复排列,形成无穷的周期点列

$$P_{j+kn} = P_j, j = 0, 1, 2, \cdots, n-1; k = 1, 2, 3, \cdots$$

已证明如下定理:对上述无穷点列作 Bézier 曲线拟合,则对任意 $t \in (0,1)$,以及任意正整数 m,都有

$$\lim_{n \to \infty} B^n(P_m, P_{m+1}, \cdots, P_{m+n}; t) = P^*$$

其中 $P^* = \dfrac{1}{n} \sum_{j=0}^{n-1} P_j$.

但 Bézier 最初定义 Bézier 曲线时是用多边形的边向量 $\boldsymbol{a}_i, i = 1, 2, \cdots, n$,加上首项点向量 $\boldsymbol{a}_0 = \boldsymbol{p}_0$ 来定义曲线

$$\boldsymbol{p}(t) = \sum_{i=0}^{n} \boldsymbol{a}_i f_i^n(t), t \in [0,1]$$

其中

$$\begin{cases} f_0^n(t) = 1 \\ f_i^n(t) = \dfrac{(-t)^i}{(i-1)!} \dfrac{\mathrm{d}^{i-1}}{\mathrm{d}t^{i-1}} \dfrac{(1-t)^n - 1}{t}, i = 1, 2, \cdots, n \end{cases}$$

这个包含了一系列的高阶导数运算的定义令人很费解,日本学者穗坂和黑田满曾评价说:"它是从天上掉下来的."

后来经数学家整理,发现它们的理论基础就是 Bernstein 多项式.不难验证,函数族 $\{f_i^n(x), i = 0, 1, \cdots, n\}$ 与 Bernstein 多项式的基多项式族 $\{B_i^n(t), i = 0, 1, 2, \cdots, n\}$ 有如下的关系:

第 1 章 Bernstein 多项式与 Bézier 曲线

(1) $f_i^n(t) = 1 - \sum_{j=0}^{j-1} B_j^n(t), j = 1, 2, \cdots, n$;

(2) $f_i^n(t) - f_{i+1}^n(t) = B_i^n(t), i = 0, 1, \cdots, n$;

(3) $\dfrac{\mathrm{d}}{\mathrm{d}t}(f_i^n(t)) = nB_{i-1}^{n-1}(t), i = 1, 2, \cdots, n.$

利用这三个关系式及边向量与顶点向量的关系，$a_i = p_i - p_{i-1}(i=1,\cdots,n)$ 不难看出 Bézier 曲线还可定义为一种远比 Bézier 开始的定义更直观的定义形式

$$B^n(t) = B^n(p_0, p_1, p_2, \cdots, p_n; t) = \sum_{i=0}^{n} p_i B_i^n(t), t \in [0,1]$$

容易验证 Bernstein 多项式的基多项式具有如下性质：

（1）非负性

$B_i^n(t) > 0, t \in [0,1]$

$B_i^n(0) = B_i^n(1) = 0, i = 1, 2, \cdots, n-1$

$B_0^n(0) = B_n^n(1) = 1$

$B_0^n(1) = B_n^n(0) = 0$

$0 < B_0^n(t), \cdots, B_n^n(t) < 1, t \in (0,1)$

（2）对称性

$B_i^n(t) = B_{n-i}^n(1-t), t \in [0,1]$

（3）单位分解

$$\sum_{i=0}^{n} B_i^n(t) = 1$$

（4）递推关系

$B_i^n(t) = (1-t)B_i^{n-1}(t) + tB_{i-1}^{n-1}(t)$

由此我们发现 Bernstein 多项式的基多项式满足前面所述准则的大部分. 但是，只有一个所谓的局部性原则不满足，而这可以通过在使用时采用分段拟合技

术加以弥补.

正是由于 Bézier 在计算机辅助工程设计与教育上的贡献,1985 年在 SIGGRAPH 大会上被授予 Coons 奖.事实上比 Bézier 早些时期,F. de Castelian 在 1959 年就独立地在 Citroen 汽车公司创造了这一方法,并同样应用于 CAD 系统.只不过由于雷诺汽车公司以 Bézier 方法为基础的自动化生产流水线于 20 世纪 60 年代初实现,并在一些出版物上公开发表出来,所以现在这些方法被命名为 Bézier 方法.

在 CAD/CAM 中大量用到圆锥曲线,而这些可在有理形式下得到精确统一的表示,为了方便软件设计,人们又把多项式 Bézier 曲线推广到有理 Bézier 曲线.这一转化,只需作变换

$$t(n) = \frac{cu}{1-u+cu}$$

其中,c 为任意实数,且显然 $t(0)=0, t(1)=1$. 这样一来

$$p(u) = B^n(p_0, p_1, \cdots, p_n; t) =$$

$$\sum_{i=0}^{n} p_i B_i^n(t) =$$

$$\sum_{i=0}^{n} p_i B_i^n\left(\frac{cu}{1-u+cu}\right) =$$

$$\sum_{i=0}^{n} p_i C_n^i \left(1-\frac{cu}{1-u+cu}\right)^{n-i} \left(\frac{cu}{1-u+cu}\right)^i =$$

$$\sum_{i=0}^{n} p_i C_n^i \left(\frac{1-u}{1-u+cu}\right)^{n-i} \left(\frac{cu}{1-u+cu}\right)^i =$$

$$\frac{\sum_{i=0}^{n} p_i C_n^i (1-u)^{n-i} (cu)^i}{(1-u+cu)^n} =$$

第1章 Bernstein 多项式与 Bézier 曲线

$$\frac{\sum_{i=0}^{n} p_i c_i B_i^n(u)}{\sum_{i=0}^{n} c_i B_i^n(u)}$$

这便是权系数为 c_i 的有理形式的 Bézier 曲线. 那么 Bernstein 多项式作为调配函数是如何构造出来的呢? 有多种方法, 当然有 Bernstein 本人出于函数逼近论的考虑构造出来的. 我们再介绍 Friedman 利用原先用于研究随机过程的 URN 模型构造出的 Bernstein 多项式.

假定有一个盒子装有 w 个白球和 b 个黑球, 现在从盒中任意取出一个球, 并记录其颜色, 然后再放回盒中. 如果取出的是白球, 则向盒中增添 c_1 个白球和 c_2 个黑球, 并记录其颜色; 反之, 如果取出的是黑球, 则向盒内增添 c_1 个黑球和 c_2 个白球 (这里 $c_1, c_2 \in \mathbf{N}$).

在前次试验的基础上, 再任意取一个球时, 仍依原规则, 据抽取的球的颜色来决定增添同色球 c_1 个以及另一色球 c_2 个, 这个过程一直进行下去.

设 c_1, c_2 为常数, 令 $a_1 = \dfrac{c_1}{w+b}, a_2 = \dfrac{c_2}{w+b}$.

t 为第一次试验取出白球的概率, 视它为变数. 又记 $D_k^N(t) = D_k^N(a_1, a_2, t)$ 为前 N 次试验恰好取出 k 次白球的概率. 在前 N 次试验中恰好取出 k 次白球的情况下, 第 $N+1$ 次试验取出白球的概率记为

$$S_k^N(t) = S_k^N(a_1, a_2, t)$$

取出黑球的概率记为

$$F_k^N(t) = F_k^N(a_1, a_2, t)$$

显然

Bernstein 多项式与 Bézier 曲面

$$D_k^N(t) \geqslant 0, \sum_k D_k^N(t) = 1, t \in [0,1]$$

这样一来,为了考察在 $N+1$ 次试验取 k 次白球,那么必然在前 N 次试验中或者取 k 次白球,或者取 $k-1$ 次白球,故

$$D_k^{N+1}(t) = S_{k-1}^N(t) D_{k-1}^N(t) + F_k^N(t) D_k^N(t)$$

显然

$$S_k^N(t) = \frac{t + k a_1 + (N-k) a_2}{1 + N(a_1 + a_2)}$$

$$F_k^N(t) = \frac{1 - t + (N-k) a_1 + k a_2}{1 + N(a_1 + a_2)}$$

初始条件为

$$D_0^1(t) = 1 - t, D_1^1(t) = t$$

当 $k > N$ 或 $k < 0$ 时,规定

$$D_k^N = S_k^N = F_k^N = 0$$

当我们取 $s_1 = a_2 = 0$,即不向盒中增添任何球时,有

$$S_k^N(t) = t, F_k^N(t) = 1 - t$$

上述递推式可化简为

$$D_k^{N+1}(t) = t D_{k-1}^N(t) + (1-t) D_k^N(t)$$

注意到

$$D_0^1(t) = 1 - t, D_1^1(t) = t$$

当 $N = 2$ 时,有

$$D_2^2(t) = t^2$$
$$D_1^2(t) = 2t(1-t)$$
$$D_0^2(t) = (1-t)^2$$

当 $N = 3$ 时,有

$$D_3^3(t) = t^3$$
$$D_2^3(t) = 3t^2(1-t)$$
$$D_1^3(t) = 3t(1-t)^2$$
$$D_0^3(t) = (1-t)^3$$

第1章 Bernstein多项式与Bézier曲线

如此递推下去,不难发现这恰好是 Bernstein 多项式的基函数(基多项式)
$$B_j^n(t) = C_n^j (1-t)^{n-j} t^j$$

1992年,Kirov 给出如下定理:假设 $y=f(x)$ 在区间 $[0,1]$ 上具有 r 阶连续导数,对任意给定正整数 n,定义

$$B_{n,r}(f;x) = \sum_{k=0}^{n} \sum_{i=0}^{r} \frac{1}{i!} f^{(i)}\left(\frac{k}{n}\right) \left(x - \frac{k}{n}\right)^i B_{n,k}(x)$$

其中

$$B_{n,k}(x) = \binom{n}{k} x^k (1-x)^{n-k}$$

$$\binom{n}{k} = \frac{n!}{k!\,(n-k)!}$$

那么,当 $n \to \infty$ 时,在区间 $[0,1]$ 上,多项式序列 $B_{n,r}(f;x)$ 一致收敛于 $f(x)$.

显然,当 $r=0$,$B_{n,r}(f;x)$ 就是通常人们了解的 Bernstein 多项式.在 Kirov 逼近定理的基础上,可以相应地建立广义 Bézier 方法.特别对 $r=1$ 的情形,广义 Bézier 方法有助于附加切线条件的曲线拟合问题.

关于 Bézier 曲线可参见《曲线曲面设计技术与显示原理》(方逵等编著,国防科技大学出版社出版)和《自由曲线曲面造型技术》(朱心雄著,科学出版社出版).

§12 推广到三角形域

利用移位算子,我国著名数学家、中国科技大学的常庚哲教授将 Bernstein 多项式推广到三角域上,并研究了它的凸性.

在三角形 T 上定义

$$B_n(f;p) = \sum_{i+j+k=n} f_{i,j,k} \frac{n!}{i!\ j!\ k!} u^i v^j w^k$$

称为 T 上的 n 次 Bernstein 多项式,其中 (u,v,w) 是点 p 关于三角形 T 的重心坐标.

为了介绍什么是重心坐标我们先来介绍一下面积坐标. 在计算机辅助几何曲面造型中广泛采用张量积型的曲面表达,但三角曲面片更能适应具有任意拓扑的二维流形,因此三角曲面片日益成为几何造型的重要工具. 表达三角曲面片,采用面积坐标方便简洁.

首先回顾一下熟知的实数轴. 在一条直线上取定一点作为原点,规定一个方向为正向,再规定一个长度单位,于是任何实数都与这条直线上的点一一对应,直线上的点所对应的数就是该点的坐标. 实际上,还可以用另外的坐标来描述直线上的点.

在直线上取定线段 T_1T_2,它的长度为 L. 如果规定直线上线段 P_1P_2 (P_1, P_2 分别为始末两点) 的长度为正,那么写成 P_2P_1 时,该线段的长度便是负值.

如果 P 位于 T_1, T_2 之间,记号 $\overline{PT_2}$, $\overline{T_1P}$ 分别表示线段 PT_2, T_1P 长度,且

$$\frac{\overline{PT_2}}{L} = r, \quad \frac{\overline{T_1P}}{L} = s$$

这里 $r > 0$, $s > 0$. 如果 P 位于 T_1T_2 之外,那么按照长度的正负值规定,r 与 s 中有一个为负数. 不管 P 在哪里出现,总有 $r+s=1$. 这样一来,我们将点 P 与 (r,s) 这一对数对应起来,(r,s) 叫作点的"长度"坐标,记为

第 1 章　Bernstein 多项式与 Bézier 曲线

$P=(r,s)$. 特别地,有 $T_1=(1,0), T_2=(0,1)$.

平面上的"面积"坐标是上述"长度"坐标向平面情形的推广.

取平面上的一个三角形,其顶点为 T_1, T_2, T_3,三角形的面积 $S_{\triangle T_1 T_2 T_3}=S$. 当三角形的顶点 $T_1 \to T_2 \to T_3$ 为逆时针方向时,规定 S 的值为正;而顶点次序为顺时针方向时,规定面积为负值. 对平面上的角度,当 $T_1 T_2 T_3$ 为逆时针次序,规定 $\angle T_1 T_2 T_3$ 为正角,否则为负角. 总之,规定面积与角度都有正有负,分别称之为有向面积与有向角.

任意给定平面上的一个点 P,联结 PT_1, PT_2, PT_3 得到三个三角形(图 1(a),(b)),其有向面积分别记为

$$S_{\triangle PT_2 T_3}=S_1, S_{\triangle T_1 PT_3}=S_2, S_{\triangle T_1 T_2 P}=S_3$$

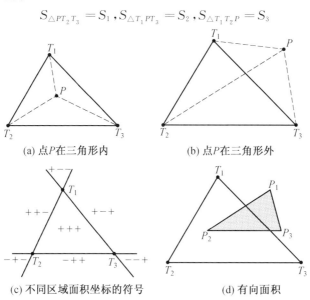

(a) 点 P 在三角形内　　(b) 点 P 在三角形外

(c) 不同区域面积坐标的符号　　(d) 有向面积

图 1　面积坐标

于是给出了三个数

$$u=\frac{S_1}{S},v=\frac{S_2}{S},w=\frac{S_3}{S} \tag{38}$$

这时数组(u,v,w)叫作点 P 关于三角形 T 的面积坐标,三角形叫作坐标三角形. 从上面的规定知,u,v,w 可能出现负值(当 P 位于三角形之外),但不论怎样,总有

$$u+v+w=1$$

可见 u,v,w 并非完全独立,任意指定两个值之后,第三个值就确定了. 如果任意给定数组(u,v,w),且满足 $u+v+w=1$,那么唯一确定了平面上的点 P,于是将这种一一对应的关系记为 $P=(u,v,w)$,容易看出如下事实:

(1)$T_1=(1,0,0),T_2=(0,1,0),T_3=(0,0,1)$.

(2)记通过 T_2,T_3 的直线为 l_1,通过 T_1,T_3 及 T_1,T_2 的直线分别为 l_2 和 l_3,那么

$$P\in l_1 \Leftrightarrow u=0, P\in l_2 \Leftrightarrow v=0, P\in l_3 \Leftrightarrow w=0$$

(3)如果 P 位于坐标三角形的内部,则有 $u>0$, $v>0,w>0$. 平面上任给一个点,它位于平面上图1(c)所示的七个区域中的某个区域. 不难看出,在这七个区域中,点(u,v,w) 的面积坐标的符号呈现图中标出的规律.

如果点 P 的直角坐标为(x,y),T_1,T_2,T_3 的直角坐标分别为$(x_1,y_1),(x_2,y_2),(x_3,y_3)$,则由

$$S=\frac{1}{2}\begin{vmatrix}1 & 1 & 1 \\ x_1 & x_2 & x_3 \\ y_1 & y_2 & y_3\end{vmatrix}, S_1=\frac{1}{2}\begin{vmatrix}1 & 1 & 1 \\ x & x_2 & x_3 \\ y & y_2 & y_3\end{vmatrix}$$

第 1 章　Bernstein 多项式与 Bézier 曲线

$$S_2 = \frac{1}{2}\begin{vmatrix} 1 & 1 & 1 \\ x_1 & x & x_3 \\ y_1 & y & y_3 \end{vmatrix}, S_3 = \frac{1}{2}\begin{vmatrix} 1 & 1 & 1 \\ x_1 & x_2 & x \\ y_1 & y_2 & y \end{vmatrix} \quad (39)$$

及式(38)得到用面积坐标表示直角坐标的关系式

$$\begin{bmatrix} 1 \\ x \\ y \end{bmatrix} = \begin{bmatrix} 1 & 1 & 1 \\ x_1 & x_2 & x_3 \\ y_1 & y_2 & y_3 \end{bmatrix} \begin{bmatrix} u \\ v \\ w \end{bmatrix} \quad (40)$$

设平面上任意给定三个点 $P_i = (u_i, v_i, w_i), i = 1, 2, 3$(图 1(d)). 利用式(38)及式(39), 容易得到 $\triangle P_1 P_2 P_3$ 的有向面积公式

$$S_{\triangle P_1 P_2 P_3} = S \begin{vmatrix} u_1 & u_2 & u_3 \\ v_1 & v_2 & v_3 \\ w_1 & w_2 & w_3 \end{vmatrix}$$

特别以 $P = (u, v, w)$ 取代 P_3, 并令 P 位于通过 P_1, P_2 的直线上, 则得两点式的直线方程

$$\begin{vmatrix} u & u_1 & u_2 \\ v & v_1 & v_2 \\ w & w_1 & w_2 \end{vmatrix} = 0$$

有了上面基本知识之后, 我们用面积坐标表达 Bézier 三角曲面片.

首先注意, 用数学归纳法容易证明, 对任意正整数 n, 有如下所谓"三项式"定理, 它可认为是熟知的二项式定理的推广

$$(a + b + c)^n = \sum_{i+j+k=n} \frac{n!}{i! \, j! \, k!} a^i b^j c^k$$

设 (u, v, w) 是点 P 关于某坐标三角形的面积坐标, 定义

$$b_{i,j,k}^n(P) = \frac{n!}{i! \, j! \, k!} u^i v^j w^k, \quad i + j + k = n$$

Bernstein 多项式与 Bézier 曲面

由于关于 u,v,w 的任何一个次数不超过 n 的多项式都可以唯一地表示成它们的线性组合,所以称之为面积坐标下的 Bernstein 基函数. 由三项式展开式可知这样的基函数有下列性质

$$b_{i,j,k}^n(P) \geqslant 0, P \in \triangle, i+j+k=n; \sum_{i+j+k=n} b_{i,j,k}^n(P) = 1$$

将坐标三角形的每个边 n 等分之后,得到自相似的剖分下的 n^2 个全等的子三角形,这些子三角形的顶点有

$$\frac{(n+1)(n+2)}{2}$$

个,子三角形顶点(图 2(a) 中黑圆点所示)的面积坐标为

$$P_{i,j,k} = \left(\frac{i}{n}, \frac{j}{n}, \frac{k}{n}\right), i+j+k=n$$

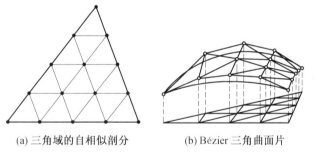

(a) 三角域的自相似剖分　　(b) Bézier 三角曲面片

图 2　三角域的自相似剖分及 Bézier 三角曲面片

对应于 $P_{i,j,k}$ 给定一个数组 $\{Q_{i,j,k}, i+j+k=n\}$,那么将它们结合起来得到空间中的点

$$P_{i,j,k} = (P_{i,j,k}, Q_{i,j,k}), i+j+k=n$$

这组点称为控制点(图 2(b) 中空圆点所示),控制点形成的网称为控制网,其上的 Bézier 三角曲面片为

$$B(P) = \sum_{i+j+k=n} Q_{i,j,k} b_{i,j,k}^n(P)$$

第1章 Bernstein 多项式与 Bézier 曲线

类似单变量的情形，也有相应的升阶公式，也就是说，若

$$B(P) = \sum_{i+j+k=n+1} Q'_{i,j,k} b^{n+1}_{i,j,k}(P)$$

则有

$$Q'_{i,j,k} = \frac{iQ_{i-1,j,k} + jQ_{i,j-1,k} + kQ_{i,j,k-1}}{n+1}, i+j+k = n+1$$

有了面积坐标的基础，我们就可以来介绍什么是重心坐标.

类比平面情形的面积坐标，自然可以得出空间情形的重心坐标. 对三维几何对象，有时采用空间的重心坐标带来方便. 进一步，基于 m 维单纯形的重心坐标无疑有其理论与应用上的重要价值.

在平面面积坐标下，可以引入记号

$$I = (i,j,k), |I| = i+j+k$$

及

$$U = (u,v,w), |U| = (u,v,w)$$

记三角形上的 Bézier 曲面片表达式为

$$P_n(U) = \sum_{|I|=n} B^n_I(U) P_I$$

其中 $B^n_I(U)$ 是 n 次 Bernstein 基函数

$$B^n_I(U) = \binom{n}{I} U^I = \frac{n!}{i!\,j!\,k!} u^i v^j w^k, |I| = n, |U| = 1$$

进而注意 n 项式的展开式

$$(x_1 + x_2 + \cdots + x_m)^n =$$

$$\sum_{n_1+n_2+\cdots+n_m=n} \frac{n!}{n_1!\,n_2!\,\cdots n_m!} x_1^{n_1} x_2^{n_2} \cdots x_m^{n_m}$$

可以一般性地研究 n 维单纯形上 Bézier"曲面"理论.

如果不借助于面积坐标，我们也可以引入重心坐

Bernstein 多项式与 Bézier 曲面

标,不过这是需要引入仿射空间的概念.

这里,重心坐标是这样定义的:首先了解一下仿射空间,对于实数域 **R** 上的向量空间 V 与集合 A,在任意的向量 $a \in V$ 与任意的元素 $p \in A$ 之间定义和 $p + a \in A$,设它满足以下条件:

(1) $p + \mathbf{0} = p$($\mathbf{0}$ 是零向量);

(2) $(p + a) + b = p + (a + b)$ $(a, b \in V)$;

(3) 对任意的元素 $q \in A$,存在唯一的向量 $a \in V$,使得 $q = p + a$.

这时,A 称为仿射空间(在中学阶段我们所遇到的都是 n 维仿射空间 E^n).取有关的 $n+1$ 个点 A_0,$A_1, \cdots, A_n$,设从点 O 到这些点的位置向量分别为 $\boldsymbol{\alpha}_0$,$\boldsymbol{\alpha}_1, \cdots, \boldsymbol{\alpha}_n$. 这时,任意点 $Z \in E^n$ 可以由使得

$$Z = O + \sum_{j=0}^{n} \lambda_j \boldsymbol{\alpha}_j, \quad \sum_{j=0}^{n} \lambda_j = 1$$

的数组 $(\lambda_0, \lambda_1, \cdots, \lambda_n)$ 表示,称它为 E^n 的重心坐标,它与点 O 的取法无关.

由于近年来三角域上的 Bernstein 多项式已被广泛地应用于"计算机辅助几何设计",则

$$B_n(f;p) = \sum_{i+j+k=n} f_{i,j,k} \frac{n!}{i!\,j!\,k!} u^i v^j w^k$$

可以视为一个曲面,令

$$f = \{f_{i,j,k} \mid i+j+k = n\}$$

称为此曲面的 Bézier 坐标集. 这是设计人员事先给定并可以调整的一组数据,由于此曲面要用于汽车外形设计,所以对这一组数据提出若干易于检验的条件以保证曲面在 T 上是凸的.

1984 年常庚哲教授与他的合作者,美国数学家

第 1 章 Bernstein 多项式与 Bézier 曲线

P. J. Davis 在 Approximation Theory 上发表文章，证明了：如果

$$\Delta_{i,j,k}^{(1)} \triangleq (E_2 - E_1)(E_3 - E_1) f_{i,j,k} \geqslant 0$$
$$\Delta_{i,j,k}^{(2)} \triangleq (E_3 - E_2)(E_1 - E_2) f_{i,j,k} \geqslant 0$$
$$\Delta_{i,j,k}^{(3)} \triangleq (E_1 - E_3)(E_2 - E_3) f_{i,j,k} \geqslant 0$$

这里

$$i + j + k = n - 2$$

而 E_1, E_2, E_3 是移位算子

$$E_1 f_{i,j,k} = f_{i+1,j,k}$$
$$E_2 f_{i,j,k} = f_{i,j+1,k}$$
$$E_3 f_{i,j,k} = f_{i,j,k+1}$$

这里

$$i + j + k = n - 1$$

那么，$B_n(f;p)$ 在 T 上是凸的。后来在《自然杂志》7 卷 10 期上，又将其改进为：如果 f 适合条件

$$\Delta_{i,j,k}^{(2)} + \Delta_{i,j,k}^{(3)} \geqslant 0$$
$$\Delta_{i,j,k}^{(3)} + \Delta_{i,j,k}^{(1)} \geqslant 0$$
$$\Delta_{i,j,k}^{(1)} + \Delta_{i,j,k}^{(2)} \geqslant 0$$
$$\Delta_{i,j,k}^{(2)} \Delta_{i,j,k}^{(3)} + \Delta_{i,j,k}^{(3)} \Delta_{i,j,k}^{(1)} + \Delta_{i,j,k}^{(1)} \Delta_{i,j,k}^{(2)} \geqslant 0$$

其中 $i + j + k = n - 2$，那么 $B_n(f;p)$ 在 T 上是凸的。

可惜的是对于二维情况，Averbach 定理仍然成立，但逆定理就不成立了。

设 T 是平面上任给的一个三角形，三顶点分别为
$$T_1(x_1, y_1), T_2(x_2, y_2), T_3(x_3, y_3)$$
$(x_i, y_i)(i=1,2,3)$ 为直角坐标。对平面上任意点 $p(x,y)$，存在唯一的数组 (u,v,w)，使得 $p = uT_1 + vT_2 + wT_3$（或写成 $(x,y) = (ux_1 + vx_2 + wx_3, uy_1 + vy_2 + wy_3)$）。其中，$0 \leqslant u, v, w \leqslant 1, u + v + w = 1$。

$p(u,v,w)$ 称为 p 的面积坐标. 设 $F(x,y)$ 是 T 上的任一函数,定义
$$f(u,v,w) = F(x_1 u + x_2 v + x_3 w, y_1 u + y_2 v + y_3 w)$$
$f(x,y)$ 的 Bernstein 多项式定义为
$$B_n(f;p) = \sum_{i+j+k=n} f(\frac{i}{n}, \frac{j}{n}, \frac{k}{n}) J^n_{i,j,k}(p)$$
其中,$J^n_{i,j,k}(p) = \frac{n!}{i!j!k!} u^i v^j w^k, 0 \leqslant u,v,w \leqslant 1, u+v+w=1$.

比如取 T 为这样的三角形,其三顶点分别为 $T_1(0,0), T_2(1,0), T_3(0,1)$,定义
$$F(x,y) = x^2 + 8xy + 8y^2$$
则按定义易得
$$B_n(f;p) = (1 - \frac{1}{n})(u^2 + 8uv + 8v^2) + \frac{1}{n}(u + 8v)$$
容易证明,当 $0 \leqslant u,v, u+v \leqslant 1$ 时,有
$$B_n - B_{n-1} = \frac{1}{n(n+1)}(u + 8v - u^2 - 8uv - 8v^2) \geqslant 0$$
但是 $F(p)$ 并不是凸的!

我们可以直接按凸函数定义去验证看它是否满足
$$F(\frac{p_1 + p_2}{2}) \leqslant \frac{F(p_1) + F(p_2)}{2}$$
取两点 $(1,0), (0, \frac{1}{2})$,计算可知
$$F(1,0) + F(0, \frac{1}{2}) = 3 < \frac{7}{2} = 2F(\frac{1}{2}, \frac{1}{4})$$

最近人们进一步研究发现,Bernstein 多项式还与组合数学的重要对象幻方有关.在计算几何学中,有人发现以幻方为控制网数据矩阵而生成的 Bézier-Bernstein 曲面具有单向积分不变的特性,而这

第1章 Bernstein 多项式与 Bézier 曲线

一特性是其他熟知的逼近方式所不具备的.

设有方阵 $F=(f_{ij}), i,j=0,1,\cdots,n$, 满足条件:

(1) $\sum\limits_{i} f_{ij}=\sum\limits_{j}f_{ij}=\delta_{n+1}$ (常数与 n 无关);

(2) $\sum\limits_{i=j} f_{ij}=\sum\limits_{i+j=n+1}f_{ij}=\delta_{n+1}$.

则称 F 为 $n+1$ 阶幻方. 如果 F 的元素为前 $(n+1)^2$ 个自然数, 则

$$C_n=\frac{n(n^2+1)}{2}$$

记 $[0,1]\times[0,1]$ 上的曲面

$$B(u,v)=\sum_{i=0}^{n}\sum_{j=0}^{n}f_{ij}B_i^n(u)B_j^n(v), u,v\in[0,1]$$

其中

$$B_i^n(t)=\binom{n}{i}(1-t)^{n-i}t^i, i=0,1,\cdots,n$$

f_{ij} 为幻方 F 的元素, 我们称 $B(u,v)$ 为幻曲面.

类似于幻方的结构对称性, Bézier-Bernstein 算子也有类似的性质

$$\int_0^1 B(u,v)\mathrm{d}u=c, \forall v\in[0,1]$$

$$\int_0^1 B(u,v)\mathrm{d}v=c, \forall u\in[0,1]$$

§13 Bernstein 多项式的多元推广

考虑 k 维方体

$$S_k=\{(x_1,x_2,\cdots,x_k)\in \mathbf{R}^k\mid 0\leqslant x_i\leqslant 1, i=1,2,\cdots,k\}$$

对于给定的 k 元实值连续函数 $f(x_1,x_2,\cdots,$

$x_k) \in C(S_k)$,构造 k 元乘积型 Bernstein 多项式

$$B^f_{n_1,\cdots,n_k}(x_1,\cdots,x_k) = \sum_{v_1=0}^{n_1}\cdots\sum_{v_k=0}^{n_k} f(\frac{v_1}{n_1},\cdots,\frac{v_k}{n_k}) \cdot p_{n_1,v_1}(x_1)\cdots p_{n_k,v_k}(x_k)$$

可以证明在 S_k 上一致地有

$$\lim_{n_i\to\infty} B^f_{n_1,\cdots,n_k}(x_1,\cdots,x_k) = f(x_1,\cdots,x_k), i=1,\cdots,k$$

与此相对应地,还可考虑 k 维单纯形上的 Bernstein 多项式,定义

$$\Delta_k = \{(x_1,\cdots,x_k) \in \mathbf{R}^k \mid x_1+\cdots+x_k \leqslant 1,$$
$$x_i \geqslant 0, i=1,\cdots,k\}$$

函数 $f(x_1,\cdots,x_k) \in C(\Delta_k)$ 的 Bernstein 多项式定义为

$$\overline{B}^f_n(x_1,\cdots,x_k) = \sum_{\substack{v_1,\cdots,v_k\geqslant 0\\ v_1+\cdots+v_k\leqslant n}} f(\frac{v_1}{n},\cdots,\frac{v_k}{n}) \cdot p_{n,v_1,\cdots,v_k}(x_1,\cdots,x_k)$$

式中

$$p_{n,v_1,\cdots,v_k}(x_1,\cdots,x_k) = \binom{n}{v_1,\cdots,v_k} x_1^{v_1}\cdots x_k^{v_k}$$
$$(1-x_1-\cdots-x_k)^{n-v_1-\cdots-v_k} \cdot \binom{n}{v_1,\cdots,v_k} =$$
$$\frac{n!}{v_1!\ v_2!\ \cdots\ v_k!\ (n-v_1-\cdots-v_k)!}$$

对此我们有如下定理:

定理 4 若 $f(x_1,\cdots,x_k) \in C(\Delta_k)$,则在 Δ_k 上一致地有

$$\lim_{n\to\infty} \overline{B}^f_n(x_1,\cdots,x_k) = f(x_1,\cdots,x_k)$$

由此可见,算子是数学家语言中的重要词汇,犹如

第 1 章　Bernstein 多项式与 Bézier 曲线

文学家使用成语一样,试想一下如果一篇文章中全是大白话,没有一个成语,那将会多么冗长、乏味啊!

最后,我们提出一个判断竞赛试题优劣的标准:构思独特,解法优美,历史悠长,背景深刻,触角广泛.

第 2 章　Bernstein 多项式和保形逼近[①]

在一类实际问题里,要求被拟合的曲线具有某种几何特征,例如,有单调或凸的性质.在本章里我们将看到,Bernstein 多项式有很好的几何性质,当函数 $f(x)$ 在 $[a,b]$ 上是单调增(或凸)时,其相应的 Bernstein 多项式 $B_n(f,x)$ 在 $[a,b]$ 上也具有单调增(或凸)的性质.正因为如此,Davis 曾猜测,对于个别点的逼近精度要求不高,但整体逼近性质要求要好的那一类实际逼近问题,Bernstein 多项式或许会找到它的应用.近几年来,Bernstein 多项式果真在自由外形设计中开始找到了它的应用,出现了 Bézier 曲线等.但它有一个严重缺点,就是收敛太慢.1977 年 Passow 和 Roulier 等人将这一工作推进了一步,利用 Bernstein 多项式构造了保单调(凸)的插值函数.他们将样条函数的思想同 Bernstein 多项式巧妙地结合起来,做出了有意义的工作.本章将侧重介绍 Bernstein 多项式在保形逼近问题中的应用.

---

① 引自:黄友谦.曲线曲面的数值表示和逼近[M].上海:上海科学技术出版社,1984.

第 2 章 Bernstein 多项式和保形逼近

§1 Bernstein 多项式的性质

我们先引进凸函数概念:

定义 1 假定 $f(x)$ 定义在 $[a,b]$ 上, 如果联结曲线上任意两点 A,B 的直线段都在曲线段 $\widehat{AB}$ 的上(下)面, 则称 $f(x)$ 是 $[a,b]$ 上的下凸(上凸)函数. 今后我们将下凸函数简称为凸函数(Convex functions), 参见图 1.

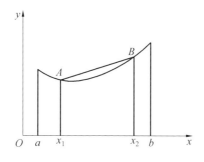

图 1

显然, 函数 $y = x^2$ 在任意 $[a,b]$ 上都是凸函数.

记 $p_1(f,x)$ 是函数 $f(x)$ 关于任意节点 x_1, x_2 的一次插值函数, 于是 $f(x)$ 是凸函数等价于下式成立

$$f(x) - p_1(f,x) \leqslant 0, a \leqslant x_1 \leqslant x \leqslant x_2 \leqslant b \quad (1)$$

注意到, $\frac{1}{2}(f(x_1) + f(x_2))$ 是梯形 Ax_1x_2B (图 1) 的中线长度. 因而, 如果 $f(x)$ 是凸函数, 则必有

$$f\left(\frac{x_1 + x_2}{2}\right) \leqslant \frac{1}{2}(f(x_1) + f(x_2))$$

从而有下述引理:

引理 1 假定 $f(x)$ 是 $[a,b]$ 上的凸函数,如果
$$a \leqslant x_0 < x_0 + h < x_0 + 2h \leqslant b$$
那么,成立着
$$\Delta^2 f(x_0) = f(x_0 + 2h) - 2f(x_0 + h) + f(x_0) \geqslant 0$$
(2)

引理 2 假定 $f''(x)$ 在 (a,b) 上存在,那么 $f(x)$ 是 $[a,b]$ 上凸函数的充要条件是
$$f''(x) \geqslant 0, a < x < b$$

证明 由插值余项表达式可知,对于 $x_1 \leqslant x \leqslant x_2$,恒有
$$f(x) - p_1(f, x) = \frac{1}{2}(x - x_1)(x - x_2) f''(\xi),$$
$$x_1 < \xi < x_2$$
假定在 (a,b) 上 $f''(x) \geqslant 0$,则由于
$$(x - x_1)(x - x_2) \leqslant 0, x_1 \leqslant x \leqslant x_2$$
推得
$$f(x) - p_1(f, x) \leqslant 0, x_1 \leqslant x \leqslant x_2$$
从而 $f(x)$ 是凸函数.

下面,应用反证法完成定理必要性的证明.假如 $f(x)$ 是凸函数,而对于 (a,b) 中某个 x,有
$$f''(x) = k < 0$$
由二阶导数定义,恒有
$$\lim_{h \to 0^+} \frac{f'(x + h) - f'(x - h)}{2h} = k$$
因此 $k < 0$,故存在充分小正数 h_1,使对于 $0 < h < h_1$,有
$$x - h, x + h \in (a, b)$$
且

第 2 章 Bernstein 多项式和保形逼近

$$\frac{(f'(x+h)-f'(x-h))}{2h}=k_1<0$$

于是

$$\int_0^{h_1}[f'(x+h)-f'(x-h)]\mathrm{d}h<\int_0^{h_1}2k_1\cdot h\mathrm{d}h=k_1h_1^2$$

注意,上式左端的积分等于

$$f(x+h_1)-2f(x)+f(x-h_1)$$

因而

$$f(x+h_1)-2f(x)+f(x-h_1)<0$$

而这与式(2)矛盾.引理证毕.

Bernstein 多项式与保凸逼近有着紧密的联系.

定义 2 假定 $f(x)$ 在 $[a,b]$ 上有定义,称

$$B_n(f,x)=\frac{1}{(b-a)^n}\sum_{m=0}^n f(a+mh)\cdot$$

$$\binom{n}{m}(x-a)^m(b-x)^{n-m} \quad (3)$$

为函数 $f(x)$ 在 $[a,b]$ 上的 n 次 Bernstein 多项式.这里

$$h=\frac{b-a}{n}$$

$$\binom{n}{m}=\frac{n!}{m!(n-m)!}$$

容易验明,下列关系式成立

$$B_n(f(a),x)=f(a)$$
$$B_n(f(b),x)=f(b)$$
$$B_n(1,x)\equiv\frac{1}{(b-a)^n}(x-a+b-x)^n=1$$
$$B_n(x,x)\equiv\frac{1}{(b-a)^n}\sum_{m=0}^n\left(a+\frac{m(b-a)}{n}\right)\cdot$$

$$\binom{n}{m}(x-a)^m(b-x)^{n-m}\equiv$$

$$a + \frac{(x-a)}{(b-a)^{n-1}} \cdot \sum_{m=1}^{n} \binom{n-1}{m-1} \cdot$$
$$(x-a)^{m-1}(b-x)^{n-1-(m-1)} \equiv$$
$$a + x - a \equiv x$$

所以,Bernstein 多项式具有保值的几何性质,即线性函数的 Bernstein 多项式仍是它自己.

为了进一步研究伯氏多项式 $B_n(f,x)$ 的几何性质,先来导出 $B_n(f,x)$ 的求导公式. 为了强调差分算子的步长为 h,记

$$\Delta_h f(x) = f(x+h) - f(x)$$

我们有下述引理:

引理 3 对于 $B_n(f,x)$ 的 p 阶导数,成立着

$$B_n^{(p)}(f,x) = \frac{n!}{(n-p)!\,(b-a)^n} \sum_{t=0}^{n-p} \Delta_h^p f(a+th) \cdot$$
$$\binom{n-p}{t}(x-a)^t(b-x)^{n-p-t} \qquad (4)$$

其中 Δ_h^p 表示步长为 h 的 p 阶向前差分算符.

证明 注意 Leibniz 公式

$$(u(x)v(x))^{(p)} = \sum_{j=0}^{p} \binom{p}{j} u^{(j)}(x) v^{(p-j)}(x)$$

由式(3)有

$$B_n^{(p)}(f,x) = \frac{1}{(b-a)^n} \sum_{m=0}^{n} f(a+mh) \binom{n}{m} \cdot$$
$$\sum_{j=0}^{p} \binom{p}{j} [(x-a)^m]^{(j)} \cdot$$
$$[(b-x)^{n-m}]^{(p-j)}$$

注
$$(x^k)^{(j)} = \frac{k!}{(k-j)!} x^{k-j}, \quad k-j \geqslant 0$$

$$[(b-x)^{n-m}]^{(p-j)} = (-1)^{p-j}(n-m)! \cdot$$
$$\frac{(b-x)^{n-m-p+j}}{(n-m-p+j)!}$$
$$(n-m-p+j \geqslant 0)$$

便有
$$B_n^{(p)}(f,x) = \frac{1}{(b-a)^n} \sum_{m=0}^{n} \sum_{j=0}^{p} (-1)^{p-j} \cdot$$
$$\frac{n!}{(n-m-p+j)!(m-j)!} \cdot$$
$$\binom{p}{j}(x-a)^{m-j} \cdot$$
$$(b-x)^{n-m-p+j} \cdot f(a+mh)$$

令 $m-j=t$,则上式可写成
$$B_n^{(p)}(f,x) = \frac{n!}{(b-a)^n} \sum_{t=0}^{n-p} \frac{(x-a)^t (b-x)^{n-p-t}}{t!(n-p-t)!} \cdot$$
$$\sum_{j=0}^{p} (-1)^{p-j} \binom{p}{j} \cdot f(a+th+jh) =$$
$$\frac{n!}{(n-p)!(b-a)^n} \sum_{t=0}^{n-p} \Delta_h^p f(a+th) \cdot$$
$$\binom{n-p}{t}(x-a)^t (b-x)^{n-p-t}$$

引理 4 我们有
$$\begin{cases} B_n^{(p)}(f,a) = \dfrac{1}{(b-a)^p} \dfrac{n!}{(n-p)!} \Delta_h^p f(a) \\ B_n^{(p)}(f,b) = \dfrac{1}{(b-a)^p} \dfrac{n!}{(n-p)!} \nabla_h^p f(b) \end{cases} \tag{5}$$

这里 ∇_h^p 表示步长为 h 的 p 阶向后差分.

证明 由引理 3,令 $x=a$,便得
$$B_n^{(p)}(f,a) = \frac{n!}{(n-p)!(b-a)^n} \Delta_h^p f(a)(b-a)^{n-p}$$

类似地,令 $x=b$,便有
$$B_n^{(p)}(f,b) = \frac{n!}{(n-p)!(b-a)^n} \cdot \Delta_h^p f(a+(n-p)h)(b-a)^{n-p}$$

注意
$$\Delta_h^p f(a+(n-p)h) = \Delta_h^p f(b-ph) = \nabla_h^p f(b)$$
便得证.

定理 1 若 $f(x)$ 在 $[a,b]$ 上是单调增(或凸)函数,那么 $f(x)$ 的 n 次 Bernstein 多项式在 $[a,b]$ 上也是单调增(或凸)的函数.

证明 若 $f(x)$ 在 $[a,b]$ 上是单调增函数,显然有
$$\Delta_h f(a+th) \geqslant 0, t=0,1,\cdots,n-1$$
由式(4)有
$$B'_n(f,x) \geqslant 0$$
即 $B_n(f,x)$ 在 $[a,b]$ 上是单调增函数. 同理,若 $f(x)$ 在 $[a,b]$ 上是凸函数,则由式(2)知
$$\Delta_h^2 f(a+th) \geqslant 0, t=0,1,\cdots,n-2$$
由式(4)有
$$B''_n(f,x) \geqslant 0$$
再据引理 2 便知, $B_n(f,x)$ 是 $[a,b]$ 上的凸函数. 证毕.

定理 2 假定 p 是满足 $0 \leqslant p \leqslant n$ 的某一固定整数. 如果
$$m \leqslant f^{(p)}(x) \leqslant M$$
那么
$$m \leqslant c_p B_n^{(p)}(f,x) \leqslant M, a \leqslant x \leqslant b \quad (6)$$
其中
$$c_p = \begin{cases} 1, p=1 \\ \dfrac{n^p}{n(n-1)\cdots(n-p+1)}, p>1 \end{cases} \quad (6')$$

证明 由式(4)注意到差分与导数的联系
$\Delta_h^p f(a+th) = h^p f^{(p)}(\xi_t), a+th < \xi_t < a+(t+p)h$
便有

$$B_n^{(p)}(f,x) = \frac{n!}{(n-p)!} \frac{h^p}{(b-a)^n} \sum_{t=0}^{n-p} f^{(p)}(\xi_t) \cdot$$

$$\binom{n-p}{t}(x-a)^t(b-x)^{n-p-t}$$

由于

$$\frac{n!}{(n-p)!} \frac{h}{(b-a)^n} = n(n-1)\cdots(n-p+1)n^{-p}(b-a)^{p-n}$$

$$\sum_{t=0}^{n-p} \binom{n-p}{t}(x-a)^t(b-x)^{n-p-t} =$$

$$(x-a+b-x)^{n-p} =$$

$$(b-a)^{n-p}$$

利用式(6')便得到定理的结论.

定理 3 假定 $f(x)$ 是区间 $[a,b]$ 上的凸函数,则对于 $n=2,3,\cdots$,恒有

$$B_{n-1}(f,x) \geqslant B_n(f,x), a \leqslant x \leqslant b \quad (7)$$

证明 记 $t = \dfrac{x-a}{b-x}$,我们有

$$\left(\frac{b-a}{b-x}\right)^n (B_{n-1}(f,x) - B_n(f,x)) =$$

$$\sum_{m=0}^{n-1} f\left(a+m\frac{b-a}{n-1}\right)\binom{n-1}{m} t^m(t+1) -$$

$$\sum_{m=0}^{n} f\left(a+m\frac{b-a}{n}\right)\binom{n}{m} t^m =$$

$$\sum_{m=1}^{n-1} f\left(a+m\frac{b-a}{n-1}\right)\binom{n-1}{m} t^m + f(a) +$$

Bernstein 多项式与 Bézier 曲面

$$\sum_{m=1}^{n-1} f(a+(m-1)\frac{b-a}{n-1})t^m \binom{n-1}{m-1} +$$

$$f(b)t^n - \sum_{m=1}^{n-1} f\left(a+m\frac{b-a}{n}\right)\binom{n}{m}t^m -$$

$$f(a) - f(b)t^n = \sum_{m=1}^{n-1} c_m t^m$$

其中

$$c_m = \frac{n!}{m!(n-m)!}\left[\frac{n-m}{n}f\left(a+m\frac{b-a}{n-1}\right)+\right.$$

$$\left.\frac{m}{n}f\left(a+(m-1)\frac{b-a}{n-1}\right) - f\left(a+m\frac{b-a}{n}\right)\right]$$

对 $f(x)$ 取插值节点

$$x_1 = a+m\frac{b-a}{n-1}, x_2 = a+(m-1)\frac{b-a}{n-1}$$

相应的线性插值多项式为

$$p_1(f,x) = \frac{x-\left(a+(m-1)\frac{b-a}{n-1}\right)}{\frac{(b-a)}{(n-1)}} f\left(a+m\frac{b-a}{n-1}\right)+$$

$$\frac{a+m\frac{b-a}{n-1}-x}{\frac{(b-a)}{(n-1)}} f\left(a+(m-1)\frac{b-a}{n-1}\right)$$

令 $x = a+\frac{m}{n}(b-a)$，便有

$$p_1(f, a+m\frac{b-a}{n}) = \frac{n-m}{n}f\left(a+m\frac{b-a}{n-1}\right)+$$

$$\frac{m}{n}f\left(a+(m-1)\frac{b-a}{n-1}\right)$$

因为

$$a+(m-1)\frac{b-a}{n-1} < a+m\frac{b-a}{n} <$$

第 2 章 Bernstein 多项式和保形逼近

$$a + m\frac{b-a}{n-1}$$

又 $f(x)$ 是凸函数,故

$$p_1\left(f, a + m\frac{b-a}{n}\right) \geqslant f\left(a + m\frac{b-a}{n}\right)$$

因而

$$c_m \geqslant 0$$

注意到

$$t = \frac{x-a}{b-x}$$

故当 $a < x < b$ 时,$t \geqslant 0$,因而

$$B_{n-1}(f, x) \geqslant B_n(f, x).$$

证毕.

推论 1 若 $f(x)$ 是 $[a, b]$ 上的上凸函数,则对于 $n = 2, 3, \cdots$,恒有

$$B_{n-1}(f, x) \leqslant B_n(f, x), a \leqslant x \leqslant b \quad (8)$$

推论 2 如果 $f(x)$ 在每个子区间

$$\left[a + (m-1)\frac{b-a}{n-1}, a + m\frac{b-a}{n-1}\right], m = 1, 2, \cdots, n-1$$

上是线性函数,则

$$B_{n-1}(f, x) = B_n(f, x)$$

反之,如果 $f \in C[a, b]$,且 $B_{n-1}(f, x) = B_n(f, x)$,则 $f(x)$ 在上述的每个子区间上是线性函数.

证明 如果 $f(x)$ 在子区间

$$\left[a + (m-1)\frac{b-a}{n-1}, a + m\frac{b-a}{n-1}\right]$$

上是线性函数,则由定理 3 恒有

$$p_1(f, x) = f(x)$$

$$p_1\left(f, a + m\frac{b-a}{n}\right) = f\left(a + m\frac{b-a}{n}\right)$$

故
$$c_m = 0, m = 1, 2, \cdots, n-1$$
从而
$$B_{n-1}(f,x) = B_n(f,x)$$
反之,如果 $B_{n-1}(f,x) = B_n(f,x)$,那么对一切 $m = 1, 2, \cdots, n-1$,有 $c_m = 0$. 从而
$$p_1\left(f, a + m\frac{b-a}{n}\right) = f\left(a + m\frac{b-a}{n}\right)$$
进一步由 $f(x)$ 的凸性和连续性推知,$f(x)$ 在每个子区间
$$\left[a + (m-1)\frac{b-a}{n-1}, a + m\frac{b-a}{n-1}\right]$$
上是线性函数. 推论 2 得证.

这表明,当 $f(x) \in C[a,b]$ 时,式(7)保持严格的不等号(除非 $f(x)$ 在上述的每个子区间上是线性函数).

图 2 画出了一个上凸函数的 Bernstein 多项式逼近图.

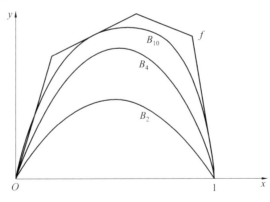

图 2

第 2 章 Bernstein 多项式和保形逼近

Bernstein 多项式的良好几何性质在曲线保形逼近中将有重要应用.

§2 保形插值的样条函数方法

定义 3 对于 $[a,b]$ 的一个分划
$$\pi: a = x_0 < x_1 < \cdots < x_N = b$$
在每个结点 x_i 上给定相应的型值 $y_i, i=0,1,\cdots,N$. 如果
$$y_i \leqslant y_{i+1}(y_i \geqslant y_{i+1}), i=0,1,\cdots,N-1 \quad (9)$$
成立,则称数组 $\{y_i\}_0^N$ 具有单调增(减)性质.

如果成立着
$$\frac{y_i - y_{i-1}}{x_i - x_{i-1}} \leqslant \frac{y_{i+1} - y_i}{x_{i+1} - x_i}, i=1,2,\cdots,N-1 \quad (9')$$
则称数组 $\{y_i\}_0^N$ 具有凸(下凸)性质. 将式 $(9')$ 中的不等号换成"$\geqslant$",则称 $\{y_i\}_0^N$ 具有上凸性质.

我们将构造一个插值函数 $f(x)$,它能模拟数组 $\{y_i\}_0^N$ 的单调和凸的性质,为此先给出几个定义.

定义 4 假定数值 $\{y_i\}_0^N$ 具有单调增(减)性质. 如果函数 $f(x)$ 满足
$$f(x_i) = y_i, i=0,1,\cdots,N$$
且函数 $f(x)$ 在 $[a,b]$ 上具有单调增(减)性质,则称函数 $f(x)$ 是数组 $\{y_i\}_0^N$ 的保单调插值函数.

定义 5 假定数组 $\{y_i\}_0^N$ 是凸的,如果函数 $f(x)$ 是在 $[a,b]$ 上凸的函数且满足
$$f(x_i) = y_i, i=0,1,\cdots,N$$
则称函数 $f(x)$ 是数组 $\{y_i\}_0^N$ 的保凸插值函数.

定义 6 若有一组单调增（或凸）的数组 $\{y_i\}_0^N$ 和一组满足 $0<\alpha_i<1, i=1,2,\cdots,N$ 的数组 $\{\alpha_i\}_1^N$，记
$$\overline{x}_i = x_{i-1} + \alpha_i \Delta x_{i-1}, \Delta x_{i-1} = x_i - x_{i-1}, i=1,2,\cdots,N$$
假定有这样一组数据 $\{t_i\}_1^N$，使得由点列
$$(x_0,y_0),(\overline{x}_1,t_1),(\overline{x}_2,t_2),\cdots,(\overline{x}_N,t_N),(x_N,y_N)$$
所连成的折线 $L(x)$ 满足
$$L(x_i) = y_i$$
且 $L(x)$ 是单调增（或凸）的函数，便称 $(\overline{x}_i,t_i), i=1,2,\cdots,N$ 是 $(x_i,y_i), i=0,1,\cdots,N$ 对应于 $\{\alpha_i\}_1^N$ 的容许点列.

图 3 中的 c_i 分别表示保单调的容许点列.

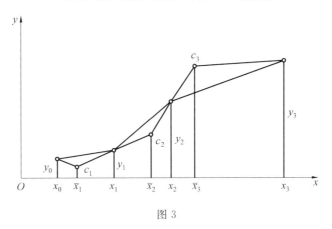

图 3

通常，将保单调或保凸拟合统称为几何保形逼近. 如果已知数组 $\{y_i\}_0^N$ 是单调增（或凸）的，如何去选取保形插值函数呢？这里，我们假定数组的容许点列是存在的，这时存在一插值函数 $L(x)$（由容许点列连成的折线）它具有保形性质，但是它的光滑度是低的. 为了提高光滑度，我们将在每个子区间 $[x_{i-1},x_i]$ 上作

第 2 章 Bernstein 多项式和保形逼近

$L(x)$ 的适当次 Bernstein 多项式，并且证明这些 Bernstein 多项式在整体上具有适当阶的光滑度. 也就是说，我们将用分片 Bernstein 多项式来作几何保形逼近. 这样，便将样条函数和 Bernstein 多项式联系在一起了.

下面便来叙述这一方法：假定单调（或凸）的数组 $\{y_i\}_0^N$ 存在着容许点列

$$(\bar{x}_i, t_i), i = 1, 2, \cdots, N$$

这里

$$\bar{x}_i = x_{i-1} + \alpha_i \Delta x_{i-1}, \Delta x_{i-1} = x_i - x_{i-1}, 0 < \alpha_i < 1$$

依定义，由点列

$$(x_0, y_0), (\bar{x}_1, t_1), \cdots, (\bar{x}_N, t_N), (x_N, y_N)$$

连成的折线 $L(x)$ 具有保单调（或凸）的性质，且满足

$$L(x_i) = y_i, i = 0, 1, \cdots, N$$

函数 $L(x)$ 在 $[x_{i-1}, x_i]$ 上由 $(x_{i-1}, y_{i-1}), (\bar{x}_i, t_i), (x_i, y_i)$ 三点连成的折线组成，将它记成 $L_i(x)$. 下面，我们假定 α_i 可写成两个正整数 m_i, n_i 之比，即

$$\alpha_i = \frac{m_i}{n_i} = \frac{(km_i)}{(kn_i)} \tag{10}$$

这里 $m_i < n_i, k$ 为任意正整数.

在区间 $[x_{i-1}, x_i]$ 上作 $L_i(x)$ 的 kn_i 次 Bernstein 多项式

$$q_i(x) = \frac{1}{(\Delta x_{i-1})^{kn_i}} \sum_{v=0}^{kn_i} L_i\left(x_{i-1} + \frac{v}{kn_i}\Delta x_{i-1}\right) \cdot$$

$$\binom{kn_i}{v}(x - x_{i-1})^v (x_i - x)^{kn_i - v} \tag{11}$$

其中 $x \in [x_{i-1}, x_i]$. 由引理 4 可知，$q_i(x)$ 满足插值条件且其各阶导数有表达式

Bernstein 多项式与 Bézier 曲面

$$\begin{cases} q_i(x_{i-1}) = L_i(x_{i-1}) = y_{i-1}, q_i(x_i) = L_i(x_i) = y_i \\ q_i^{(j)}(x_{i-1}) = \dfrac{1}{(\Delta x_{i-1})^j} \dfrac{(kn_i)!}{(kn_i - j)!} \Delta_{h_i}^j L_i(x_{i-1}) \\ q_i^{(j)}(x_i) = \dfrac{1}{(\Delta x_{i-1})^j} \dfrac{(kn_i)!}{(kn_i - j)!} \nabla_{h_i}^j L_i(x_i) \end{cases} \quad (12)$$

其中

$$h_i = \frac{\Delta x_{i-1}}{kn_i}, 1 \leqslant j \leqslant kn_i$$

从而,有

$$q'_i(x_{i-1}) = \frac{kn_i}{\Delta x_{i-1}} \Delta_{h_i} L_i(x_{i-1}) =$$

$$\frac{kn_i}{\Delta x_{i-1}} \left(L_i \left(x_{i-1} + \frac{\Delta x_{i-1}}{kn_i} \right) - L_i(x_{i-1}) \right)$$

注意到

$$x_{i-1} < x_{i-1} + \frac{\Delta x_{i-1}}{kn_i} < x_{i-1} + \frac{km_i}{kn_i} \Delta x_{i-1} = \overline{x}_i$$

故点 $x_{i-1} + \dfrac{\Delta x_{i-1}}{kn_i}$ 在区间 $(x_{i-1}, \overline{x}_i)$ 中. 但 $L_i(x)$ 在 $(x_{i-1}, \overline{x}_i)$ 上是线性函数,于是

$$L_i \left(x_{i-1} + \frac{\Delta x_{i-1}}{kn_i} \right) = L_i(x_{i-1}) + \frac{t_i - y_{i-1}}{x_i - x_{i-1}} \cdot \frac{\Delta x_{i-1}}{kn_i}$$

从而导得

$$q'_i(x_{i-1}) = \frac{t_i - y_{i-1}}{x_i - x_{i-1}} \quad (13)$$

同理,我们有

$$q'_i(x_i) = \frac{kn_i}{\Delta x_{i-1}} \nabla_{h_i} L_i(x_i) =$$

$$\frac{kn_i}{\Delta x_{i-1}} \left(L_i(x_i) - L_i \left(x_i - \frac{\Delta x_{i-1}}{kn_i} \right) \right)$$

注意到

第 2 章 Bernstein 多项式和保形逼近

$$x_i > x_i - \frac{\Delta x_{i-1}}{kn_i} = x_{i-1} + \frac{kn_i - 1}{kn_i}\Delta x_{i-1} >$$

$$x_{i-1} + \frac{km_i}{kn_i}\Delta x_{i-1}$$

故点 $x_i - \frac{\Delta x_{i-1}}{kn_i}$ 在区间 $(\overline{x_i}, x_i)$ 中,但 $L_i(x)$ 在 $(\overline{x_i}, x_i)$ 上是线性函数,因而,类似于式(13)有

$$q'_i(x_i) = \frac{y_i - t_i}{x_i - \overline{x_i}} \qquad (13')$$

现在以 x_{i-1} 为出发点对函数 $L(x)$ 作步长 h_i 的 km_i 阶向前差分,它由点列

$$x_{i-1}, x_{i-1}+h_i, \cdots, x_{i-1}+km_i h_i$$

相应的函数值

$$L(x_{i-1}), L(x_{i-1}+h_i), \cdots, L(x_{i-1}+km_i h_i)$$

组成. 注意到

$$x_{i-1} + km_i h_i = x_{i-1} + \frac{m_i}{n_i}\Delta x_{i-1} = \overline{x_i}$$

而 $L(x)$ 在 $[x_{i-1}, \overline{x_i}]$ 上是线性函数 $L_i(x)$,故

$$\Delta_{h_i}^{km_i} L(x_{i-1}) = 0$$

从而由式(12)有

$$q_i^{(j)}(x_{i-1}) = 0, j = 2, 3, \cdots, m_i k \qquad (14)$$

同理,以 x_i 为出发点,对 $L(x)$ 作步长 h_i 的 $(n_i - m_i)k$ 阶向后差分,注意到终末端的差分节点为

$$x_i - k(n_i - m_i)h_i = x_{i-1} + \alpha_i \Delta x_{i-1} = \overline{x_i}$$

故

$$q_i^{(j)}(x_i) = 0, j = 2, 3, \cdots, (n_i - m_i)k \qquad (14')$$

此外,作 $L(x)$ 在 $[x_i, x_{i+1}]$ 的 kn_{i+1} 次 Bernstein 多项式,由式(12)和式(13)有

$$q_{i+1}(x_i) = y_i = q_i(x_i), \quad q'_{i+1}(x_i) = \frac{t_{i+1} - y_i}{x_{i+1} - x_i}$$

注意到 $(\overline{x}_i, t_i)$, (x_i, y_i), $(\overline{x_{i+1}}, t_{i+1})$ 三点共线,便有

$$q'_{i+1}(x_i) = \frac{t_{i+1} - y_i}{x_{i+1} - \overline{x}_i} = \frac{y_i - t_i}{x_i - \overline{x}_i} = q'_i(x_i)$$

于是,成立着

$$q_{i+1}(x_i) = q_i(x_i), \quad q'_{i+1}(x_i) = q'_i(x_i) \quad (15)$$

记 $q(x)$ 是定义在 $[a,b]$ 上的函数,它在 $[x_{i-1}, x_i]$ 上的表达式为 $q_i(x)$,即式(11),则由式(14),(15)可知:

(1) $q(x)$ 在 $[x_{i-1}, x_i]$ 上是次数不超过 kn 次的多项式,其中 $n = \max\limits_{1 \leqslant i \leqslant N} n_i$, k 是任意正整数;

(2) $q(x)$ 在节点 x_i 处有直到 mk 为止的连续导数,其中 $m = \min\limits_{1 \leqslant i \leqslant N} \min(m_i, n_i - m_i)$.

引进符号 $s_q^p(\pi)$,它表示 π 的分点 $\{x_i\}_0^N$ 为结点,有 p 阶连续导数的 q 次多项式样条函数的空间(这里假定 $p < q$).

由上面定义的函数 $q(x)$,它在 $[x_{i-1}, x_i]$ 上的表达式为 $q_i(x)$(它是 $L_i(x)$ 的 kn_i Bernstein 多项式)即

$$q_i(x) = \frac{1}{(\Delta x_{i-1})^{kn_i}} \sum_{v=0}^{kn_i} L_i\left(x_{i-1} + \frac{v}{kn_i}\Delta x_{i-1}\right) \cdot$$

$$(x - x_{i-1})^v (x_i - x)^{kn_i - v} \quad (16)$$

不难看出, $q(x) \in s_{kn}^{km}(\pi)$, 且 $q(x)$ 是关于数组 $\{y_i\}_0^N$ 的保单调(或凸)插值函数. 这里

$$\begin{cases} n = \max\limits_{1 \leqslant i \leqslant N} n_i \\ m = \min\limits_{1 \leqslant i \leqslant N} \min(m_i, n_i - m_i) \end{cases} \quad (17)$$

第 2 章　Bernstein 多项式和保形逼近

§3　容许点列的构造

在 §2，我们假定数组 $\{y_i\}_0^N$ 的容许点列是存在的，于是，可利用分片 Bernstein 多项式构造保形插值.

定义 7　如果数组 $\{y_i\}_0^N$ 的容许点列是存在的，则称数组 $\{y_i\}_0^N$ 是正则的.

3.1　单调数组的容许点列构造

先假定数组 $\{y_i\}_0^N$ 是严格单调的，即对于任意 j，有
$$y_{j+1} > y_j, j = 0, 1, \cdots, N-1$$
将 $A_i(x_i, y_i)$ 连成折线，过每一点 $A_i(x_i, y_i)$ 作平行于 x 轴、y 轴直线. 这样，在 $A_{i-1}A_i$ 上构成一个辅助矩形 R_{i-1}，它以 $A_{i-1}A_i$ 为对角线，矩形 R_{i-1} 的边分别平行于 x 轴、y 轴（图 4-1）.

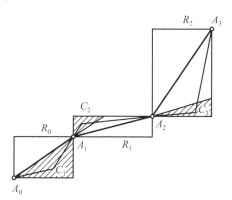

图 4-1

作 A_0A_1 的延长线，它将 R_1 分成两部分；同样的，

A_1A_2 的延长线也将 R_2 分成两部分.

在 A_0A_1 两侧选取一个三角形,例如在 A_0A_1 的下侧,那么,在 R_1 中,A_0A_1 延长线所截的矩形上方部分便是容许点所在区域;同理,在 A_1A_2 延长线截 R_2 的下方区域便是容许点所在区域(图 4-1、图 4-2 斜线部分便是容许点所在区域).

寻找容许点时,只要在 R_0 的斜线部分寻找一点 C_1,再作 C_1A_1 延长线交 R_1 斜线部分为一直线段;在这直线段上任取一点 C_2,取 C_2A_2 延长线交 R_2 为一直线段;在这直线段上任取一点 C_3,那么 C_1,C_2,C_3 便是一组容许点列.

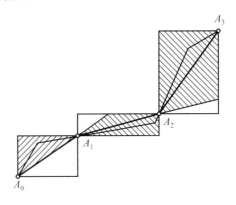

图 4-2

由于容许点列存在斜线区域中,我们可不断调整 C_i 的位置,使拟合曲线达到问题的要求.换句话说,可通过人机对话,调整曲线的位置.因而,对于严格单调的数组,容许点列是存在的.

如果存在某个 j,使得 $y_j = y_{j+1}$,即 A_jA_{j+1} 平行于 x 轴,那么容许点列就不一定存在(图 5).

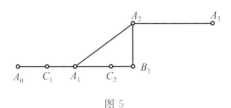

图 5

图 5 中,A_0A_1 的容许点 C_1 必在线段 A_0A_1 上,而 A_1A_2 的容许点 C_2 必在 A_1B_1 上,但 A_2A_3(除掉端点)上任一点与 C_2 的连线均不通过 A_2,因而数组的容许点列不存在.

进一步分析,便可得到如下结论:

如果存在某个 j,m,使得
$$\Delta y_i > 0, i = j+1, \cdots, j+m-2$$
而
$$\Delta y_j = 0, \Delta y_{j+m-1} = 0 \tag{18}$$
那么,当 m 是偶数时,数组 $\{y_i\}_0^N$ 是正则的.

如果式(18)成立,但 m 是奇数,情况就比较复杂. 假定找到某个 $k(j+2 \leqslant k \leqslant j+m)$,使得
$$(-1)^{k-j}\Delta s_{k-j} > 0$$
$$s_k = \frac{y_k - y_{k-1}}{x_k - x_{k-1}} \quad (\text{线段}\overline{A_{k-1}A_k}\text{的斜率}) \tag{19}$$
那么数组 $\{y_i\}_0^N$ 是正则的.

3.2 凸数组的容许点列构造

假定数组 $\{y_i\}_0^N$ 是凸的. 记
$$s_i = \frac{y_i - y_{i-1}}{x_i - x_{i-1}}$$
即 s_i 为线段 $\overline{A_{i-1}A_i}$ 的斜率,有 $s_i \leqslant s_{i+1}$. 我们在线段 $\overline{A_{i-1}A_i}$ 上构造三角形 $A_{i-1}B_iA_i$(图 6):作 $\overline{A_{i-2}A_{i-1}}$ 和

$\overline{A_{i+1}A_i}$ 的延长线交于 B_i，这样，便在 $\overline{A_{i-1}A_i}$ 的一侧得到辅助三角形 $A_{i-1}B_iA_i$. 在特殊的情况下，三角形 $A_{i-1}B_iA_i$ 退化成直线段 $\overline{A_{i-1}A_i}$. 对于最右端线段 $\overline{A_{N-1}A_N}$，则作 $\overline{A_{N-2}A_{N-1}}$ 的延长线与过 A_N 且与 x 轴垂直的直线相交于 B_N，构成三角形 $A_{N-1}B_NA_N$；对于最左端线段 $\overline{A_0A_1}$，则作 $\overline{A_1A_2}$ 延长线与过 A_0 且与 x 轴垂直的直线交于 B_1，从而形成三角形 $A_0B_1A_1$.

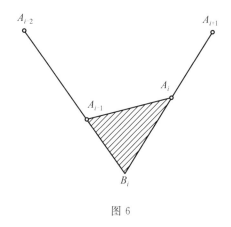

图 6

假定三角形 $A_{i-1}B_iA_i$ 是非退化的，设三角形 $A_{i-1}B_iA_i$ 三边 B_iA_{i-1}，$A_{i-1}A_i$，A_iB_i 的斜率分别为 s_{i-1}，s_i，s_{i+1}. 在三角形 $A_{i-1}B_iA_i$ 中任取一点 C_i，可以验明：线段 $\overline{C_iA_i}$ 的斜率 s_i 大于或等于线段 $\overline{C_iA_{i-1}}$ 的斜率.

利用这一原理，我们可求得容许点列的区域，它存在于辅助三角形 $A_{i-1}B_iA_i$ 中.

图 7-1 和图 7-2 作出了容许点列，在图 7-3 中容许点列不存在. 从而，对于凸数组 $\{y_i\}_0^N$，若存在某个 i 满足

第 2 章　Bernstein 多项式和保形逼近

$$\begin{cases} \Delta^2 y_{i-1} = \Delta^2 y_{i+1} = 0 \\ \Delta^2 y_i \neq 0, 1 \leqslant i \leqslant N-3 \end{cases} \tag{20}$$

则容许点列不存在. 反之,如果式(20)不成立,则容许点列一定存在.

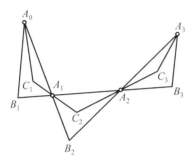

图 7-1

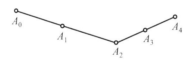

图 7-2

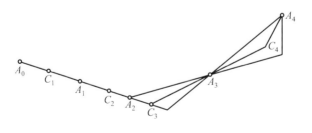

图 7-3

3.3 数值例子

例 1 给定一组数据 $A_i(x_i, y_i)$：$(5,15)$，$(10,10)$，$(15,10)$，$(20,10)$，$(25,12)$,$(30,19)$,$(35,33)$. 容易验明 $\{y_i\}_0^6$ 是凸的，记

$$\overline{x}_i = x_{i-1} + \alpha_i(x_i - x_{i-1})$$

取

$$\alpha_i = \frac{1}{2}, i = 1,2,\cdots,6$$

可以验明容许点列 C_i 可取为 $(7.5,10)$，$(12.5,10)$，$(7.5,10)$,$(22.5,10)$,$(27.5,14)$,$(32.5,23.5)$.

进一步利用 Bernstein 多项式构造 $s^{\frac{1}{2}}(\pi)$ 的保形插值样条 $f(x)$（图 8）

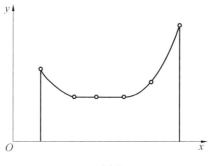

图 8

第 2 章　Bernstein 多项式和保形逼近

$$f(x) = \begin{cases} \dfrac{1}{25}(5x^2 - 100x + 750), & 5 \leqslant x \leqslant 10 \\ 10, & 10 \leqslant x \leqslant 15 \\ 10, & 15 \leqslant x \leqslant 20 \\ \dfrac{1}{25}(2x^2 - 80x + 1050), & 20 \leqslant x \leqslant 25 \\ \dfrac{1}{25}(3x^2 - 130x + 1675), & 25 \leqslant x \leqslant 30 \\ \dfrac{1}{25}(4x^2 - 190x + 2575), & 30 \leqslant x \leqslant 35 \end{cases}$$

§4　分片单调保形插值

在一类实用问题中,曲线 $y = f(x)$ 并不在 $[a,b]$ 上单调. 但在每个子区间 $[x_{i-1}, x_i]$ 上它是单调的, 这就要求我们去构造一条保形曲线, 它在每个子区间 $[x_{i-1}, x_i]$ 上与 $f(x)$ 有相同的单调性, 称为 PMI 问题. 给定 $[a,b]$ 的一个分划

$$\pi: a = x_0 < x_1 < \cdots < x_N = b$$

假定 $f(x)$ 在每个 $[x_{i-1}, x_i]$ 上是单调的, 记 $f(x_i) = y_i$. 要求寻找一个在 $[a,b]$ 上有适当光滑度的函数 $q(x)$, 满足

$$\begin{cases} q(x_i) = y_i, i = 0, 1, \cdots, N \\ q(x) \text{ 在 } [x_{i-1}, x_i] \text{ 上与 } f(x) \text{ 有同样单调性} \\ i = 1, 2, \cdots, N \end{cases} \quad (21)$$

现在介绍两个解决办法:

方法 1　对 $[a,b]$ 作扩充分划

$$\pi': a = x_0 < \bar{x}_1 < x_1 < \cdots < x_{N-1} < \bar{x}_N < x_N = b$$

这里
$$\overline{x_i} = \frac{x_i + x_{i-1}}{2}, i=1,2,\cdots,N$$

不妨假定 $y_{i-1} \leqslant y_i$. 我们来建立 $[x_{i-1}, x_i]$ 上的保形插值函数,它满足
$$q(x_{i-1}) = y_{i-1}, q(x_i) = y_i$$
$q(x)$ 在 $[x_{i-1}, x_i]$ 是单调上升的.

作辅助点列
$$(x_{i-1}, y_{i-1}), \left(\frac{x_{i-1}+\overline{x_i}}{2}, y_{i-1}\right), (\overline{x_i}, \overline{y_i})$$
$$\left(\frac{x_i+\overline{x_i}}{2}, y_i\right), (x_i, y_i) \quad (22)$$

这里
$$\overline{y_i} = \frac{y_{i-1} + y_i}{2}$$

将这些点连成折线,记之为 $L_i(x)$. 显然,在 $[x_{i-1}, x_i]$ 上函数 $L_i(x)$ 是递增的,但是 $L_i(x)$ 的光滑度差. 不难看出,点列
$$\left(\frac{x_{i-1}+\overline{x_i}}{2}, y_{i-1}\right), \left(\frac{x_i+\overline{x_i}}{2}, y_i\right)$$
是 $(x_{i-1}, y_{i-1}), (\overline{x_i}, \overline{y_i}), (x_i, y_i)$ 对应于 $\alpha = \frac{1}{2}$ 的容许点列.

由于 $\alpha = \frac{m_i}{n_i} = \frac{1}{2}$, 取 $n_i = 2n, m_i = n$ (n 为任意正整数).

在 $[x_{i-1}, \overline{x_i}], [\overline{x_i}, x_i]$ 上分别作函数 $L_i(x)$ 的 $2n$ 次 Bernstein 多项式(参见式(11))$q_i(x)$,有

第 2 章 Bernstein 多项式和保形逼近

$$q_i(x) = \begin{cases} \dfrac{2^{2n}}{(\Delta x_{i-1})^{2n}} \sum_{v=0}^{2n} L_i\left(x_{i-1} + \dfrac{v}{4n}\Delta x_{i-1}\right) \binom{2n}{v} \cdot \\ (x-x_{i-1})^v (\overline{x}_i - x)^{2n-v}, x \in (x_{i-1}, \overline{x}_i) \\ \dfrac{2^{2n}}{(\Delta x_{i-1})^{2n}} \sum_{v=0}^{2n} L_i\left(\overline{x}_i + \dfrac{v}{4n}\Delta x_{i-1}\right) \binom{2n}{v} \cdot \\ (x-\overline{x}_i)^v (x_i - x)^{2n-v}, x \in (\overline{x}_i, x_i) \end{cases}$$
(23)

注意到式(13),(13′)和式(22),有
$$q'_i(x_{i-1}+) = q'_i(x_i-) = 0$$
再综合式(14),(14′)得
$$\begin{cases} q_i(x_{i-1}) = y_{i-1}, q_i(x_i) = y_i \\ q_i^{(j)}(x_{i-1}+) = q_i^{(j)}(x_i-) = 0, j=1,2,\cdots,n \\ q'_i(x) \geqslant 0, x \in (x_{i-1}, x_i) \end{cases}$$
(24)

由于 $q_i^{(j)}(x_{i-1}+) = q_i^{(j)}(x_i-) = 0, j=1,2,\cdots,n$,所以在 $[a,b]$ 上,函数 $q_i(x)$ 是有 n 阶连续导数的分片 $2n$ 次多项式,且在每个子区间上与 $f(x)$ 的单调性相同.

方法 2 在 $[x_{i-1}, x_i]$ 上作 $2n+1$ 次 Hermite 型插值
$$\begin{cases} q_i(x_{i-1}) = y_{i-1}, q_i(x_i) = y_i \\ q_i^{(j)}(x_{i-1}) = q_i^{(j)}(x_i) = 0, j=1,2,\cdots,n \end{cases}$$
(25)

容易看出,$q'_i(x)$ 在 x_{i-1}, x_i 处分别有 n 重根,而 $q'_i(x)$ 是不超过 $2n$ 次的多项式,因而 $q'_i(x)$ 在 (x_{i-1}, x_i) 内无根,即 $q'_i(x)$ 在 (x_{i-1}, x_i) 上保号.如果 $y_{i-1} \leqslant y_i$,则 $q_i(x)$ 单调上升;如果 $y_{i-1} \geqslant y_i$,则 $q_i(x)$ 单调下降.而在 $[a,b]$ 上,$q_i(x)$ 是有 n 阶连续导数的分片 $2n+1$ 次多项式.

如果在端点 x_i 处减少 $q_i^{(n)}(x_i) = 0$ 的条件,那么 $q_i(x)$ 便成为具有 $n-1$ 次连续导数的 $2n$ 次分片多项

式.

上述的 Hermite 插值函数可由重节点 Newton 差商公式给出.

§5 多元推广的 Bernstein 算子的逼近性质①

5.1 引言

设 $C[0,1]$ 表示定义在 $[0,1]$ 上连续函数的全体,在 $C[0,1]$ 上定义 Bernstein 算子为

$$B_n(f;x) = \sum_{k=0}^{n} f\left(\frac{k}{n}\right) p_{n,k}(x)$$

$$p_{n,k}(x) = \binom{n}{k} x^k (1-x)^{n-k} \quad (26)$$

关于 Bernstein 算子逼近问题的研究已有很多成果[1-7]. Stance[8] 给出了一种推广的 Bernstein 算子

$$B_n^{\alpha,\beta}(f;x) = \sum_{k=0}^{n} f\left(\frac{k+\alpha}{n+\beta}\right) \binom{n}{k} x^k (1-x)^{n-k} \quad (27)$$

并且研究了这类算子的逼近性质. 自然要问:对这类多元推广的 Bernstein 算子,是否也有类似结果? 但是,由于多元函数展开方向的无穷性,部分连续模选择的多样性以及函数定义域边界的复杂性等众知的原因,使得多元线性算子逼近与一元情形相比更具有难度和复杂性(当然,更具有普遍性),并非是一元情形的简单推广. 相应的,对多元 Bernstein 算子研究起步也较晚,

---

① 李凤军,徐宗本.

直到 1986 年,Ditzian 才对多元 Bernstein 算子进行了研究,开创了这方面工作的先河. 本节的工作在于构造一类多元序列,找到该序列一致收敛于被逼近函数的充要条件,以此序列为基础,运用多元函数的全连续模和部分连续模来刻画这种推广的多元 Bernstein 算子的逼近性质,肯定地回答了上述问题.

5.2 基本引理

我们将这类 Bernstein 算子推广到多元情形,得到

$$B_{n,d}^{\alpha,\beta}(f;x) = \prod_{l=1}^{d}\sum_{k_l=0}^{n_l} f\left(\frac{k_1+\alpha_1}{n_1+\beta_1}, \frac{k_2+\alpha_2}{n_2+\beta_2}, \cdots, \frac{k_d+\alpha_d}{n_d+\beta_d}\right) \cdot$$
$$\prod_{i=1}^{d}\binom{n_i}{k_i} x_i^{k_i}(1-x_i)^{n_i-k_i} \qquad (28)$$

其中,$x=(x_1,x_2,\cdots,x_d)$,$0\leqslant x_i\leqslant 1$,$\alpha=(\alpha_1,\alpha_2,\cdots,\alpha_d)$,$\beta=(\beta_1,\beta_2,\cdots,\beta_d)$,$0\leqslant \alpha_i\leqslant \beta_i$,$i=1,2,\cdots,d$,$n=(n_1,n_2,\cdots,n_d)$ 为多元正整数.

设 $f(x)\in C[0,1]^d$,定义

$$\|f\|_C = \max_{x\in[0,1]^d} |f(x)|$$

对任意的 $0\leqslant \gamma_{k_i,n_i}\leqslant 1$,$i=1,2,\cdots,d$,构造多元序列 $\{T_n f(x)\}$ 如下

$$T_n(f;x) = \prod_{l=1}^{d}\sum_{k_l=0}^{n_l} f(\gamma_{k_1,n_1},\gamma_{k_2,n_2},\cdots,\gamma_{k_d,n_d}) \cdot$$
$$\prod_{i=1}^{d}\binom{n_i}{k_i} x_i^{k_i}(1-x_i)^{n_i-k_i} \qquad (29)$$

序列 $\{T_n f(x)\}$ 有如下的性质:

引理 5 $\lim_{n\to\infty}\|T_n f-f\|_C=0$ 的充要条件是

$$\lim_{n\to\infty}\left\|\prod_{l=1}^{d}\sum_{k_l=0}^{n_l}\prod_{i=1}^{d}\binom{n_i}{k_i}x_i^{k_i}(1-x_i)^{n_i-k_i}-1\right\|_C=0$$
(30)

$$\lim_{n\to\infty}\left\|\prod_{l=1}^{d}\sum_{k_l=0}^{n_l}\gamma_{k_i,n_i}\prod_{j=1}^{d}\binom{n_j}{k_j}\cdot\right.$$
$$\left.x_j^{k_j}(1-x_j)^{n_j-k_j}-x_i\right\|_C=0,i=1,2,\cdots,d$$
(31)

$$\lim_{n\to\infty}\left\|\prod_{l=1}^{d}\sum_{k_l=0}^{n_l}\sum_{i=1}^{d}\gamma_{k_i,n_i}^2\prod_{j=1}^{d}\binom{n_j}{k_j}\cdot\right.$$
$$\left.x_j^{k_j}(1-x_j)^{n_j-k_j}-\sum_{i=1}^{d}x_i^2\right\|_C=0 \quad (32)$$

其中,多元正整数 $\boldsymbol{n}\to\infty$ 意味着它的每一个分量 $n_i\to\infty,i=1,2,\cdots,d$.

5.3 主要结果

设 $f:[0,1]^d\to\mathbf{R}$ 是一个连续函数,给定正数 δ,定义 $f(\boldsymbol{x})$ 的部分连续模和全连续模如下

$$\omega_{x_i}^1(f;\delta)=\max_{\substack{0\leqslant x_j\leqslant 1\\ j=1,2,\cdots,d,j\neq i}}\max_{|x_i-y_i|\leqslant\delta}\mid f(x_1,x_2,\cdots,x_d)\mid -$$
$$f(x_1,\cdots,x_{i-1},y_i,x_{i+1},\cdots,x_d) \quad (33)$$
$$\vdots$$

$$\omega_{x_1,\cdots,x_{i-1},x_{i+1},\cdots,x_d}^{d-1}(f;\delta)=$$
$$\max_{0\leqslant x_i\leqslant 1}\max_{\sqrt{\sum_{\substack{j=1\\j\neq i}}^{d}(x_j-y_j)^2}\leqslant\delta}\mid f(x_1,x_2,\cdots,x_d)-$$
$$f(y_1,\cdots,y_{i-1},x_i,y_{i+1},\cdots,y_d)\mid \quad (34)$$

$$\omega_{\boldsymbol{x}}^d(f;\delta)=\max_{\sqrt{\sum_{i=1}^{d}(x_i-y_i)^2}\leqslant\delta}\mid f(x_1,x_2,\cdots,x_d)-$$

$$f(y_1,y_2,\cdots,y_d)\mid \qquad (35)$$

可以看出

$$\lim_{\delta\to\infty}\omega^1_{x_i}(f;\delta)=0, i=1,2,\cdots,d,\cdots,\lim_{\delta\to\infty}\omega^d_{x}(f;\delta)=0$$

对任意的 $\lambda>0$,有

$$\omega^1_{x_i}(f;\delta)\leqslant(\lambda+1)\omega^1_{x_i}(f;\delta), i=1,2,\cdots,d,\cdots,$$
$$\omega^d_{x}(f;\delta)\leqslant(\lambda+1)\omega^d_{x}(f;\delta)$$

利用全连续模及部分连续模来刻画算子序列 $\{B^{\alpha,\beta}_{n,d}(f;\boldsymbol{x})\}$ 的收敛性可以得到下面的逼近定理.

定理 4 若 $F:[0,1]^d\to\mathbf{R}$ 为连续函数,则

$$\lim_{n\to\infty}\parallel B^{\alpha,\beta}_{n,d}(f;\boldsymbol{x})-f(\boldsymbol{x})\parallel_C=0$$

证明 因为 $0\leqslant\alpha_i\leqslant\beta_i, 0\leqslant k_i\leqslant n_i, i=1,2,\cdots,d$,所以 $0\leqslant\dfrac{k_i+\alpha_i}{n_i+\beta_i}\leqslant1, i=1,2,\cdots,d$. 故由引理 1 可知,只需证明序列 $\{B^{\alpha,\beta}_{n,d}(f;\boldsymbol{x})\}$ 满足式(30),(31) 和(32)即可,定理 4 得证.

定理 5 设 $f(\boldsymbol{x})$ 是定义在 $[0,1]^d$ 上的连续函数,则:

(1) $\mid B^{\alpha,\beta}_{n,d}(f;\boldsymbol{x})-f(\boldsymbol{x})\mid\leqslant\dfrac{3}{2}\sum\limits_{i=1}^{d}\omega^1_{x_i}\left(f;\dfrac{\sqrt{n_i+4\beta_i^2}}{n_i+\beta_i}\right);$

(2) $\mid B^{\alpha,\beta}_{n,d}(f;\boldsymbol{x})-f(\boldsymbol{x})\mid\leqslant\dfrac{3}{2}\sum\limits_{\substack{m=1\\m\neq i,j}}^{d}\omega^1_{x_m}\left(f;\dfrac{\sqrt{n_m+4\beta_m^2}}{n_m+\beta_m}\right)+$
$\dfrac{3}{2}\omega^2_{x_i,x_j}\left(f;\sqrt{\sum\limits_{m=i,j}\dfrac{n_m+4\beta_m^2}{(n_m+\beta_m)^2}}\right)\cdots;$

(3) $\mid B^{\alpha,\beta}_{n,d}(f;\boldsymbol{x})-f(\boldsymbol{x})\mid\leqslant\dfrac{3}{2}\omega^1_{x_i}\left(f;\dfrac{\sqrt{n_i+4\beta_i^2}}{(n_i+\beta_i)^2}\right)+$
$\dfrac{3}{2}\omega^{d-1}_{x_1,\cdots,x_{i-1},x_{i+1},\cdots,x_d}.$

Bernstein 多项式与 Bézier 曲面

$$\left\{f;\sqrt{\sum_{\substack{j=1\\j\neq i}}^{d}\frac{n_j+4\beta_j^2}{(n_j+\beta_j)^2}}\right\};$$

(4) $|B_{n,d}^{\alpha,\beta}(f;\boldsymbol{x})-f(\boldsymbol{x})|\leqslant\dfrac{3}{2}\omega_x^d\left\{f;\sqrt{\sum_{i=1}^{d}\dfrac{n_i+4\beta_i^2}{(n_i+\beta_i)^2}}\right\}.$

证明 由于(1)~(4)的证明类似,故只给出(4)的证明.因为

$$B_{n,d}^{\alpha,\beta}(f;\boldsymbol{x})-f(\boldsymbol{x})=\prod_{l=1}^{d}\sum_{k_l=0}^{n_l}\prod_{i=1}^{d}\binom{n_i}{k_i}x_i^{k_i}(1-x_i)^{n_i-k_i}\cdot$$

$$\left\{f\left(\frac{k_1+\alpha_1}{n_1+\beta_1},\frac{k_2+\alpha_2}{n_2+\beta_2},\cdots,\frac{k_d+\alpha_d}{n_d+\beta_d}\right)-f(x_1,x_2,\cdots,x_d)\right\}$$

所以,由连续模的性质及柯西不等式可得

$|B_{n,d}^{\alpha,\beta}(f;\boldsymbol{x})-f(\boldsymbol{x})|=$

$\left|\prod\limits_{l=1}^{d}\sum\limits_{k_l=0}^{n_l}\prod\limits_{i=1}^{d}\binom{n_i}{k_i}x_i^{k_i}(1-x_i)^{n_i-k_i}\cdot\right.$

$\left.\left\{f\left(\dfrac{k_1+\alpha_1}{n_1+\beta_1},\dfrac{k_2+\alpha_2}{n_2+\beta_2},\cdots,\dfrac{k_d+\alpha_d}{n_d+\beta_d}\right)-f(x_1,\cdots,x_d)\right\}\right|\leqslant$

$\prod\limits_{l=1}^{d}\sum\limits_{k_l=0}^{n_l}\prod\limits_{i=1}^{d}\binom{n_i}{k_i}x_i^{k_i}(1-x_i)^{n_i-k_i}\cdot$

$\left|f\left(\dfrac{k_1+\alpha_1}{n_1+\beta_1},\dfrac{k_2+\alpha_2}{n_2+\beta_2},\cdots,\dfrac{k_d+\alpha_d}{n_d+\beta_d}\right)-f(x_1,\cdots,x_d)\right|\leqslant$

$\prod\limits_{l=1}^{d}\sum\limits_{k_l=0}^{n_l}\prod\limits_{i=1}^{d}\binom{n_i}{k_i}x_i^{k_i}(1-x_i)^{n_i-k_i}\cdot$

$\omega_x^d\left\{f;\sqrt{\sum\limits_{i=1}^{d}\left(\dfrac{k_i+\alpha_i}{n_i+\beta_i}-x_i\right)^2}\right\}\leqslant$

$\prod\limits_{l=1}^{d}\sum\limits_{k_l=0}^{n_l}\prod\limits_{i=1}^{d}\binom{n_i}{k_i}x_i^{k_i}(1-x_i)^{n_i-k_i}\cdot$

$\left\{\dfrac{1}{\delta_n^d}\sqrt{\sum\limits_{i=1}^{d}\left(\dfrac{k_i+\alpha_i}{n_i+\beta_i}-x_i\right)^2}+1\right\}\omega_x^d(f;\delta_n^d)\leqslant$

第 2 章 Bernstein 多项式和保形逼近

$$\left\{\frac{1}{\delta_n^d}\prod_{l=1}^{d}\sum_{k_l=0}^{n_l}\sqrt{\sum_{i=1}^{d}\left(\frac{k_i+\alpha_i}{n_i+\beta_i}-x_i\right)^2}\prod_{i=1}^{d}\binom{n_i}{k_i}x_i^{k_i}(1-x_i)^{n_i-k_i}+\right.$$

$$\left.\prod_{l=1}^{d}\sum_{k_l=0}^{n_l}\prod_{i=1}^{d}\binom{n_i}{k_i}x_i^{k_i}(1-x_i)^{n_i-k_i}\right\}\omega_x^d(f;\delta_n^d)=$$

$$\left\{\frac{1}{\delta_n^d}\prod_{l=1}^{d}\sum_{k_l=0}^{n_l}\sqrt{\sum_{i=1}^{d}\left(\frac{k_i+\alpha_i}{n_i+\beta_i}-x_i\right)^2}\cdot\right.$$

$$\left.\prod_{i=1}^{d}\binom{n_i}{k_i}x_i^{k_i}(1-x_i)^{n_i-k_i}+1\right\}\omega_x^d(f;\delta_n^d)\leqslant$$

$$\left\{\frac{1}{\delta_n^d}\left[\prod_{l=1}^{d}\sum_{k_l=0}^{n_l}\left(\sum_{i=1}^{d}\left(\frac{k_i+\alpha_i}{n_i+\beta_i}-x_i\right)^2\right)^2\cdot\right.\right.$$

$$\left.\left.\prod_{i=1}^{d}\binom{n_i}{k_i}x_i^{k_i}(1-x_i)^{n_i-k_i}\right]^{\frac{1}{2}}+1\right\}\omega_x^d(f;\delta_n^d)\leqslant$$

$$\left\{\frac{1}{2\delta_n^d}\sqrt{\sum_{i=1}^{d}\frac{n_i+4\beta_i^2}{(n_i+\beta_i)^2}}+1\right\}\omega_x^d(f;\delta_n^d)$$

其中 $\delta_n^d \to 0$，当 $n \to \infty$ 时. 令 $\delta_n^d = \sqrt{\sum_{i=1}^{d}\frac{n_i+4\beta_i^2}{(n_i+\beta_i)^2}}$，则(4)得证.

定理 5 体现了用多元函数的部分连续模来刻画多元推广的 Bernstein 算子的逼近性质的多样性. 由连续模的性质

$$\omega(f;\xi+\eta)\leqslant\omega(f;\xi)+\omega(f;\eta),\xi,\eta\geqslant 0 \quad (36)$$

可知，用全连续模来刻画该类算子的逼近精度效果最好. 这一结论从下面的例子也可以看出.

例 1 取函数 $f(x_1,x_2,x_3)=x_1^3 x_2^2 x_3$，$(x_1,x_2,x_3\in[0,1])$，$\beta_1=1,\beta_2=2,\beta_3=3$，并设

$$\text{Error } 1=\frac{3}{2}[\omega_{x_1}^1(f;\delta_{n_1}^1)+\omega_{x_2}^1(f;\delta_{n_2}^1)+\omega_{x_3}^1(f;\delta_{n_3}^1)]$$

$$\text{Error } 2 = \frac{3}{2}\big[\omega^1_{x_3}(f;\delta^1_{n_3}) + \omega^2_{x_1,x_2}(f;\delta^2_{n_1,n_2})\big]$$

$$\text{Error } 3 = \frac{3}{2}\big[\omega^1_{x_2}(f;\delta^1_{n_2}) + \omega^2_{x_1,x_2}(f;\delta^2_{n_2,n_3})\big]$$

$$\text{Error } 4 = \frac{3}{2}\big[\omega^1_{x_1}(f;\delta^1_{n_1}) + \omega^2_{x_2,x_3}(f;\delta^2_{n_2,n_3})\big]$$

$$\text{Error } 5 = \frac{3}{2}\omega^3_{x_1,x_2,x_3}(f;\delta^3_{n_1,n_2,n_3})$$

利用函数 f 的部分连续模及全连续模来刻画该类算子的逼近精度,结果见表 1. 表中数据是利用 Maple 8 计算得出的.

表 1 利用函数 f 的部分连续模及全连续模来刻画该类算子的逼近精度

n_1,n_2,n_3	Error1	Error2	Error3	Error4	Error5
2	1.567 143	1.373 641	1.372 584	1.372 241	0.965 782
2^2	1.566 852	1.373 419	1.372 262	1.372 018	0.965 429
2^3	1.562 373	1.373 103	1.372 018	1.370 785	0.965 017
2^4	1.557 149	1.372 012	1.371 781	1.367 748	0.954 546
2^5	1.517 272	1.324 468	1.322 415	1.316 921	0.906 321
2^6	1.254 629	1.128 166	1.125 564	1.123 684	0.813 865
2^7	0.896 356	0.791 894	0.789 242	0.783 636	0.625 743
2^8	0.614 629	0.572 436	0.570 283	0.569 413	0.497 958
2^9	0.436 797	0.425 910	0.423 187	0.422 572	0.382 042
2^{10}	0.192 468	0.177 465	0.176 291	0.174 586	0.170 664

第 3 章　数学工作者论 Bézier 方法

§1　常庚哲,吴骏恒论 Bézier 方法的数学基础

1.1　引言

1974 年,在美国犹他(Utah)大学召开了第一次国际性的计算机辅助几何设计(简称 CAGD)会议,并出版了会议论文集. 会议的中心论题是讨论 Coons 曲面、Bézier 曲面和样条函数方法在 CAGD 中的应用. 大多数与会者都提到了 Coons 和 Bézier 的开创性的工作,公认他们的方法在 CAGD 方面起了基本而重要的作用. 事实上,Coons 方法和 Bézier 方法在现代 CAGD 中是使用最广的两种方法,并驾齐驱而各有千秋.

Bézier 在[10]中介绍了他的方法的数学基础.

本节指出了 Bézier 未曾指出过的关于函数族 $\{f_{n,i}\}$ 的一些公式和性质,得出了我们称之为"联系矩阵"$[M_n]$ 的逆矩阵的表达式,还证明了 Bézier 在[10]中提出但未给出证明的关于作图的一个定理.

1.2　Bézier 曲线

Bézier 把 n 次参数曲线表示为

Bernstein 多项式与 Bézier 曲面

$$P(u) = \sum_{i=0}^{n} \alpha_i f_{n,i}(u), 0 \leqslant u \leqslant 1 \qquad (1)$$

其中

$$\begin{cases} f_{n,0}(u) \equiv 1 \\ f_{n,i}(u) = \dfrac{(-u)^i}{(i-1)!} \dfrac{\mathrm{d}^{i-1}}{\mathrm{d}u^{i-1}} \Phi_n(u), i = 1, 2, \cdots, n \\ \Phi_n(u) = \dfrac{(1-u)^n - 1}{u} \end{cases} \qquad (2)$$

$\boldsymbol{\alpha}_0, \boldsymbol{\alpha}_1, \cdots, \boldsymbol{\alpha}_n$ 是 $n+1$ 个空间矢量,矢量 $\boldsymbol{\alpha}_0$ 指示着曲线的起点. 把 $\boldsymbol{\alpha}_1$ 的起点放在 $\boldsymbol{\alpha}_0$ 的终点上,把 $\boldsymbol{\alpha}_2$ 的起点放在 $\boldsymbol{\alpha}_1$ 的终点上,……,形成一个具有 n 边 $\boldsymbol{\alpha}_1$, $\boldsymbol{\alpha}_2, \cdots, \boldsymbol{\alpha}_n$ 的折线,称为曲线(1)的特征多边形. 特征多边形大致勾画出了对应曲线的形状(图1).

称(1)为 Bézier 曲线.

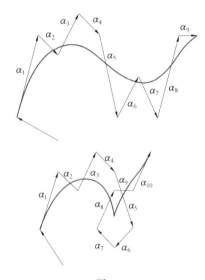

图 1

第 3 章　数学工作者论 Bézier 方法

1.3 函数族 $\{f_{n,i}\}$ 的若干性质

Bézier 曲线(1) 有许多重要性质,见[10],这里不再重复. 显然,曲线(1) 的性质乃是函数族 $\{f_{n,i}\}$ 的性质的推论. 于是,尽可能多地发现函数族 $\{f_{n,i}\}$ 的性质是有意义的.

把 $\Phi_n(u)$ 看成两个函数的乘积

$$\Phi_n(u) = \left(\frac{1}{n}\right)\left[(1-u)^n - 1\right]$$

再利用莱布尼茨公式计算高阶导数

$$\frac{\mathrm{d}^{i-1}}{\mathrm{d}u^{i-1}}\Phi_n(u) = \left[(1-u)^n - 1\right]\frac{\mathrm{d}^{i-1}}{\mathrm{d}u^{i-1}}\left(\frac{1}{u}\right) + \sum_{p=1}^{i-1}C_{i-1}^p \frac{\mathrm{d}^{i-p-1}}{\mathrm{d}u^{i-p-1}}\left(\frac{1}{u}\right) \cdot \frac{\mathrm{d}^p}{\mathrm{d}u^p}\left[(1-u)^n\right] = $$
$$(-1)^{i-1}(i-1)! \ u^{-i}\left[(1-u)^n - 1\right] + \sum_{p=1}^{i-1}(-1)^{i-1}C_{i-1}^p(i-p-1)! \cdot n(n-1)\cdots(n-p+1) \cdot u^{p-i}(1-u)^{n-p}$$

由于

$$C_{i-1}^p(i-p-1)! \ n(n-1)\cdots(n-p+1) = (i-1)! \ C_n^p$$

故可得

$$f_{n,i}(u) = 1 - \sum_{p=0}^{i-1}C_n^p u^p(1-u)^{n-p}$$

置

$$J_{n,p}(u) = C_n^p u^p(1-u)^{n-p}, p = 0,1,2,\cdots,n$$

则有

$$f_{n,i}(u) = 1 - \sum_{p=0}^{i-1}J_{n,p}(u), i = 1,2,\cdots,n \quad (3)$$

由(3)立得

$$f_{n,i}(u) - f_{n,i+1}(u) = J_{n,i}(u) \qquad (4)$$

若把 $f_{n,n+1}$ 理解为零,那么(4)对于 $i=0,1,2,\cdots,n$ 均成立.

显然,当 $u \in (0,1)$ 时,$J_{n,i}(u) > 0$,由(4)可知:不等式

$$f_{n,1}(u) > f_{n,2}(u) > \cdots > f_{n,n}(u) \qquad (5)$$

对一切 $u \in (0,1)$ 成立.

特别地,由于

$$f_{n,1}(u) = 1 - (1-u)^n$$

$$f_{n,n} = u^n$$

故对于 $i=1,2,\cdots,n$ 及 $u \in [0,1]$,有

$$0 \leqslant u^n \leqslant f_{n,i}(u) \leqslant 1 - (1-u)^n \leqslant 1$$

由此立知

$$\begin{cases} f_{n,i}(0) = 0, \\ f_{n,i}(1) = 1, \end{cases} i = 1,2,\cdots,n$$

下面将证明:每一个 $f_{n,i}(u)$ 在 $[0,1]$ 上是严格单调递增的.为此,按(2)计算一阶导数

$$f'_{n,i}(u) = -\frac{i(-u)^{i-1}}{(i-1)!}\frac{\mathrm{d}^{i-1}}{\mathrm{d}u^{i-1}}\Phi_n(u) +$$

$$\frac{(-u)^i}{(i-1)!}\frac{\mathrm{d}^i}{\mathrm{d}u^i}\Phi_n(u) =$$

$$\frac{i}{u}[f_{n,i}(u) - f_{n,i+1}(u)]$$

依(4)得

$$f'_{n,i} = \frac{i}{u}J_{n,i}(u), i=1,2,\cdots,n \qquad (6)$$

由此可见,当 $u \in (0,1)$ 时,$f'_{n,i}(u) > 0$.

除获得公式(3),(4)和(6)外,本节的结果可以综

1.4 Bézier 曲线的 Bernstein 形式

公式(3)和(4)可以使得一系列的推导得到简化,下面仅举一例说明之.

由等式

$$\begin{bmatrix} \boldsymbol{S}_0 \\ \boldsymbol{S}_1 \\ \boldsymbol{S}_2 \\ \vdots \\ \boldsymbol{S}_n \end{bmatrix} = \begin{bmatrix} 1 & & & & \\ 1 & 1 & & & \\ 1 & 1 & 1 & & \\ \vdots & \vdots & \vdots & \ddots & \\ 1 & 1 & 1 & \cdots & 1 \end{bmatrix} \begin{bmatrix} \boldsymbol{\alpha}_0 \\ \boldsymbol{\alpha}_1 \\ \boldsymbol{\alpha}_2 \\ \vdots \\ \boldsymbol{\alpha}_n \end{bmatrix} \quad (7)$$

定义的矢量 $\boldsymbol{S}_0, \boldsymbol{S}_1, \boldsymbol{S}_2, \cdots, \boldsymbol{S}_n$ 依次是特征多边形的 $n+1$ 个顶点,由(7)可以反解出

$$\begin{bmatrix} \boldsymbol{\alpha}_0 \\ \boldsymbol{\alpha}_1 \\ \boldsymbol{\alpha}_2 \\ \vdots \\ \boldsymbol{\alpha}_n \end{bmatrix} = \begin{bmatrix} 1 & & & & \\ -1 & 1 & & & \\ & -1 & 1 & & \\ & & \ddots & \ddots & \\ & & & -1 & 1 \end{bmatrix} \begin{bmatrix} \boldsymbol{S}_0 \\ \boldsymbol{S}_1 \\ \boldsymbol{S}_2 \\ \vdots \\ \boldsymbol{S}_n \end{bmatrix} \quad (8)$$

把曲线(1)表为

$$\boldsymbol{P}(u) = \begin{bmatrix} f_{n,0} & f_{n,1} & \cdots & f_{n,n} \end{bmatrix} \begin{bmatrix} \boldsymbol{\alpha}_0 \\ \boldsymbol{\alpha}_1 \\ \vdots \\ \boldsymbol{\alpha}_n \end{bmatrix}$$

将(8)代入上式的右边,得到

$$\boldsymbol{P}(u) = \begin{bmatrix} f_{n,0} & f_{n,1} & \cdots & f_{n,n} \end{bmatrix} \begin{bmatrix} 1 & & & & \\ -1 & 1 & & & \\ & -1 & 1 & & \\ & & \ddots & \ddots & \\ & & & -1 & 1 \end{bmatrix}$$

$$\begin{bmatrix} \boldsymbol{S}_0 \\ \boldsymbol{S}_1 \\ \boldsymbol{S}_2 \\ \vdots \\ \boldsymbol{S}_n \end{bmatrix} = \sum_{i=0}^{n} [f_{n,i}(u) - f_{n,i+1}(u)] \boldsymbol{S}_i$$

按公式(4)可把上式表为

$$\boldsymbol{P}(u) = \sum_{i=0}^{n} J_{n,i}(u) \boldsymbol{S}_i \tag{9}$$

这就是 Bézier 曲线的 Bernstein 形式,它把 Bézier 曲线同古典的 Bernstein 多项式联系起来,使 Bézier 方法有了更坚实的理论基础,并得到了进一步的发展,详见[11].

1.5 联系矩阵的逆矩阵

展开 $\Phi_n(u)$ 分子中的 $(1-u)^n$,得

$$\Phi_n(u) = \sum_{p=1}^{n} (-1)^p C_n^p u^{p-1}$$

由(2)可知

$$f_{n,i}(u) = \frac{(-1)^i u^i}{(i-1)!} \sum_{p=1}^{n} (-1)^p C_n^p \frac{d^{i-1}}{du^{i-1}} (u^{p-1})$$

由于当 $i > p$ 时,$\frac{d^{i-1}}{du^{i-1}}(u^{p-1}) = 0$,故

$$f_{n,i}(u) = \frac{(-1)^i u^i}{(i-1)!} \sum_{p=i}^{n} (-1)^p C_n^p (p-1)(p-2) \cdots \cdot$$

$$(p-i+1)u^{p-i}$$

即

$$f_{n,i}(u)=\sum_{p=i}^{n}(-1)^{i+p}C_n^p C_{p-1}^{i-1}u^p, i=1,2,\cdots,n$$

（10）

将（10）表为矩阵形式

$$[f_{n,1}\quad f_{n,2}\quad\cdots\quad f_{n,n}]=[u u^2\cdots u^n][M_n]$$

由（10）可见，$[M_n]$ 是一个 n 阶下三角方阵，当 $p\geqslant i$ 时，它的第 p 行和第 i 列交叉处的元素（简称 (p,i) 元素）是

$$(-1)^{p+i}C_n^p C_{p-1}^{i-1}$$

不妨称 $[M_n]$ 为"联系矩阵"，我们来算出它的逆矩阵．联系矩阵及其逆在理论和应用中都是重要的．

把 $[M_n]$ 分解为

$$[M_n]=\begin{bmatrix}C_n^1 & & & \\ & C_n^2 & & \\ & & \ddots & \\ & & & C_n^n\end{bmatrix}[T_n] \quad (11)$$

其中 $[T_n]$ 是一个 n 阶下三角方阵，当 $p\geqslant i$ 时，其 (p,i) 元素是

$$(-1)^{p+i}C_{p-1}^{i-1}$$

由（11）可知，求 $[M_n]^{-1}$ 的问题转化为求 $[T_n]^{-1}$ 的问题．

我们指出：$[T_n]^{-1}$ 仍是一个下三角方阵，当 $i\geqslant q$ 时，其 (i,q) 元素是

$$C_{i-1}^{q-1}$$

现验证这一论断．首先，$[T_n][T_n]^{-1}$ 显然仍为下三角方阵，当 $p\geqslant q$ 时，它的 (p,q) 元素为

$$\sum_{i=q}^{p}(-1)^{i+p}C_{p-1}^{i-1}C_{i-1}^{q-1}$$

当 $p=q$ 时,上式显然为 1;设 $p>q$,则由等式

$$C_{p-1}^{i-1}C_{i-1}^{q-1}=C_{p-1}^{q-1}C_{p-q}^{p-i}$$

可知该元素为

$$C_{p-1}^{q-1}\sum_{i=q}^{p}(-1)^{p-i}C_{p-q}^{p-i}=C_{p-1}^{q-1}[1+(-1)]^{p-q}=0$$

这样就验证了 $[T_n]^{-1}$ 是 $[T_n]$ 的逆矩阵.

由(11)可知:$[M_n]^{-1}$ 是一个下三角方阵,当 $i\geqslant q$ 时,其 (i,q) 元素是

$$C_{i-1}^{q-1}/C_n^q$$

1.6 作图方法的证明

Bézier 在[10]中建议过寻求曲线(1)上的点的一个有趣的作图方法. 为寻求曲线(1)上对应于参数 u 的点 $\boldsymbol{P}(u)$,考察曲线所对应的特征多边形,设其顶点是 $S_0,S_1,\cdots,S_n$,在这个多边形的第 i 条边上,从这条边的起点开始,沿正方向移动一个距离到达 $S_{i-1}^{(1)}$,使得

$$\frac{|S_{i-1}S_{i-1}^{(1)}|}{|S_{i-1}S_i|}=u, u\in[0,1], i=1,2,\cdots,n$$

这样就在特征多边形上得出了 n 个点

$$S_0^{(1)},S_1^{(1)},\cdots,S_{n-1}^{(1)}$$

把它们顺次联结起来,得到一个 $n-1$ 边的折线:$S_0^{(1)}S_1^{(1)}\cdots S_{n-1}^{(1)}$;对这新的折线重复一次上述过程,得到 $n-2$ 边的折线 $S_0^{(2)}S_1^{(2)}\cdots S_{n-2}^{(2)}$,……,这样连续作 $n-1$ 次之后,得出一条直线 $S_0^{(n-1)}S_1^{(n-1)}$,再作最后一次求得此直线上的一点 $S_0^{(n)}$,它适合

$$\frac{|S_0^{(n-1)}S_0^{(n)}|}{|S_0^{(n-1)}S_1^{(n-1)}|}=u$$

第 3 章 数学工作者论 Bézier 方法

那么 $S_0^{(n)}$ 正是曲线(1)上对应于参数 u 的那一个点,并且 $S_0^{(n-1)}S_1^{(n-1)}$ 正是曲线(1)在该点处的切矢量.

上面叙述的就是 Bézier 曲线的几何作图所依据的基本定理. 图 2 针对 $n=4$ 及 $u=1/4$ 的情况表达了这一作图的步骤.

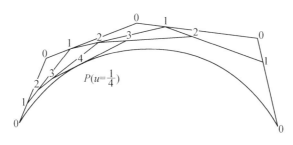

图 2

Bézier 没有给出这一定理的证明. 我们给出一个证明如下.

事实上,经过第一次处理之后,新的多边形的各边依次是单列矩阵

$$\begin{bmatrix} 1-u & u & 0 & \cdots & 0 & 0 \\ 0 & 1-u & u & \cdots & 0 & 0 \\ \vdots & \vdots & \vdots & & \vdots & \vdots \\ 0 & 0 & 0 & \cdots & 1-u & u \\ 0 & 0 & 0 & \cdots & 0 & 1-u \end{bmatrix} \begin{bmatrix} \boldsymbol{\alpha}_1 \\ \boldsymbol{\alpha}_2 \\ \vdots \\ \boldsymbol{\alpha}_{n-1} \\ \boldsymbol{\alpha}_n \end{bmatrix}$$

的前 $n-1$ 行. 把上式中那个 n 阶方阵记为 $\boldsymbol{K}$. 同理,经过第二次处理后,多边形的各边依次是单列矩阵

$$\boldsymbol{K}^2 \begin{bmatrix} \boldsymbol{\alpha}_1 \\ \boldsymbol{\alpha}_2 \\ \vdots \\ \boldsymbol{\alpha}_n \end{bmatrix}$$

的前 $n-2$ 行,如此等等. 最后,经过 $n-1$ 次处理得出的一条边的单列矩阵

$$K^{n-1}\begin{bmatrix}\boldsymbol{\alpha}_1\\ \boldsymbol{\alpha}_2\\ \vdots\\ \boldsymbol{\alpha}_n\end{bmatrix}$$

中第一行那个元素.

把方阵 K 写为

$$K=u\begin{bmatrix}\lambda & 1 & & & \\ & \lambda & 1 & & \\ & & \ddots & \ddots & \\ & & & \lambda & 1 \\ & & & & \lambda\end{bmatrix}$$

其中

$$\lambda=\frac{1-u}{u}$$

再令

$$\begin{bmatrix}\lambda & 1 & & & \\ & \lambda & 1 & & \\ & & \ddots & \ddots & \\ & & & \lambda & 1 \\ & & & & \lambda\end{bmatrix}=\lambda\boldsymbol{I}+\boldsymbol{J}$$

其中 $\boldsymbol{I}$ 为 n 阶单位方阵,而

$$\boldsymbol{I}=\begin{bmatrix}0 & 1 & & & \\ & 0 & 1 & & \\ & & \ddots & \ddots & \\ & & & 0 & 1 \\ & & & & 0\end{bmatrix}$$

所以
$$K^{n-1} = u^{n-1}(\lambda I + J)^{n-1} =$$
$$u^{n-1}\sum_{i=0}^{n-1}C_{n-1}^i \lambda^{n-i-1} J^i =$$
$$u^{n-1}\begin{bmatrix} \lambda^{n-1} & C_{n-1}^1\lambda^{n-2} & C_{n-1}^2\lambda^{n-3} & \cdots & C_{n-1}^{n-1}\lambda^0 \\ & \lambda^{n-1} & C_{n-1}^1\lambda^{n-2} & & C_{n-1}^{n-2}\lambda^1 \\ & & \ddots & \ddots & \vdots \\ & & & \lambda^{n-1} & C_{n-1}^1\lambda^{n-2} \\ & & & & \lambda^{n-1} \end{bmatrix}$$

于是
$$S_0^{(n-1)} S_1^{(n-1)} = u^{n-1}\sum_{i=1}^{n}C_{n-1}^{i-1}\lambda^{n-i}\boldsymbol{\alpha}_i =$$
$$\sum_{i=1}^{n}C_{n-1}^{i-1}u^{i-1}(1-u)^{n-i}\boldsymbol{\alpha}_i \quad (12)$$

为了说明(12)是曲线(1)的切矢,必须且只需证明它与 $P'(u)$ 平行,但是
$$P'(u) = \sum_{i=1}^{n}f'_{n,i}(u)\boldsymbol{\alpha}_i$$
依公式(6),有
$$P'(u) = \sum_{i=1}^{n}\frac{i}{u}J_{n,i}(u)\boldsymbol{\alpha}_i =$$
$$\sum_{i=1}^{n}tC_n^i u^{i-1}(1-u)^{n-i}\boldsymbol{\alpha}_i =$$
$$n\sum_{i=1}^{n}C_{n-1}^{i-1}u^{i-1}(1-u)^{n-i}\boldsymbol{\alpha}_i$$
与(12)比较可知
$$P'(u) = n S_0^{(n-1)} S_1^{(n-1)}$$
这就证完了定理的第二个结论.

现在来证明:最后得出的点 $S_0^{(n)}$ 正好是曲线(1)上

的点 $P(u)$.

由作图法可知: $S_0^{(n)}$ 的位置矢量是

$$\boldsymbol{\alpha}_0 + u[S_0 S_1 + S_0^{(1)} S_1^{(1)} + \cdots + S_0^{(n-1)} S_1^{(n-1)}] =$$

$$\boldsymbol{\alpha}_0 + [u, 0, \cdots, 0](\boldsymbol{I} + \boldsymbol{K} + \cdots + \boldsymbol{K}^{n-1}) \begin{bmatrix} \boldsymbol{\alpha}_1 \\ \boldsymbol{\alpha}_2 \\ \vdots \\ \boldsymbol{\alpha}_n \end{bmatrix} \quad (13)$$

为此应先算 $\boldsymbol{I} + \boldsymbol{K} + \cdots + \boldsymbol{K}^{n-1}$. 一方面

$$\boldsymbol{I} + \boldsymbol{K} + \cdots + \boldsymbol{K}^{n-1} = (\boldsymbol{I} - \boldsymbol{K})^{-1}(\boldsymbol{I} - \boldsymbol{K}^n) =$$
$$(\boldsymbol{I} - \boldsymbol{K})^{-1} - (\boldsymbol{I} - \boldsymbol{K})^{-1} \boldsymbol{K}^n$$

但是

$$(\boldsymbol{I} - \boldsymbol{K})^{-1} = \begin{bmatrix} u & -u & & & \\ & u & -u & & \\ & & u & \ddots & \\ & & & \ddots & -u \\ & & & & u \end{bmatrix}^{-1} =$$

$$\frac{1}{u} \begin{bmatrix} 1 & -1 & & & \\ & 1 & -1 & & \\ & & \ddots & \ddots & \\ & & & 1 & -1 \\ & & & & 1 \end{bmatrix}^{-1} =$$

$$\frac{1}{u} \begin{bmatrix} 1 & 1 & \cdots & 1 & 1 \\ 0 & 1 & \cdots & 1 & 1 \\ \vdots & \vdots & & \vdots & \vdots \\ 0 & 0 & \cdots & 1 & 1 \\ 0 & 0 & \cdots & 0 & 1 \end{bmatrix}$$

所以

第 3 章　数学工作者论 Bézier 方法

$$I + K + \cdots + K^{n-1} = \frac{1}{u}\begin{bmatrix} 1 & 1 & \cdots & 1 \\ & 1 & \cdots & 1 \\ & & \ddots & \vdots \\ & & & 1 \end{bmatrix} -$$

$$u^{n-1}\begin{bmatrix} 1 & 1 & \cdots & 1 \\ & 1 & \cdots & 1 \\ & & \ddots & \vdots \\ & & & 1 \end{bmatrix} \cdot$$

$$\begin{bmatrix} \lambda^n & C_n^1 \lambda^{n-1} & \cdots & C_n^{n-1} \lambda \\ & \lambda^n & & \vdots \\ & & \ddots & \\ & & \ddots & C_n^1 \lambda^{n-1} \\ & & & \lambda^n \end{bmatrix}$$

这样一来,(13) 的右边就是

$$\boldsymbol{\alpha}_0 + ([1 \quad 1 \quad \cdots \quad 1] - u^n[\lambda^n, \lambda^n + C_n^1 \lambda^{n-1}, \cdots, \lambda^n +$$

$$C_n^1 \lambda^{n-1} + \cdots + C_n^{n-1} \lambda]) \begin{bmatrix} \boldsymbol{\alpha}_1 \\ \boldsymbol{\alpha}_2 \\ \vdots \\ \boldsymbol{\alpha}_n \end{bmatrix} \qquad (14)$$

显然,上式中 $\boldsymbol{\alpha}_i, i = 1, 2, \cdots, n$ 的系数是

$$1 - u^n \sum_{p=0}^{i-1} C_n^p \lambda^{n-p} = 1 - \sum_{p=0}^{i-1} C_n^p u^n \left(\frac{1-u}{u}\right)^{n-p} =$$

$$1 - \sum_{p=0}^{i-1} C_u^p u^p (1-u)^{n-p} =$$

$$1 - \sum_{p=0}^{i-1} J_{n,p}(u) = f_{n,i}(u)$$

故(14) 即为

$$\boldsymbol{\alpha}_0 + \sum_{i=1}^{n} f_{n,i}(u) \boldsymbol{\alpha}_i = \boldsymbol{P}(u)$$

这样就证完了关于作图的基本定理.

§2 苏步青论 Bézier 曲线的仿射不变量

本节的目的是按照[12]的理论找出 n 次平面 Bézier 曲线的内在仿射不变量,特别是,对于 3 次 Bézier 曲线的保凸性作出其充要条件的几何解释. 对于一般的情况下的保凸性问题,至今还没有解决. 著者仅在 4 次的场合详尽地讨论了曲线段上是否存在拐点的分析的(而不是几何的)充要条件,而最后举出几个实例,以说明特征多角形的凸性是充分条件,而不是必要条件.

2.1 n 次平面 Bézier 曲线的仿射不变量

设 $a_0, a_1, \cdots, a_n$ 构成一条 n 次 Bézier 曲线段 B_n 的特征多角形,那么用 Ferguson 形式表达的这曲线段的方程是

$$Q(t) = a_0 + \sum_{r=1}^{n} A_r \frac{t^r}{r!}, 0 \leqslant t \leqslant 1 \qquad (15)$$

式中

$$A_r = (-1)^r \frac{n!}{(n-r)!} \sum_{i=1}^{r} (-1)^i \binom{r-1}{i-1} a_i \quad (16)$$

$$r = 1, 2, \cdots, n$$

如同我们常用的一样,令

$$P_{r,s} = \det | A_r A_s |, r < s \qquad (17)$$

$$P_{i,j} = \det | a_i a_j |, i < j \qquad (18)$$

我们容易算出

第3章 数学工作者论 Bézier 方法

$$P_{rs} = (-1)^{r+s} \frac{(n!)^2}{(n-r)!(n-s)!} \cdot$$

$$\left\{ 2\sum_{i=1}^{r-1}\sum_{j=i+1}^{r}(-1)^{i+j}\binom{r-1}{i-1}\binom{s-1}{j-1}p_{i,j} + \sum_{i=1}^{r}\sum_{j=r+1}^{s}(-1)^{i+j}\binom{r-1}{i-1}\binom{s-1}{j-1}p_{i,j} \right\}, r<s$$

(19)

如果把 a_j 的起点移放在 a_i 的终点处,这时所形成的有向三角形(图 3)的面积(带符号)就是 $p_{i,j}$。

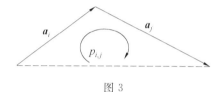

图 3

现在,从(15)作拐点方程

$$\det | Q'(t) Q''(t) | = 0$$

我们便有

$$\sum_{r=1}^{n}\sum_{s=2}^{n}\frac{P_{r,s}}{(r-1)!(s-2)!}t^{r+s-3} = 0$$

$$2\sum_{r=2}^{n-1}\sum_{s=r+1}^{n}\frac{P_{r,s}}{(r-1)!(s-2)!}t^{r+s-3} + \sum_{s=3}^{n}\frac{P_{1,s}}{(s-2)!}t^{s-2} = 0 \quad (20)$$

在 $P_{n-1,n} \neq 0$ 的假设下改写最后方程的右边,而且仅把其最高次的两项写成如下形式

$$f(t) \equiv \frac{1}{(2n-4)!}t^{2(n-2)} + R\frac{1}{(2n-5)!}t^{2n-5} + \cdots = 0$$

式中已置

$$R = (2n-5)!(n-2)\frac{P_{n-2,n}}{P_{n-1,n}} \quad (21)$$

令

$$N = 2(n-2), t^* = t + R \quad (22)$$
$$F(t^*) \equiv f(t^* - R)$$

我们获得规范化的拐点方程,就是

$$\frac{1}{(2n-4)!}t^{*N} + \sum_{r=2}^{N}\frac{g_{N-r}^*}{(N-r)!}t^{*N-r} = 0 \quad (23)$$

最后方程的特点是 t^* 的最高次项的系数是 $1/N!$,而次高次项的系数恒等于 0. 按照著者的一个定理(见[14])立刻可以断定: $N-1$ 个量

$$g_{N-r}^*, r = 2, 3, \cdots, N$$

关于 t 的线性变换 T

$$t \to \bar{t} = ct + f, c \neq 0$$

分别是权 $N-r$ 的仿射不变量.

一般,在 m 维仿射空间里一条 n 次 Bézier 曲线具有 $N-1$ 个关于 T 的相对不变量. 不过,这时 $n > m$ 而且 $N = m(n-m)$.

在平面的情况下,我们可把 Bézier 曲线段 B_n 上不具有实拐点的充要条件归结为: 规范方程(23)在区间 $[R, 1+R]$ 上无实根.

必须指出,即使最后的条件满足,也不能保证 B_n 是凸的,因为在非单纯的特征多角形的场合,还有可能出现二重点或尖点.

2.2 三次平面 Bézier 曲线的保凸性

我们在本节特别考察三次平面 Bézier 曲线

$$Q(t) = a_0 + a_1 f_1(t) + a_2 f_2(t) + a_3 f_3(t) \quad (24)$$

式中

第3章 数学工作者论 Bézier 方法

$$f_1(t) = 3t - 3t^2 + t^3, f_2(t) = 3t^2 - 2t^3, f_3(t) = t^3$$

把(24)改成式(1),便有

$$\boldsymbol{A}_1 = 3\boldsymbol{a}_1, \boldsymbol{A}_2 = 6(-\boldsymbol{a}_1 + \boldsymbol{a}_2), \boldsymbol{A}_3 = 6(\boldsymbol{a}_1 - 2\boldsymbol{a}_2 + \boldsymbol{a}_3)$$

由此得出

$$\begin{cases} p \equiv P_{2,3} = 36(\mathfrak{A}_1 + \mathfrak{A}_2 + \mathfrak{A}_3) \\ q \equiv P_{3,1} = 18(\mathfrak{A}_2 + 2\mathfrak{A}_3), r \equiv P_{1,2} = 18\mathfrak{A}_3 \end{cases} \quad (25)$$

这里我们约定

$$\mathfrak{A}_1 = p_{2,3}, \mathfrak{A}_2 = p_{3,1}, \mathfrak{A}_3 = p_{1,2}$$

曲线 B_3 的唯一相对不变量是

$$I = \frac{1}{4} \frac{\mathfrak{A}_2^2 - 4\mathfrak{A}_1\mathfrak{A}_3}{(\mathfrak{A}_1 + \mathfrak{A}_2 + \mathfrak{A}_3)} \quad (26)$$

曲线段($0 \leqslant t \leqslant 1$)上要出现振动(即多余的拐点),就必须有 $\mathfrak{A}_1\mathfrak{A}_3 > 0$。此外,充要条件如下(参见[13]):

(1) $\mathfrak{A}_2^2 > 4\mathfrak{A}_1\mathfrak{A}_3$;

(2) $\mathfrak{A}_3, \mathfrak{A}_2 + 2\mathfrak{A}_3, \mathfrak{A}_1 + \mathfrak{A}_2 + \mathfrak{A}_3$ 有同一符号;

(3) $\dfrac{\mathfrak{A}_2 + 2\mathfrak{A}_3}{\mathfrak{A}_1 + \mathfrak{A}_2 + \mathfrak{A}_3} < 2$.

我们不妨假定 $\mathfrak{A}_3 > 0$. 因此 $\mathfrak{A}_1 > 0$ 而且条件(2)和(3)分别变为

$$2\mathfrak{A}_3 > -\mathfrak{A}_2, 2\mathfrak{A}_1 > -\mathfrak{A}_2 \quad (26)'$$

当 B_3 的特征四角形为凸时,$\mathfrak{A}_2 < 0$(图4),由(26)导出一个与条件(1)相矛盾的结果

$$4\mathfrak{A}_1\mathfrak{A}_3 > \mathfrak{A}_2^2$$

这就证明了曲线段上不出现振动. 这个结论对于一般的 B_n 也成立(刘鼎元[14]).

反之,当 B_3 的特征四角形为凹时,$\mathfrak{A}_2 > 0$(图4). 此时(26)自然成立. 所以,B_3 曲线段上要出现振动的充要条件变为

$$\mathfrak{A}_2 > 2\sqrt{\mathfrak{A}_1 \mathfrak{A}_3} \tag{27}$$

就是说,面积 $\mathfrak{A}_2$ 大于二面积 $\mathfrak{A}_1, \mathfrak{A}_3$ 的几何平均值的两倍. 因此, 为了振动不出现在 B_3 段上, 充要条件是: 面积 $\mathfrak{A}_2$ 等于或小于 $2\sqrt{\mathfrak{A}_1 \mathfrak{A}_3}$

$$\mathfrak{A}_2 \leqslant 2\sqrt{\mathfrak{A}_1 \mathfrak{A}_3} \tag{28}$$

为了保证 B_3 的凸性, 除此条件以外, 我们还必须考虑 B_3 上会不会出现奇点的问题. 这里我们仅限于对二重点的情况进行讨论, 而把尖点看作二重点的极限场合.

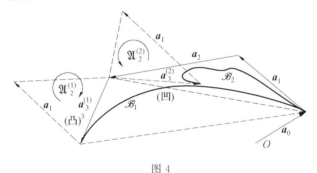

图 4

为此, 设

$$Q(t_1) = Q(t_2), t_1 \neq t_2, 0 < t_1, t_2 < 1 \tag{29}$$

是 B_3 的一个二重点. 从 (29) 和 (15) 容易导出

$$\{3 - 3(t_1 + t_2) + (t_1^2 + t_1 t_2 + t_2^2)\} \boldsymbol{a}_1 +$$
$$\{3(t_1 + t_2) - 2(t_1^2 + t_1 t_2 + t_2^2)\} \boldsymbol{a}_2 +$$
$$(t_1^2 + t_1 t_2 + t_2^2) \boldsymbol{a}_3 = 0$$

或改写为

$$\mu(\boldsymbol{a}_1 + \boldsymbol{a}_2 + \boldsymbol{a}_3) + (1 - \mu)(\boldsymbol{a}_1 + \boldsymbol{a}_2) = \lambda \boldsymbol{a}_1 \tag{30}$$

式中

$$\lambda = \frac{N_1}{D}, \mu = \frac{N_2}{D} \tag{31}$$

第 3 章 数学工作者论 Bézier 方法

而且

$$\begin{cases} D = 3(t_1 + t_2) - 2(t_1^2 + t_1 t_2 + t_2^2) \\ N_1 = 3\{-1 + 2(t_1 + t_2) - (t_1^2 + t_1 t_2 + t_2^2)\} \\ N_2 = t_1^2 + t_1 t_2 + t_2^2 \end{cases}$$

(32)

我们将证明:在条件(29)的限制下,必存在 t_1 和 t_2,使得

$$0 < \lambda, \mu < 1 \quad (33)$$

这就是说:特征四角形的首尾两边 a_1 和 a_3 相交于内点.

实际上,从(29)得知

$$D > t_1 + t_2 - 2t_1 t_2 > 2(\sqrt{t_1 t_2} - t_1 t_2) > 0, N_2 > 0$$

所以 $\mu > 0$,而且(33)中只剩下三个不等式

$$t_1 + t_2 > t_1^2 + t_1 t_2 + t_2^2 > 3(t_1 + t_2 - 1)$$
$$2(t_1 + t_2) > 1 + t_1^2 + t_1 t_2 + t_2^2 \quad (34)$$

令

$$t_1 + t_2 = 1 + x, t_1 t_2 = y \quad (35)$$

上列不等式便化成

$$1 - x + x^2 > y > x(1 + x), 0 < x < \frac{1}{2} \quad (36)$$

这些不等式的解一定存在. 例如

$$x = \frac{1}{4}, t_1 = \frac{3}{4}, t_2 = \frac{1}{2}$$

这时 $y = \frac{3}{8}$. 对于这些,(36) 满足.

这样,我们得到结论:平面三次 Bézier 曲线为凸的充要条件是:特征四角形的首尾两边不相交,而且(28)成立.

假设三次 Bézier 曲线段的特征四角形第一边 a_1

和第三边 a_3 相交. 为了证明此时必存在二重点, 令
$$1-x=\xi, y-x^2=\eta$$
我们容易解出
$$\xi=\frac{3-2\lambda}{2+\mu-\lambda}, \eta=\frac{\lambda}{2+\mu-\lambda}$$
可是 $0<\lambda,\mu<1$, 所以
$$0<\xi<1, 0<\eta<1$$
因此, 满足条件的 t_1, t_2 一定存在.

本文中叙述的特征四角形是单纯的意义必须加以补充: 就是说, 除了第一边和第三边不相交外, 还必须添加另一条件: 第三边或其延长同第一边的对称边 (即同一起点而方向相反的边) 都不相交.

实际上
$$N_1=3(y-x^2), N_2-D=3(x+x^2-y)$$
而且
$$\lambda=3\frac{y-x^2}{D}, \mu=3\frac{(x+1)x-y}{D}$$

在 $\mathfrak{A}_1\mathfrak{A}_3>0$ 的条件下, 不妨假定 $\mathfrak{A}_1,\mathfrak{A}_3>0$. 这时, $\mathfrak{A}_2>0$, 所以 $\lambda>1$ 的情况不会出现. 因此, 我们只需考察 $\lambda<0$ 的场合: $y<x^2$.

如前, 假定 $t_1>t_2$. 如果 $\mu<1$, 那么
$$x^2>y>x+x^2$$
于是
$$t_1+t_2<1$$
$$t_1(1-t_1)^2>t_2(1-t_2)^2$$
这种 t_1,t_2 必存在: $0<t_2<t_1<\frac{2}{3}, t_1+t_2<1$.

相反, 如果 $\mu>1$, 那么
$$t_1+t_2>1$$

第 3 章　数学工作者论 Bézier 方法

$$t_1(1-t_1)^2 < t_2(1-t_2)^2$$

这种 t_1, t_2 也必存在：$\frac{2}{3} < t_2 < t_1 < 1, t_1 + t_2 > 1$.

综合起来，我们有：

当特征四角形的第一边和第三边相交时，或者，当第一边的对称边同第三边（或其延长边）相交时，Bézier 曲线上必出现二重点.

2.3　四次平面 Bézier 曲线的拐点

本小节将特别讨论四次平面 Bézier 曲线的拐点分布. 此时，曲线 B_4 的参数表示是

$$Q(t) = a_0 + A_1 t + \frac{1}{2!} A_2 t^2 + \frac{1}{3!} A_3 t^3 + \frac{1}{4!} A_4 t^4$$
$$0 \leqslant t \leqslant 1 \tag{37}$$

式中

$$A_1 = 4a_1, A_2 = 12(-a_1 + a_2)$$
$$A_3 = 24(a_1 - 2a_2 + a_3) \tag{38}$$
$$A_4 = 24(-a_1 + 3a_2 - 3a_3 + a_4)$$

经过计算，我们有

$$P_{1,2} = 48 p_{1,2}$$
$$P_{1,3} = 96(-2 p_{1,2} + p_{1,3})$$
$$P_{1,4} = 96(3 p_{1,2} - 3 p_{1,3} + p_{1,4})$$
$$P_{2,3} = 288(p_{1,2} - p_{1,3} + p_{2,3})$$
$$P_{2,4} = 288(-2 p_{1,2} + 3 p_{1,3} - p_{1,4} - 3 p_{2,3} + p_{2,4})$$
$$P_{3,4} = 576(p_{1,2} - 2 p_{1,3} + p_{1,4} + 3 p_{2,3} - 2 p_{2,4} + p_{3,4})$$
$$\tag{39}$$

B_4 的拐点方程可写为

$$f(t) \equiv P_{1,2} + P_{1,3} t + \frac{1}{2}(P_{1,4} + P_{2,3}) t^2 +$$

$$\frac{1}{3}P_{2,4}t^3 + \frac{1}{12}P_{3,4}t^4 = 0$$

或者改写为

$$p_{1,2} + 2(-2p_{1,2} + p_{1,3})t +$$
$$\{6(p_{1,2} - p_{1,3}) + 3p_{2,3} + p_{1,4}\}t^2 +$$
$$2(-2p_{1,2} + 3p_{1,3} - p_{1,4} - 3p_{2,3} + p_{2,4})t^3 +$$
$$(p_{1,2} - 2p_{1,3} + p_{1,4} + 3p_{2,3} - 2p_{2,4} + p_{3,4})t^4 = 0$$
(40)

在四次的场合

$$R = P_{2,4}/P_{3,4} \quad (41)$$

而且撇开了一个非零常因数外,$F(t^*) \equiv f(t^* - R) = 0$ 表示规范方程

$$\frac{1}{4!}t^{*4} + (*) + \frac{1}{2!}G_2 t^{*2} + G_3 t^* + G_4 = 0 \quad (42)$$

式中 G_2, G_3, G_4 关于参数 t 的线性变换 T 分别是权 $-2, -3, -4$ 的仿射不变量

$$G_2 = \frac{1}{2}\left\{\frac{P_{1,4}}{P_{3,4}} + \frac{P_{2,3}}{P_{3,4}} - \frac{1}{2}\left(\frac{P_{2,4}}{P_{3,4}}\right)^2\right\}$$

$$G_3 = \frac{1}{2}\frac{P_{1,3}}{P_{3,4}} - \frac{1}{2}\frac{P_{2,4}}{P_{3,4}}\left(\frac{P_{1,4}}{P_{3,4}} + \frac{P_{2,3}}{P_{3,4}}\right) + \frac{1}{3}\left(\frac{P_{2,4}}{P_{3,4}}\right)^3$$

$$G_4 = \frac{1}{2}\frac{P_{1,2}}{P_{3,4}} - \frac{P_{1,3}P_{2,4}}{P_{3,4}^2} + \frac{1}{4}\left(\frac{P_{2,4}}{P_{3,4}}\right)^2\left(\frac{P_{1,4}}{P_{3,4}} + \frac{P_{2,3}}{P_{3,4}}\right) -$$
$$\frac{1}{8}\left(\frac{P_{2,4}}{P_{3,4}}\right)^4$$
(43)

为了 B_4 曲线段 $Q(t)(t \in [0,1])$ 上不出现实拐点,充要条件是方程(42)在区间 $t^* \in [R, 1+R]$ 无实根. 现在,把(42)改写为

$$t^{*4} + bt^{*2} + ct^* + d = 0 \quad (44)$$

其中

$$b = 12G_2, c = 24G_3, d = 24G_4 \qquad (45)$$

设 μ 是三次方程的一个实根

$$\mu^3 + p\mu + q = 0 \qquad (46)$$

这里我们已置

$$p = -\left(\frac{1}{12}b^2 + d\right) = -12(G_2^2 + 2G_4)$$

$$q = -\frac{1}{8}\left(\frac{2}{27}b^3 - \frac{8}{3}bd + c^2\right) = \qquad (47)$$

$$-8(2G_2^3 - 12G_2 G_4 + 9G_3^2)$$

显然,p 和 q 分别是权 -4 和 -6(关于 T)的仿射不变量,从而 μ 是权 -2 的仿射不变量.

又设

$$\alpha = +\sqrt{2\mu - \frac{2}{3}b}, \beta = -\frac{c}{2\sqrt{2\mu - \frac{2}{3}b}} \qquad (48)$$

那么,所论的方程(42)变为下列两个二次方程

$$x^2 + \mu + \frac{1}{6}b - \alpha x - \beta = 0 \qquad (49)$$

$$x^2 + \mu + \frac{1}{6}b + \alpha x + \beta = 0 \qquad (49)'$$

因此,我们导出(42)在区间 $t^* \in [R, 1+R]$ 有无实根的判别不等式如下所示.

Ⅰ.四根全虚的条件

$$-\mu - \frac{2}{3}b < \frac{c}{\sqrt{2\mu - \frac{2}{3}b}} < \mu + \frac{2}{3}b \qquad (50)$$

Ⅱ.两实、两虚的条件①

---

① 指的是(49)有两实根,而(49)′则无虚根.

$$\begin{cases} 2R + \sqrt{2\mu - \dfrac{2}{3}b} > 0 \\ -\mu - \dfrac{2}{3}b < \dfrac{c}{\sqrt{2\mu - \dfrac{2}{3}b}} \end{cases} \quad (51)$$

或者

$$\begin{cases} 2(1+R) + \sqrt{2\mu - \dfrac{2}{3}b} < 0 \\ -\mu - \dfrac{2}{3}b < \dfrac{c}{\sqrt{2\mu - \dfrac{2}{3}b}} \end{cases} \quad (52)$$

Ⅱ. 两虚、两实的条件

$$\begin{cases} \mu + \dfrac{2}{3}b < -\dfrac{c}{\sqrt{2\mu - \dfrac{2}{3}b}} \\ \sqrt{2\mu - \dfrac{2}{3}b} > 2R \end{cases} \quad (53)$$

或者

$$\begin{cases} \mu + \dfrac{2}{3}b < -\dfrac{c}{\sqrt{2\mu - \dfrac{2}{3}b}} \\ \sqrt{2\mu - \dfrac{2}{3}b} > 2(1+R) \end{cases} \quad (54)$$

Ⅲ. 四根全实的条件

$$\mu + \dfrac{2}{3}b < \dfrac{c}{\sqrt{2\mu - \dfrac{2}{3}b}} < -\mu - \dfrac{2}{3}b$$

$$\sqrt{\mu - \dfrac{2}{3}b} > \max[2(1+R), -2R] \quad (55)$$

或 $\quad < \min[-2(1+R), 2R]$

2.4 几个具体的例子

我们举出三个例子于下,其中的前两个说明:非凸的单纯特征多角形也可以有凸的 Bézier 曲线段. 附图都是刘鼎元先生经计算机绘制的.

例 1 $a_1=(1,\sigma), a_2=(3,-1), a_3=(3,0), a_4=(2,-5)$.

这时,$p_{1,2}=-19, p_{1,3}=-18, p_{1,4}=-17, p_{2,3}=3, p_{2,4}=-13, p_{3,4}=-15$. 从而拐点方程是

$$f(t)=+20t^4-42t^3-14t^2+40t-19=0$$

容易证明曲线段上没有拐点. 实际上,从

$$f'(0)=40, f'(1)=-34, f'(0.55) \doteq -0.205$$
$$f(0)=-19, f(1)=-15, f(0.55) \doteq -6.38$$

以及方程

$$f''(t)=+4(60t^2-63t-7)=0$$

在 $[1,0]$ 里没有根的事实,便可断定 $f'(t)$ 在 $[0,1]$ 里是单调函数,从而只有一个实根,也就是说 $f(t)$ 在 $[0,1]$ 里仅有一个极大值. 这样,就明确了 $f(t)<0, t \in [0,1]$. 图 5 示意了对应的 B_4 曲线段.

用前节的判别条件可以更明确地做出结论. 此时

$$G_2=-0.127\ 25, G_3=0.004\ 55, G_4=0.039\ 86$$
$$b=-1.527, c=0.109\ 2, d=0.956\ 6$$
$$p=-1.151, q=-0.455\ 45$$
$$\varphi(\mu)=\mu^3-1.151\mu-0.455\ 45=0$$
$$\varphi'(\mu)=3\mu^2-1.151$$

近似根 $\mu=1.182$. 因此

$$\sqrt{2\mu-\frac{2}{3}b}=1.839, \frac{c}{\sqrt{2\mu-\frac{2}{3}b}}=0.059\ 38$$

$$\mu + \frac{2}{3}b = 0.164$$

由此可见:条件(50)成立,就是四个全是虚根.

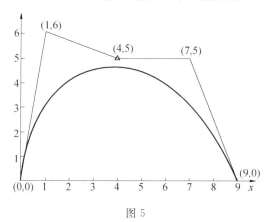

图 5

例 2 $a_1 = (1,6), a_2 = (3,-2), a_3 = (3,1), a_4 = (2,-5)$.

这时,$p_{1,2} = -20, p_{1,3} = -17, p_{1,4} = -17, p_{2,3} = 9, p_{2,4} = -11, p_{3,4} = -17$. 从而拐点方程是

$$f(t) \equiv 29t^4 - 64t^3 - 8t^2 + 46t - 20 = 0$$

同例 1 一样,我们得知所论的 B_4 曲线也没有拐点(图 6).

同样,算出

$$G_2 = -0.099\,1, G_3 = -0.002\,56, G_4 = 0.029\,11$$
$$b = -1.189\,2, c = -0.061\,4, d = 0.698\,7$$
$$p = -1.405\,8, q = -0.261\,9$$
$$\varphi(\mu) = \mu^3 - 1.405\,8\mu - 0.261\,9 = 0$$
$$\varphi'(\mu) = 3\mu^2 - 1.405\,8$$

近似根 $\mu = 1.27$. 因此

第 3 章 数学工作者论 Bézier 方法

$$\sqrt{2\mu - \frac{2}{3}b} = 1.8256, \frac{c}{\sqrt{2\mu - \frac{2}{3}b}} = -0.0336$$

$$\mu + \frac{2}{3}b = 0.4772$$

条件(50)的成立表明,四个全是虚根.

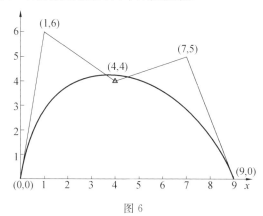

图 6

例 3 $a_1 = (1,6), a_2 = (3,-6), a_3 = (3,5), a_4 = (2,-5)$.

这时,$p_{1,2} = -24, p_{1,3} = -13, p_{1,4} = -17, p_{2,3} = 33, p_{2,4} = -3, p_{3,4} = -25$. 从而拐点方程是

$$f(t) \equiv 65t^4 - 152t^3 - 16t^2 + 70t - 24 = 0$$

所论的 B_4 曲线段上有两个实拐点(图 7)

$$A(2.072, 2.848), B(4.062, 2.75)$$

同样,算出

$$G_2 = -0.0273, G_3 = -0.0146, G_4 = 0.0177$$
$$b = -0.3276, c = 0.3504, d = 0.4248$$
$$p = -0.43374, q = -0.06141$$
$$\varphi(\mu) \equiv \mu^3 - 0.43374\mu - 0.06141 = 0$$

117

$$\varphi'(\mu) = 3\mu^2 - 0.43374$$

近似根 $\mu = 0.7294$. 因此

$$\sqrt{2\mu - \frac{2}{3}b} = 1.295, \mu + \frac{2}{3}b = 0.511$$

$$2R = -0.9268$$

由此可见：两实、两虚的条件(51)成立.

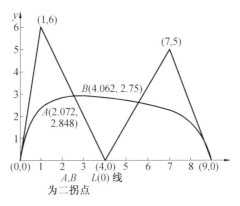

图 7

§3 华宣积论四次 Bézier 曲线的拐点和奇点

参数样条曲线中，三次曲线的应用最广，而且已经有了许多理论上的研究．文[15]对三次参数样条曲线段的拐点与奇点进行了讨论，[16]进一步给出了三次 Bézier 曲线保凸的充要条件，[17] 在[16]的基础上作了一些补充．四次及五次参数样条曲线已经在应用的领域中出现．这些曲线的拐点和奇点问题要比三次参数曲线复杂得多，几乎还没有详细的讨论，但这是有效

第 3 章 数学工作者论 Bézier 方法

地控制高次参数曲线时必然会碰到的问题. 对于四次 Bézier 曲线的拐点,[16] 已经作了初步的讨论. 本文继续这一工作, 分析了四次 Bézier 曲线的拐点方程、尖点方程和二重点所满足的方程, 得到了四次 Bézier 曲线无拐点的充要条件以及无二重点的一个充分条件. 这些结果都是用有关的仿射不变量表示的, 可用来控制四次 Bézier 曲线的形状. 本节的讨论仅限于平面曲线的范围.

3.1 四次 Bézier 曲线的拐点

设以原点为起点, a_1, a_2, a_3, a_4 为特征多边形的四次 Bézier 曲线段 B_4 的方程是

$$p(t) = 4t(1-t)^3 a_1 + 6t^2(1-t)^2(a_1+a_2) +$$
$$4t^3(1-t)(a_1+a_2+a_3) +$$
$$t^4(a_1+a_2+a_3+a_4), 0 \leqslant t \leqslant 1 \quad (56)$$

令

$$p_{ij} = \det |a_i a_j|, i < j$$

则 B_4 的拐点必须满足方程

$$p_{12} + 2(-2p_{12}+p_{13})t +$$
$$\{6(p_{12}-p_{13})+3p_{23}+p_{14}\}t^2 +$$
$$2(-2p_{12}+3p_{13}-p_{14}-3p_{23}+p_{24})t^3 +$$
$$(p_{12}-2p_{13}+p_{14}+3p_{23}-2p_{24}+p_{34})t^4 = 0$$
$$(57)$$

不妨设 $p_{12} > 0$, 拐点方程 (57) 可写成

$$1 + At + Bt^2 + Ct^3 + Dt^4 = 0 \quad (58)$$

其中

$$\begin{cases} A = \dfrac{2(p_{13} - 2p_{12})}{p_{12}} \\ B = \dfrac{p_{14} - 6p_{13} + 3p_{23} + 6p_{12}}{p_{12}} \\ C = \dfrac{2(p_{24} - 3p_{23} - 2p_{12} - p_{14} + 3p_{13})}{p_{12}} \\ D = \dfrac{p_{12} - 2p_{13} + p_{14} + 3p_{23} - 2p_{24} + p_{34}}{p_{12}} \end{cases} \quad (59)$$

令

$$s = \frac{1}{t}, s^* = s + \frac{p_{13} - 2p_{12}}{2p_{12}}$$

方程(57)或(58)化成

$$f(s^*) = s^{*4} + bs^{*2} + cs^* + d = 0 \quad (60)$$

其中

$$\begin{cases} b = \dfrac{(3p_{23} + p_{14})p_{12} - \dfrac{3}{2}p_{13}^2}{p_{12}^2} \\ c = \dfrac{1}{p_{12}^3}[p_{13}^3 - p_{12}p_{13}(3p_{23} + p_{14}) + 2p_{24}p_{12}^2] \\ d = -\dfrac{1}{16}\Big[\dfrac{3p_{13}^4}{p_{12}^4} - 4\dfrac{p_{13}^2(3p_{23} + p_{14})}{p_{12}^3} + \\ \qquad 16\dfrac{p_{13}p_{24} - p_{12}p_{34}}{p_{12}^2}\Big] \end{cases}$$

显然 B_4 在 $(0,1)$ 中无拐点的必要条件是 $p_{34} \geqslant 0$. 下面假定 $p_{12} > 0, p_{34} \geqslant 0$, 分别就 $c = 0$ 和 $c \neq 0$ 进行讨论.

1. $c = 0$

(60)变成

$$\left(s^{*2} + \frac{b}{2}\right)^2 - \frac{b^2}{4} + d = 0$$

为了使 B_4 在 $(0,1)$ 中没有拐点,$f(s^*)$ 在 $\left(\dfrac{p_{13}}{2p_{12}},\infty\right)$ 中非负的充要条件是下列三种情况之一:

(1) $\dfrac{b^2}{4} - d \leqslant 0$;

(2) $\dfrac{b^2}{4} - d > 0, p_{13} \geqslant 0, f_2\left(\dfrac{p_{13}}{2p_{12}}\right) \geqslant 0$,这里已记 $f_2(s^*) = s^{*2} + \dfrac{b}{2} - \sqrt{\dfrac{b^2}{4} - d}$;

(3) $\dfrac{b^2}{4} - d > 0, p_{13} < 0, f_2\left(\dfrac{p_{13}}{2p_{12}}\right) \geqslant 0, \dfrac{b}{2} - \sqrt{\dfrac{b^2}{4} - d} \geqslant 0.$

经过计算可获得用 p_{ij} 来表示的条件(Ⅰ),(Ⅱ)和(Ⅲ)如下

$$\begin{cases} p_{13}^3 - p_{12}p_{13}(3p_{23} + p_{14}) + 2p_{24}p_{12}^2 = 0 \\ \left[\dfrac{(3p_{23} + p_{14})p_{12} - p_{13}^2}{p_{12}}\right]^2 \leqslant 4p_{12}p_{34} \end{cases} \quad (\text{Ⅰ})$$

其中第二式亦可写成

$$(3p_{23} + p_{14})[(3p_{23} + p_{14})p_{12} - p_{13}^2] - 2p_{13}p_{24}p_{12} - 4p_{34}p_{12}^2 \leqslant 0$$

依赖于 $c = 0$ 和勃吕格(plücker)恒等式

$$p_{12}p_{34} - p_{13}p_{24} + p_{14}p_{23} = 0 \quad (61)$$

可以使它们互化

$$\begin{cases} p_{13} \geqslant 0 \\ p_{13}^3 - p_{12}p_{13}(3p_{23} + p_{14}) + 2p_{24}p_{12}^2 = 0 \\ \dfrac{(3p_{23} + p_{14})p_{12} - p_{13}^2}{p_{12}} \geqslant 2\sqrt{p_{12}p_{34}} \end{cases} \quad (\text{Ⅱ})$$

$$\begin{cases} p_{13} < 0 \\ p_{13}^3 - p_{12}p_{13}(3p_{23}+p_{14}) + 2p_{24}p_{12}^2 = 0 \\ \dfrac{(3p_{23}+p_{14})p_{12} - p_{13}^2}{p_{12}} \geqslant 2\sqrt{p_{12}p_{34}} \\ \dfrac{3p_{23}+p_{14}}{p_{12}} > \dfrac{3}{2}\left(\dfrac{p_{13}}{p_{12}}\right)^2 \end{cases} \quad (\text{Ⅲ})$$

2. $c \neq 0$

令
$$g(\mu) = \mu^3 + p\mu + q$$

其中
$$p = -\left(\frac{1}{12}b^2 + d\right) = -\frac{(3p_{23}-p_{14})^2}{12p_{12}^2}$$

$$q = -\frac{1}{8}\left(\frac{2}{27}b^3 - \frac{8}{3}bd + c^2\right) =$$

$$-\frac{1}{108}\{(3p_{23}+p_{14})^3 - 18(3p_{23}+p_{14})p_{23}p_{14} +$$

$$54[p_{12}p_{24}^2 + p_{34}p_{13}^2 - (3p_{23}+p_{14})p_{12}p_{34}]\}$$

易知
$$g\left(\frac{b}{3}\right) = -\frac{1}{8}c^2 < 0$$

方程 $g(\mu) = 0$ 有一实根 $\mu > \dfrac{b}{3}$,此时
$$f(s^*) = f_1(s^*)f_2(s^*)$$

这里
$$f_1(s^*) = s^{*2} - \sqrt{2\mu - \frac{2}{3}b}\,s^* + \mu + \frac{b}{6} + \frac{c}{2\sqrt{2\mu - \frac{2}{3}b}}$$

$$f_2(s^*) = s^{*2} + \sqrt{2\mu - \frac{2}{3}b}\,s^* + \mu + \frac{b}{6} - \frac{c}{2\sqrt{2\mu - \frac{2}{3}b}}$$

它们的图形都是抛物线.

这时 $f(s^*)$ 在 $\left(\dfrac{p_{13}}{2p_{12}},\infty\right)$ 中非负的可能情况是：

(1) $f_1(s^*)\geqslant 0, f_2(s^*)\geqslant 0$；

(2) $f_1\left(\dfrac{p_{13}}{2p_{12}}\right)\geqslant 0, f_2\left(\dfrac{p_{13}}{2p_{12}}\right)\geqslant 0, \dfrac{\sqrt{2\mu-\dfrac{2}{3}b}}{2}\leqslant \dfrac{p_{13}}{2p_{12}}$（抛物线的顶点在所讨论的区间外）；

(3) $f_2\left(\dfrac{p_{13}}{2p_{12}}\right)\geqslant 0, f_1(s^*)\geqslant 0, -\sqrt{2\mu-\dfrac{2}{3}b}\leqslant \dfrac{p_{13}}{2p_{12}}\leqslant \sqrt{2\mu-\dfrac{2}{3}b}$；

(4) $f_1\left(\dfrac{p_{13}}{2p_{12}}\right)<0, f_2\left(\dfrac{p_{13}}{2p_{12}}\right)<0$，在 $\left(\dfrac{p_{13}}{2p_{12}},\infty\right)$ 中 $f_1(s^*)$ 与 $f_2(s^*)$ 有公共根.

详细分析(1)，可获得条件

$$\begin{cases} 0\leqslant (3p_{23}+p_{14})p_{12}-\dfrac{3}{2}p_{13}^2\leqslant |3p_{23}-p_{14}|p_{12} \\ (3p_{23}-p_{14})^2\mid 3p_{23}-p_{14}\mid -(3p_{23}+p_{14})^3+ \\ 18(3p_{23}+p_{14})p_{23}p_{14}-54[p_{12}p_{24}^2+p_{34}p_{13}^2- \\ (3p_{23}+p_{14})p_{12}p_{34}]\geqslant 0 \end{cases}$$

(Ⅳ)

和

$$\begin{cases} (3p_{23}+p_{14})p_{12} < \dfrac{3}{2}p_{13}^2 \\ 3p_{13}^2 - 2(3p_{23}+p_{14})p_{12} \leqslant |3p_{23}-p_{14}|p_{12} \\ (3p_{23}-p_{14})^2|3p_{23}-p_{14}| - (3p_{23}+p_{14})^3 + \\ 18(3p_{23}+p_{14})p_{23}p_{14} - 54[p_{12}p_{24}^2 + p_{34}p_{13}^2 - \\ (3p_{23}+p_{14})p_{12}p_{34}] \geqslant 0 \end{cases}$$

(Ⅴ)

详细分析(2),并利用恒等式(61),得到:
B_4 的特征多边形是凸的,且 a_1 与 a_4 的夹角不超过 π

(Ⅵ)

分析(3),得到
$$\begin{cases} 3p_{23}+p_{14} \geqslant 0 \\ 3p_{23}+p_{14} - |3p_{23}-p_{14}| \leqslant 0 \\ p_{13}^3 - p_{12}p_{13}(3p_{23}+p_{14}) + 2p_{24}p_{12}^2 \geqslant 0 \\ (3p_{23}-p_{14})^2|3p_{23}-p_{14}| - (3p_{23}+p_{14})^3 + \\ 18(3p_{23}+p_{14})p_{23}p_{14} - 54[p_{12}p_{24}^2 + p_{34}p_{13}^2 - \\ (3p_{23}+p_{14})p_{12}p_{34}] \leqslant 0 \end{cases}$$

(Ⅶ)

$$\begin{cases} 3p_{23}+p_{14} \geqslant |3p_{23}-p_{14}| \\ p_{13}^3 - p_{12}p_{13}(3p_{23}+p_{14}) + 2p_{24}p_{12}^2 \geqslant 0 \\ (3p_{23}+p_{14})p_{23}p_{14} + (3p_{23}+p_{14})p_{12}p_{34} - \\ p_{12}p_{24}^2 - p_{34}p_{13}^2 \leqslant 0 \end{cases}$$

(Ⅷ)

第 3 章 数学工作者论 Bézier 方法

$$\begin{cases} 3p_{23} + p_{14} < 0 \\ -\dfrac{3p_{23} + p_{14}}{2} - \mid 3p_{23} - p_{14} \mid \leqslant 0 \\ p_{13}^3 - p_{12}p_{13}(3p_{23} + p_{14}) + 2p_{24}p_{12}^2 \geqslant 0 \\ (3p_{23} - p_{14})^2 \mid 3p_{23} + p_{14} \mid - (3p_{23} + p_{14})^3 + \\ 18(3p_{23} + p_{14})p_{23}p_{14} - 54[p_{12}p_{24}^2 + p_{34}p_{13}^2 - \\ (3p_{23} + p_{14})p_{12}p_{34}] \leqslant 0 \end{cases}$$

(Ⅸ)

和
$$\begin{cases} -\dfrac{3p_{23} + p_{14}}{2} - \mid 3p_{23} - p_{14} \mid \geqslant 0 \\ p_{13}^3 - p_{12}p_{13}(3p_{23} + p_{14}) + 2p_{24}p_{12}^2 \geqslant 0 \end{cases}$$

(Ⅹ)

情况(4)是不可能的.

归纳上面的讨论,我们得到:

定理 1 在 $p_{12} > 0$ 的假定下,为了使 B_4 没有拐点的充要条件是 $p_{34} \geqslant 0$ 和条件(Ⅰ)~(Ⅹ)之一成立.

3.2 B_4 的尖点

B_4 的尖点由方程组

$$\begin{cases} (p_{14} - 3p_{13} + 3p_{12})t^2 + 3(p_{13} - 2p_{12})t + 3p_{12} = 0 \\ (p_{24} - 3p_{23} + p_{12})t^3 + 3(p_{23} - p_{12})t^2 + 3p_{12}t - p_{12} = 0 \end{cases}$$

(62)

决定. 如令 $s = \dfrac{1}{t}$,它可写成

$$\begin{cases} 3p_{12}s^2 + 3(p_{13} - 2p_{12})s + (p_{14} - 3p_{13} + 3p_{12}) = 0 \\ -p_{12}s^3 + 3p_{12}s^2 + 3(p_{23} - p_{12})s + (p_{24} - 3p_{23} + p_{12}) = 0 \end{cases}$$

经计算可以得到它的结式

$$E = 27p_{34}p_{13}^2 + 27p_{12}p_{24}^2 - 27p_{12}p_{34}p_{14} -$$

$$9p_{14}^2 p_{23} + p_{14}^3 - 81 p_{12} p_{34} p_{23} \tag{63}$$

当 $p_{14} - 3p_{13} + 3p_{12}$ 和 $p_{24} - 3p_{23} + p_{12}$ 不全为零时,方程组有公共根的充要条件是 $E=0$,并且当 $3p_{13}^2 - (9p_{23} + p_{12})p_{12} \neq 0$ 时,可求得

$$s = 1 + \frac{3p_{24}p_{12} - p_{13}p_{14}}{3p_{13}^2 - (9p_{23} + p_{14})p_{12}}$$

这时 B_4 有尖点的条件是

$$\frac{3p_{24}p_{12} - p_{13}p_{14}}{3p_{13}^2 - (9p_{23} + p_{14})p_{12}} > 0$$

当 $3p_{13}^2 - (9p_{23} + p_{14})p_{12} = 0$ 时,可求得

$$s = \frac{-3(p_{13} - 2p_{12}) \pm \sqrt{9p_{13}^2 - 12p_{12}p_{14}}}{6p_{12}}$$

这时 B_4 有尖点的条件是

$$3p_{13}^2 - 4p_{12}p_{14} > 0, \quad p_{13} < 0$$

如果要有两个尖点,必须

$$-3p_{13} \pm \sqrt{9p_{13}^2 - 12p_{12}p_{14}} > 0$$

从而可推出

$$p_{14} > 0$$

当 $p_{14} - 3p_{13} + 3p_{12} = 0, p_{24} - 3p_{23} + p_{12} = 0$ 时,方程组有不等于零的公共根的条件是

$$p_{23} = \frac{p_{12}^2 + p_{13}^2 - p_{13}p_{12}}{3p_{12}}$$

综上所述,我们得到了 B_4 在 $(0,1)$ 中有尖点的充要条件是下列三个条件之一成立,它们是:

1. $p_{14} - 3p_{13} + 3p_{12}$ 和 $p_{24} - 3p_{23} + p_{12}$ 不全为零, $E = 0, 3p_{13}^2 - (9p_{23} + p_{14})p_{12} \neq 0$, $\frac{3p_{24}p_{12} - p_{13}p_{14}}{3p_{13}^2 - (9p_{23} + p_{14})p_{12}} > 0$;

2. $p_{14} - 3p_{13} + 3p_{12}$ 和 $p_{24} - 3p_{23} + p_{12}$ 不全为零,

$E = 0, 3p_{13}^2 - (9p_{23} + p_{14})p_{12} = 0, 3p_{13}^2 - 4p_{12}p_{14} > 0$, $p_{13} < 0$;

3. $p_{14} - 3p_{13} + 3p_{12} = p_{24} - 3p_{23} + p_{12} = 0, p_{12} > p_{13}, p_{23} = \dfrac{p_{12}^2 + p_{13}^2 - p_{13}p_{12}}{3p_{12}}$.

特别地,第二个条件再加上 $p_{14} > 0$ 是 B_4 有两个尖点的充要条件. 下面是一条有两个尖点的 B_4 的例子. 特征四边形的四条边向量是 $(9,0),(0,9),(-10,-18),(12,18)$. 图 8 是它的 B_4 的形状.

将 3.1 以及本节的结论应用于一类特殊情形是有趣的. 设 B_4 的特征四边形的五个顶点是 $s_0(0,0)$, $s_1(0,\rho), s_2(x,y), s_3(-1,\sigma), s_4(-1,0)$, 这里 $\rho, \sigma > 0$. 这时

$$\boldsymbol{a}_0 = (0, \rho), \boldsymbol{a}_2 = (x, y - \rho)$$
$$\boldsymbol{a}_3 = (-1-x, \sigma - y), \boldsymbol{a}_4 = (0, -\sigma)$$
$$p_{12} = -\rho x, p_{13} = \rho(1+x), p_{14} = 0$$
$$p_{23} = (\sigma - \rho)x + y - \rho, p_{24} = -\sigma x, p_{34} = \sigma(1+x)$$

如图 9 所示,s_2 的改变可以适当地控制 B_4 的形状. 我们让 s_2 在两条平行线之间变动. 当 $p_{23} \geqslant 0$ 时,即 s_2 在 $s_1 s_3$ 的上方时,符合条件(Ⅵ),B_4 无拐点和尖点. 当 $p_{23} < 0$ 时,条件(Ⅰ)~(Ⅹ)中只有(Ⅸ)可能成立, 而这时(Ⅸ)化成

$$p_{23}^3 + [p_{12}p_{24}^2 + p_{34}p_{13}^2 - 3p_{23}p_{12}p_{34}] \geqslant 0$$

即

$$p_{23}^3 + 3\rho\sigma x(1+x)p_{23} - \rho\sigma^2 x^3 + \sigma\rho^2(1+x^3) \geqslant 0$$

取等号的三次方程的判别式是

$$\dfrac{\rho^2\sigma^2[\sigma x^3 + \rho(x+1)^3]^2}{4} \geqslant 0$$

最后解出

Bernstein 多项式与 Bézier 曲面

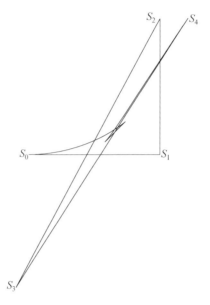

图 8

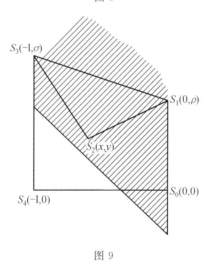

图 9

第 3 章 数学工作者论 Bézier 方法

$$p_{23} = \sigma x \sqrt[3]{\frac{\rho}{\sigma}} - \rho(1+x)\sqrt[3]{\frac{\sigma}{\rho}}$$

所以,我们可得到很简单的结论,当 s_2 在直线

$$(\sigma - \rho)x + y - \rho = \sigma x \sqrt[3]{\frac{\rho}{\sigma}} - \rho(1+x)\sqrt[3]{\frac{\sigma}{\rho}}$$

的上方(包括直线上)变动时,B_4 不出现拐点,也不出现尖点.

如取 $\rho = 1, \sigma = 8$,分界线是

$$5x + y + 1 = 0$$

当我们取 $(-0.2, 0)$ 作为 s_2 时,对应的 B_4 没有拐点和尖点,因为 $(-0.2, 0)$ 在直线上. 当我们取 $(-0.2, -0.1)$ 作为 s_2 时,就有两个拐点出现,它们的坐标是 $(-0.126\ 609\ 0, 0.940\ 908\ 5)$ 和 $(-0.222\ 765\ 1, 1.413\ 777\ 0)$. 如 s_2 取为 $(-0.1, -0.4)$,对应的 B_4 也没有拐点和尖点. 这时 s_2 位于 $s_0 s_4$ 的下方,但它仍在阴影区域之内.

3.3 B_4 有二重点的充要条件

设 B_4 有一个二重点 $\boldsymbol{P}_0$,对应的参数是 t_1 和 t_2,则 B_4 的方程可写成

$$\boldsymbol{P}(t) = \boldsymbol{P}_0 + (t - t_1)(t - t_2)(\boldsymbol{E}_1 t^2 + \boldsymbol{E}_2 t + \boldsymbol{E}_3)$$

$$0 < t_1 < t_2 < 1$$

将它与(56)比较,可以得到

$$\begin{cases} \boldsymbol{E}_1 = \boldsymbol{a}_4 - 3\boldsymbol{a}_3 + 3\boldsymbol{a}_2 - \boldsymbol{a}_1 \\ \boldsymbol{E}_2 - \boldsymbol{E}_1 \xi = 4(\boldsymbol{a}_3 - 2\boldsymbol{a}_2 + \boldsymbol{a}_1) \\ \boldsymbol{E}_3 - \boldsymbol{E}_2 \xi + \boldsymbol{E}_1 \eta = 6(\boldsymbol{a}_2 - \boldsymbol{a}_1) \\ \boldsymbol{E}_2 \eta - \boldsymbol{E}_3 \xi = 4\boldsymbol{a}_1 \end{cases}$$

其中

$$\xi = t_1 + t_2, \eta = t_1 t_2$$

该方程组有解的充要条件是

$$\begin{cases} [-4(\xi^2 - \eta) + 3(\xi^3 - 2\xi\eta)] \dfrac{p_{23}}{p_{12}} - (\xi^3 - 2\xi\eta) \dfrac{p_{24}}{p_{12}} = \\ 6\xi - 4 - 4(\xi^2 - \eta) + (\xi^3 - 2\xi\eta) \\ [-4(\xi^2 - \eta) + 3(\xi^3 - 2\xi\eta)] \dfrac{p_{13}}{p_{12}} - (\xi^3 - 2\xi\eta) \dfrac{p_{14}}{p_{12}} = \\ 6\xi - 8(\xi^2 - \eta) + 3(\xi^3 - 2\xi\eta) \end{cases}$$

(64)

或

$$\begin{cases} 4\left(1 - \dfrac{p_{23}}{p_{12}}\right)(\xi^2 - \eta) - \left(1 - \dfrac{3p_{23}}{p_{12}} + \dfrac{p_{24}}{p_{12}}\right) \cdot \\ (\xi^3 - 2\xi\eta) = 6\xi - 4 \\ -4\left(2 - \dfrac{p_{13}}{p_{12}}\right)(\xi^2 - \eta) + \left(3 - \dfrac{3p_{13}}{p_{12}} + \dfrac{p_{14}}{p_{12}}\right) \cdot \\ (\xi^3 - 2\xi\eta) = -6\xi \end{cases}$$

(65)

这里已经用到了 a_3 与 a_4 关于 a_1 和 a_2 的表达式

$$a_3 = -\dfrac{p_{23}}{p_{12}} a_1 + \dfrac{p_{13}}{p_{12}} a_2, a_4 = -\dfrac{p_{24}}{p_{12}} a_1 + \dfrac{p_{14}}{p_{12}} a_2 \quad (66)$$

经计算可知

$$\begin{vmatrix} 4\left(1 - \dfrac{p_{23}}{p_{12}}\right) & -\left(1 - \dfrac{3p_{23}}{p_{12}} + \dfrac{p_{24}}{p_{12}}\right) \\ -8 + 4\dfrac{p_{13}}{p_{12}} & 3 - \dfrac{3p_{23}}{p_{12}} + \dfrac{p_{14}}{p_{12}} \end{vmatrix} = 4D$$

$$\begin{vmatrix} 6\xi - 4 & -\left(1 - \dfrac{3p_{23}}{p_{12}} + \dfrac{p_{24}}{p_{12}}\right) \\ -6\xi & 3 - \dfrac{3p_{13}}{p_{12}} + \dfrac{p_{14}}{p_{12}} \end{vmatrix} =$$

第 3 章　数学工作者论 Bézier 方法

$$-3C\xi - 4\left(3 - \frac{3p_{13}}{p_{12}} + \frac{p_{14}}{p_{12}}\right)$$

$$\begin{vmatrix} 4\left(1 - \dfrac{p_{23}}{p_{12}}\right) & 6\xi - 4 \\ -8 + 4\dfrac{p_{13}}{p_{12}} & -6\xi \end{vmatrix} = \frac{24}{p_{12}}(p_{12} + p_{23} - p_{13})\xi -$$

$$\frac{16}{p_{12}}(2p_{12} - p_{13})$$

下面分别就 $D = 0$ 和 $D \neq 0$ 来讨论.

1. $D = 0$

若 $p_{12} + p_{23} - p_{13} = 0$,为了(65)有解,必须

$$C = 0, 2p_{12} - p_{13} = 0, 3 - \frac{3p_{13}}{p_{12}} + \frac{p_{14}}{p_{12}} = 0$$

最后解出

$$p_{13} = 2p_{12}, p_{23} = p_{12}, p_{14} = 3p_{12}, p_{24} = 2p_{12}$$

但它们不满足(65)的第二式,此时(65)无解.

当 $p_{12} + p_{23} - p_{13} \neq 0$,(65)的解是

$$\begin{cases} \xi = t_1 t_2 = \dfrac{2(2p_{12} - p_{13})}{3(p_{12} + p_{23} - p_{13})} \\ \eta = t_1 t_2 = \dfrac{-6\xi + 4\left(2 - \dfrac{p_{13}}{p_{12}}\right)\xi^2 - \left(3 - \dfrac{3p_{13}}{p_{12}} + \dfrac{p_{14}}{p_{12}}\right)\xi^3}{4\left(2 - \dfrac{p_{13}}{p_{12}}\right) - 2\left(3 - \dfrac{3p_{13}}{p_{12}} + \dfrac{p_{14}}{p_{12}}\right)\xi} \end{cases}$$

$$(67)$$

这时 B_4 最多只有一个二重点.

2. $D \neq 0$

由(65)可得到

$$\begin{cases} \xi^3 + \dfrac{3C}{2D}\xi^2 + \dfrac{2B}{D}\xi + \dfrac{2A}{D} = 0 \\ \eta = \xi^2 + \dfrac{1}{4D}\left[3C\xi + 4\left(3 - \dfrac{3p_{13}}{p_{12}} + \dfrac{p_{14}}{p_{12}}\right)\right] \end{cases} \quad (68)$$

这时 B_4 最多有三个二重点或一个三重点.

这样,我们得到了以下的定理.

定理2 当 $D=0$ 时,B_4 有二重点的充要条件是由 (67) 决定的 t_1,t_2 在 $(0,1)$ 之中;当 $D \neq 0$ 时,B_4 有二重点的充要条件是由 (3.5) 决定的 t_1,t_2 在 $(0,1)$ 之中. B_4 最多只有三个二重点或者一个三重点.

容易说明这个最大的数目都是可以达到的. 实际上,只要在 $(0,1)$ 中任给四个数 t_1,t_2,t'_1 和 t'_2,由 (64) 以及相应的加上"'"的方程,得到关于 $\dfrac{p_{23}}{p_{12}},\dfrac{p_{24}}{p_{12}}$ 的方程组和 $\dfrac{p_{13}}{p_{12}},\dfrac{p_{14}}{p_{12}}$ 的方程组. 可以证明当它的系数行列式等于零时,它们无解. 如果它的系数行列式不等于零,可唯一地决定 $\dfrac{p_{23}}{p_{12}},\dfrac{p_{24}}{p_{12}},\dfrac{p_{13}}{p_{12}}$ 和 $\dfrac{p_{14}}{p_{12}}$,利用 (66) 就确定了一个特征多边形,由此决定的 B_4 就以 t_1,t_2 为一个二重点,以 t'_1,t'_2 为另一个二重点. 特别是 $t_2=t'_1$ 时,变成一个三重点. 下面是两个例子.

例1 $t_1=\dfrac{1}{4},t_2=\dfrac{1}{2},t'_1=\dfrac{1}{2},t'_2=\dfrac{3}{4}$.

解得

$$\dfrac{p_{23}}{p_{12}}=\dfrac{25}{17},\dfrac{p_{24}}{p_{12}}=-\dfrac{38}{17},\dfrac{p_{13}}{p_{12}}=-\dfrac{608}{272},\dfrac{p_{14}}{p_{12}}=\dfrac{7\,392}{2\,720}$$

特征四边形的边向量是

$$\boldsymbol{a}_1=(1,0),\boldsymbol{a}_2=(0,1),\boldsymbol{a}_3=\left(-\dfrac{25}{17},-\dfrac{608}{272}\right),$$

$$\boldsymbol{a}_4=\left(\dfrac{38}{17},\dfrac{7\,392}{2\,720}\right)$$

它的顶点是

第 3 章　数学工作者论 Bézier 方法

$(0,0),(1,0),(1,1),\left(-\dfrac{8}{17},-\dfrac{336}{272}\right),\left(\dfrac{30}{17},\dfrac{4\,032}{2\,720}\right)$

此时有三重点 $\left(\dfrac{21}{34},\dfrac{27}{170}\right)$.

例 2　$t_1=\dfrac{1}{4},t_2=\dfrac{1}{2},t'_1=\dfrac{1}{3},t'_2=\dfrac{2}{3}$.

解得特征四边形的顶点是

$(0,0),(1,0),(1,1),\left(-\dfrac{11}{14},-\dfrac{3}{2}\right),\left(\dfrac{20}{7},\dfrac{12}{5}\right)$

t_1,t_2 对应的二重点是 $\left(\dfrac{17}{28},\dfrac{3}{20}\right)$,$t'_1,t'_2$ 对应的二重点是 $\left(\dfrac{368}{567},\dfrac{8}{45}\right)$. 第三个二重点是 $(0.643\,613\,9,0.173\,319\,7)$. 图 10 和图 11 是它们的示意图. 二重点和三重点所在的部分特别放大了,并没有按照比例画出,目的是可以看得更清楚一些.

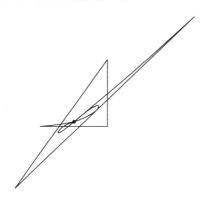

图 10

Bernstein 多项式与 Bézier 曲面

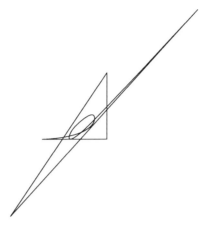

图 11

3.4 无二重点的一个充分条件

由 (65) 可解出

$$\frac{p_{13}}{p_{12}} = \frac{N_1 - \dfrac{p_{14}}{p_{12}}(t_1^3 + t_1^2 t_2 + t_1 t_2^2 + t_2^3)}{N}$$

$$\frac{p_{23}}{p_{12}} = \frac{N_2 - \dfrac{p_{24}}{p_{12}}(t_1^3 + t_1^2 t_2 + t_1 t_2^2 + t_2^3)}{N}$$

其中

$$N = 4(t_1^2 + t_1 t_2 + t_2^2) - 3(t_1^3 + t_1^2 t_2 + t_1 t_2^2 + t_2^3)$$
$$N_1 = -6(t_1 + t_2) + 8(t_1^2 + t_1 t_2 + t_2^2) - 3(t_1^3 + t_1^2 t_2 + t_1 t_2^2 + t_2^3)$$
$$N_2 = 4 - 6(t_1 + t_2) + 4(t_1^2 + t_1 t_2 + t_2^2) - (t_1^3 + t_1^2 t_2 + t_1 t_2^2 + t_2^3)$$

因为 $0 < t_1 < t_2 < 1$,所以

$$N > t_1^2 + 4 t_1 t_2 + t_2^2 - 3 t_1 t_2 (t_1 + t_2) >$$

第 3 章 数学工作者论 Bézier 方法

$$6t_1t_2 - 3t_1t_2(t_1+t_2) > 0$$

$$N_1 = \frac{-1}{t_2-t_1}\left[(6t_2^2 - 8t_2^3 + 3t_2^4) - (6t_1^2 - 8t_1^3 + 3t_1^4)\right]$$

令

$$M(t) = 6t^2 - 8t^3 + 3t^4$$

则

$$M'(t) = 12t(1-t)^2 > 0, t \in (0,1)$$

所以 $M(t)$ 单调上升,$N_1 < 0$.

同样可证

$$N_2 < 0$$

由此得出,当 $\dfrac{p_{13}}{p_{12}} \geq 0, \dfrac{p_{14}}{p_{12}} \geq 0$ 或 $\dfrac{p_{23}}{p_{12}} \leq 0, \dfrac{p_{24}}{p_{12}} \leq 0$ 时,B_4 无二重点.

作为一个应用,我们看下面的例子.特征多边形的四个顶点 s_0, s_1, s_3, s_4 已定,第一边与第四边相交于点 O(图 12).可以证明第三个顶点 s_2 在 $\angle s_0 O s_4$ 内选取时,对应的 B_4 不出现二重点.这是因为此时 $\dfrac{p_{14}}{p_{12}} > 0$,根据上述结论,$s_2$ 在图 11 的阴影区域中选取才可能有二重点.但此时

$$\frac{p_{23}}{p_{12}} < 0, \frac{p_{24}}{p_{12}} < 0$$

所以无二重点.

Bernstein 多项式与 Bézier 曲面

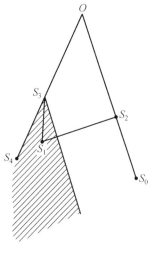

图 12

§4 带两个形状参数的五次 Bézier 曲线的扩展[①]

4.1 引言

以 Bernstein 基构造的 Bézier 曲线由于结构简单、直观成为几何造型工业中表示曲线／曲面的重要工具之一[18]. 但曲经的位置相对于控制点是固定的,如果要调整曲线的形状一般可借助有理 Bézier 曲线和有理 B 样条曲线中的权因子来实现,但有一定的缺陷,如权因子如何选取、权因子对曲线形状的影响不是很清楚、

---

① 翟芳芳.

第 3 章　数学工作者论 Bézier 方法

求导次数会增加及求积不方便等[19].

近年来,人们通过形状参数来调整曲线的形状.文献[20],[21],[22]给出了带一个形状参数的 Bézier 曲线,通过改变形状参数,曲线只能上下移动,而不能从两侧逼近控制多边形.文献[23],[24]给出了带两个形状参数的曲线,但曲线的基函数中含有三角函数,使用三角函数不如多项式方便.文献[25],[26],[27]给出了带多个形状参数的多项式曲线,但曲线不具有对称性.

本文给出了一类带两个形状参数 α,β 的 Bézier 曲线,所定义的曲线不仅具有与五次 Bézier 曲线相类似的性质,而且还包含文献[21]的结果.形状参数 α,β 具有明显的几何意义:当 α 增大时,曲线向上逼近控制多边形;当 β 增大时,曲线从两侧逼近控制多边形.通过选取 α,β 的不同取值,可更灵活的调整曲线的形状.

4.2　基函数的定义及性质

定义 1　对于 $t\in[0,1]$,$\alpha,\beta\in\mathbf{R}$,称关于 t 的多项式

$$\begin{cases} B_0(t)=(1-\alpha t)(1-t)^5 \\ B_1(t)=(5+\alpha-3\alpha t+\beta t)(1-t)^4 t \\ B_2(t)=(10+2\alpha-\beta-2\alpha t+\beta t)(1-t)^3 t^2 \\ B_3(t)=(10+2\alpha t-\beta t)(1-t)^2 t^3 \\ B_4(t)=(5-2\alpha+\beta+3\alpha t-\beta t)(1-t)t^4 \\ B_5(t)=(1-\alpha+\alpha t)t^5 \end{cases}$$

(69)

为带有参数 α,β 的六次多项式基函数,其中 $-5\leqslant\alpha\leqslant 1$;$2\alpha-5\leqslant\beta\leqslant 2\alpha+10$.

上述基函数具有如下性质：

性质 1　非负性、权性. 可验证 $\sum_{i=0}^{5} B_i(t) \equiv 1$ 且 $B_i(t) \geqslant 0, i=0,1,2,3,4,5$.

性质 2　对称性. 可验证 $B_i(1-t)=B_{5-i}(t), i=0,1,2$.

性质 3　端点性质.

$B_0(0)=1$；

$B_i(0)=B'_2(0)=B'_3(0)=B'_4(0)=B'_5(0)=B''_3(0)=B''_4(0)=B''_5(0)=0, i=1,2,3,4,5$；

$B_5(1)=1$；

$B_i(1)=B'_0(1)=B'_1(1)=B'_2(1)=B'_3(1)=B''_0(1)=B''_1(1)=B''_2(1)=0, i=0,1,2,3,4$.

性质 4　单峰性. 即对每个基函数在$[0,1]$上有一个局部最大值.

性质 5　对参数 α,β 的单调性. 即当 $t\in[0,1]$ 时，$B_0(t)$ 和 $B_5(t)$ 是 α 的递减函数 β 的常函数，$B_2(t)$ 和 $B_3(t)$ 是 α 的递增函数 β 的递减函数，$B_1(t)$ 和 $B_4(t)$ 是 β 的递增函数. 而当 $t\in\left[0,\dfrac{1}{3}\right]$ 时，$B_1(t)$ 是 α 的递增函数，$B_4(t)$ 是 α 的递减函数；当 $t\in\left[\dfrac{1}{3},\dfrac{2}{3}\right]$ 时，$B_1(t)$ 和 $B_4(t)$ 是 α 的递减函数；当 $t\in\left[\dfrac{2}{3},1\right]$ 时，$B_1(t)$ 是 α 的递减函数，$B_4(t)$ 是 α 的递增函数.

性质 6　当 $\alpha=\beta=0$ 时，则有 $B_i(t)=B_i^5(t)(i=0,1,2,3,4,5)$，其中 $B_i^5(t)$ 表示五次 Bernstein 基函数. 此性质说明式(69)给出的基函数是五次 Bernstein 基函数的扩展.

第 3 章 数学工作者论 Bézier 方法

性质 7 当 $\beta=2\alpha$ 时,基函数式(69)为文献[22]中的第一类基函数;当 $\beta=0$ 时,基函数式(69)为文献[22]中的第二类基函数;当 $\beta=\alpha$ 时,基函数式(69)为文献[22]中的第三类基函数.此性质说明,基函数式(69)是文献[22]中基函数的推广.

4.3 曲线的构造及性质

定义 2 给定 6 个控制顶点 $P_i \in R^d (d=2,3; i=0,1,2,3,4,5)$,对于 $t \in [0,1]$,定义曲线

$$r(t) = \sum_{i=0}^{5} B_i(t) P_i \qquad (70)$$

称式(70)所定义的曲线为带参数 α,β 的六次 Bézier 曲线.显然,当 $\alpha=\beta=0$ 时,曲线(70)退化为五次 Bézier 曲线.

由上述基函数的性质,不难得到曲线(70)具有以下性质:

性质 1 端点性质.
$r(0)=P_0, r(1)=P_5$;
$r'(0)=(5+\alpha)(P_1-P_0), r'(1)=(5+\alpha)(P_5-P_4)$;
$r''(0)=(20+4\alpha-2\beta)(P_2-P_1)-(20+10\alpha)\cdot(P_1-P_0)$;
$r''(1)=(20+10\alpha)(P_5-P_4)-(20+4\alpha-2\beta)(P_4-P_3)$.

此性质说明曲线(70)插值于首末端点及与控制多边形的首末边相切,且在端点处的二阶导矢只与其相邻的 3 个控制顶点有关.

性质 2 凸包性.由基函数的性质 1,曲线(70)一

139

定位于 P_0,P_1,P_2,P_3,P_4,P_5 所围成的凸多边形内.

性质 3　对称性. 即以 P_0,P_1,P_2,P_3,P_4,P_5 为控制多边形的六次 Bézier 曲线和以 P_5,P_4,P_3,P_2,P_1,P_0 为控制多边形的六次 Bézier 曲线是相同的,只是方向相反. 由基函数的对称性,可得

$$r(1-t)=\sum_{i=0}^{5}B_i(1-t)P_{5-i}=\sum_{i=0}^{5}B_i(t)P_i=r(t)$$

性质 4　几何不变性和仿射不变性. 曲线仅依赖于控制顶点而与坐标系的位置和方向无关,即曲线的形状在坐标系平移和旋转后不变;同时,对控制多边形进行缩放和剪切等仿射变换后,所对应的新曲线就是相同仿射变换后的曲线.

性质 5　逼近性. 由图 14 可以看出,β 不变时,α 越大曲线越向上逼近控制多边形;α 不变时,β 越大曲线从两侧越逼近控制多边形,这可由基函数的性质 5 验证. 从而通过改变 α,β 的取值,本文所给出的曲线比五次 Bézier 曲线、文献[22]中的曲线具有更好的逼近性和更灵活的逼近方式.

性质 6　变差缩减性(V. D.)

证明　采用文献[28]所提示的方法,先证明基函数组$\{B_0(t),B_1(t),B_2(t),B_3(t),B_4(t),B_5(t)\}$在$(0,1)$上满足笛卡儿符号法则,即对任一组常数列$\{C_0,C_1,C_2,C_3,C_4,C_5\}$,有

$$\text{Zeros}(0,1)\left\{\sum_{k=0}^{5}C_kB_k(t)\right\}\leqslant SA(C_0,C_1,C_2,C_3,C_4,C_5)$$
(71)

其中 $\text{Zeros}(0,1)\{f(t)\}$ 表示 $f(t)$ 在区间$(0,1)$内根的个数;$f(t)=\sum_{k=0}^{5}C_kB_k(t)$;$SA(C_0,C_1,C_2,C_3,C_4,C_5)$

表示序列 $\{C_0,C_1,C_2,C_3,C_4,C_5\}$ 的符号改变次数.

不妨设 $C_0>0$,则 $SA(C_0,C_1,C_2,C_3,C_4,C_5)$ 可能的取值为 $5,4,3,2,1,0$.

(i) 当 $SA(C_0,C_1,C_2,C_3,C_4,C_5)=5$ 时,则 $C_5<0$;另一方面,$f(t)$ 在 $[0,1]$ 上是连续函数,$f(0)=C_0$,$f(1)=C_5$.假设 $f(t)$ 在 $[0,1]$ 上有 6 个根,则 $f(1)=C_5>0$;故产生矛盾,所以式(71)成立.

(ii) 当 $SA(C_0,C_1,C_2,C_3,C_4,C_5)=4,3,2,1$ 时,采用上面同样的方法可证式(71)成立.当 $SA(C_0,C_1,C_2,C_3,C_4,C_5)=0$ 时,显然式(71)成立,故结论成立.

下证变差缩减性.令 l 为通过点 Q 且法向量为 v 的直线,如果 l 和控制多边形 $<P_0P_1P_2P_3P_4P_5>$ 交于 P_kP_{k+1} 之间的边,则 P_k,P_{k+1} 一定位于 l 的两侧,有 $v\cdot(P_k-Q)$ 和 $v\cdot(P_{k+1}-Q)$ 符号相反.因此
$$SA\{v\cdot(P_0-Q),v\cdot(P_1-Q),v\cdot(P_2-Q),$$
$$v\cdot(P_3-Q),v\cdot(P_4-Q),v\cdot(P_5-Q)\}$$
小于 $<P_0P_1P_2P_3P_4P_5>$ 与 l 交点的个数.

另一方面,$r(t)$ 与 l 交点的个数等于 Zeros$(0,1)\left\{\sum_{k=0}^{5}B_k(t)(P_k-Q)\cdot v\right\}$.所以,根据上面的基函数组的笛卡儿符号法则 $r(t)$ 与 l 交点的个数小于
$$SA\{v\cdot(P_0-Q),v\cdot(P_1-Q),v\cdot(P_2-Q),$$
$$v\cdot(P_3-Q),v\cdot(P_4-Q),v\cdot(P_5-Q)\}$$
从而结论得证

性质 7 保凸性.由性质 6 知,当控制多边形为凸时,平面上任一直线与曲线的交点个数不超过 2,因为直线与控制多边形的交点个数最多为 2.

4.4 结论

由带有参数 α,β 的六次多项式基函数构造的曲线具有五次 Bézier 曲线的特征,如端点插值、端边相切、凸包性等. 在计算上,比五次 Bézier 曲线计算量大,可利用海纳(Horner)算法来计算曲线;曲线的优点:由于含有两个参数,可以灵活的调整曲线的形状,且 α,β 的几何意义明显,α 增大时,曲线向上逼近控制多边形;β 增大时,曲线从两侧逼近控制多边形. 另外,本文构造的曲线包含五次 Bézier 曲线和文献[26]给出的曲线,而且有更好的逼近效果和更灵活的逼近方式,可在计算机应用中更好地进行曲线设计.

附录Ⅰ　Bézier 曲线的模型[①]

§1　引　言

1.1　简介

正是在雷诺汽车公司的设计院里,一位法国工程师 Bézier 提出了设计汽车零部件的特殊的理论,利用它可在计算机上直接设计各种形体.1962 年这个模型提出后,雷诺汽车公司曾用它开发了 UNISURF 软件.1982 年首次在学术界公布后,Bézier 曲线就成了今天各种 CAD 软件的基本模型之一,用于包括机械、航空、汽车、形体设计、字体设计等各种领域.

[①]　对竞赛问题的背景研究是有其上限的,即对竞赛试题所涉及的高等背景只宜进行"导游式"的简介并提供进一步了解的路径.借本文的发表之机,我们向大家推荐由法国国家数学教育名誉总监 Gilbert Demengel 教授和 MAFPEN 及 IREM 数学所模型学专家 Jean-Pierre Pouget 博士的著作《曲线与曲面的数学贝齐尔模型 B-样条模型 NURBS 模型》一书(商务印书馆,2000 年北京),该书全面且权威地介绍了 Bernstein 多项式及 Bézier 曲线,并附有多幅利用 Bézier 曲线设计的飞机、汽车、摩托车外型曲线图及丰富的文献.

此外,欲了解最新进展,中国科技大学出版社出版的《计算几何和几何设计最新进展》(2006 年)也是一本有价值的书.

1.2 多种面目

Bézier 曲线可从不同的方面引入,每种方法都从各自的角度显示了它在形体设计方面的能力. 在这里我们将用等价定义从不同角度(点、约束向量、重心等)来介绍 Bézier 曲线,还会对各种计算方法、几何特性以及实际应用中出现的问题加以说明.

§2 第一种定义法:点定义法

Bézier 曲线的经典定义是建立在 Bernstein 多项式基础上的.

2.1 Bernstein 多项式

Bernstein 在 20 世纪初曾用这些多项式来逼近函数,在 Bézier 模型中则与"Bézier 点"(也叫"定义点",或者被错误地叫作"控制点")联系在一起. Bernstein 多项式的主要性质表现在二项式 $(t+(1-t))^n$ 的展开式中.

(1) 定义

设 n 为自然数,对于 0 到 n 之间的任意整数 i ($i \in [[0,n]]$)①,用下式来定义指标为 i 的 n 次 Bernstein 多项式 B_n^i②

---

① 双括号 $[[0,n]]$ 表示 0 到 n 之间的整数集合.

② B_n^i 表示法与 C_n^i 表示法一致,不采用像 $B(i,n,t)$ 或 $B_{i,n}(t)$ 等较复杂的记法.

附录 I Bézier 曲线的模型

$$B_n^i(t) = C_n^i t^i (1-t)^{n-i}$$

其中 C_n^i 为二项式系数 $\dfrac{n!}{i!(n-i)!}$，t 为实变量，大多数情况下在区间 $[0,1]$ 中变化。

例子：

$n=0$，$B_0^0(t)=1$；

$n=1$，$B_1^0(t)=1-t$，$B_1^1(t)=t$；

$n=2$，$B_2^0(t)=(1-t)^2$，$B_2^1(t)=2t(1-t)$，$B_2^2(t)=t^2$；

$n=3$，$B_3^0(t)=(1-t)^3$，$B_3^1(t)=3t(1-t)^2$，$B_3^2(t)=3t^2(1-t)$，$B_3^3(t)=t^3$；

（2）性质

Bézier 模型的特性大多基于 Bernstein 多项式的性质。

◆（P1）：$\sum\limits_{i=0}^{i=n} B_n^i(t) = 1$，即"单元划分性"。

它源于二项式公式

$$\sum_{i=0}^{i=n} C_n^i t^i (1-t)^{n-i} = (t+(1-t))^n = 1$$

◆（P2）恒正性：$\forall t \in [0,1]$，$B_n^i(t) \geqslant 0$。

因为多项式的两因子在 t 介于 $[0,1]$ 间时都恒正。

◆（P3）递推性：$\forall i \in [[1,n-1]]$，$B_n^i(t) = (1-t)B_{n-1}^i(t) + tB_{n-1}^{i-1}(t)$。

a）当 $i=n$ 或 $i=0$ 时，显然成立。对其他值可利用二项式系数的 Pascal 关系式来证明，即

$$B_n^i(t) = C_n^i t^i (1-t)^{n-i} =$$
$$(C_{n-1}^i + C_{n-1}^{i-1}) t^i (1-t)^{n-i} =$$
$$C_{n-1}^i t^i (1-t)^{n-i} + C_{n-1}^{i-1} t^i (1-t)^{n-i} =$$

$$(1-t)C_{n-1}^i t^i (1-t)^{n-i-1} +$$
$$tC_{n-1}^{i-1} t^{i-1} (1-t)^{n-i} =$$
$$(1-t)B_{n-1}^i(t) + tB_{n-1}^{i-1}(t)$$

b) 递推计算法

对$[0,1]$间的给定t值,并取初值
$$B_i^i(t) = t^i, B_{i-1}^{i-1}(t) = t^{i-1}, \cdots, B_2^2(t) = t^2, B_1^1(t) = t$$
$$B_1^0(t) = 1-t, B_2^0(t) = (1-t)^2, \cdots, B_{n-2}^0(t) = (1-t)^{n-2}$$
$$B_{n-1}^0(t) = (1-t)^{n-1}$$

再递推
$$B_n^i(t) = (1-t)B_{n-1}^i(t) + tB_{n-1}^{i-1}(t)$$

c) 树图表示法

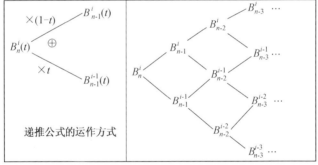

递推公式的运作方式

上下指标都应大于或等于零,且上指标不应大于下指标. 当这些约束不再满足时,右边的树图展开停止. 在下图中,圈号表示递推停止项(其后项被叉掉),树图停止于初值,也就是说,树图的停止项对应于实际应用中的初值.

取初值
$$B_2^2(t) = t^2$$
$$B_1^1(t) = t \quad B_1^0(t) = 1-t$$

附录Ⅰ Bézier 曲线的模型

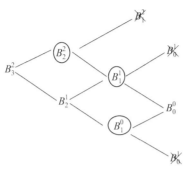

(＊表示左树图被嫁接到该树上)取初值
$B_2^2(t)=t^2, B_1^1(t)=t, B_1^0(t)=1-t$
$B_2^0(t)=(1-t)^2$

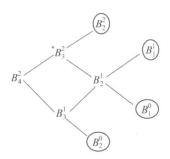

(3) 几个 Bernstein 多项式曲线的例子

当 t 在 0 与 1 之间变化,绘曲线图,用 (Γ_n^i) 表示.

① 当 $n=1$ 时,曲线为平行于第一和第二象限角平分线的直线段;

② 当 $n=2$ 时,曲线为抛物线段;

③ 当 $n=3$ 时,曲线为立方曲线.下面是变化表格与对应的曲线图.

Bernstein 多项式与 Bézier 曲面

$n=2$ 的变化表与曲线图				$n=3$ 的变化表与曲线图				
t	0	$\frac{1}{2}$	1	t	0	$\frac{1}{3}$	$\frac{2}{3}$	1
$(B_2^0)'(t)=2(t-1)$	-2	$-$	0	$B_3^0(t)=(1-t)^3$	1			0
$B_2^0(t)=(1-t)^2$	1		0	$B_3^{0\prime}(t)=(3-3t)(1-3t)$	3	$+$	0	$-$	0
$(B_2^1)'(t)=2-4t$	2	$+$	0	$-$	$-$	$B_3^1(t)=3t(1-t)^2$	0		$\frac{4}{9}$		0
$B_2^1(t)=2t(1-t)$	0		$\frac{1}{2}$		0	$(B_3^2)'=(2-3t)$	0	$+$		0	-3
$B_2^2(t)=t^2$	0			1	$B_3^2(t)=3t^2(1-t)$	0		$\frac{4}{9}$	0
				$B_3^3(t)=3t^3$	0			1

(4) Bernstein 多项式之间的关系

除了对 i 和 n 都有效的递推公式(P3)外,还有一些其他公式,其中只有一个指标发生变化.

◆(R1) n 固定, i 变化:

利用关系式

$$C_n^i = \frac{n-i+1}{i} C_n^{i-1}$$

多项式 B_n^i 可用 B_n^{i-1} 表达. 因为 B_n^i 可写成

$$B_n^i(t) = \frac{n-i+1}{i} \cdot \frac{t}{1-t} C_n^{i-1} t^{i-1}(1-t)^{n-i-1}$$

而后 3 个因子的乘积是一个 Bernstein 多项式,故有

附录 I   Bézier 曲线的模型

$$B_n^i(t) = \frac{n-i+1}{i} \cdot \frac{t}{1-t} B_n^{i-1}(t)$$

这样,不断地降低 i 值($i \geqslant 1$)直到初始条件

$$B_n^0(t) = (1-t)^n$$

就可得到计算 B_n^i 的递推公式

$$B_n^i(t) = \left[\frac{n-i+1}{i} \cdot \frac{t}{1-t}\right] \cdot$$

$$\left[\frac{n-i+2}{i-1} \cdot \frac{t}{1-t}\right] \cdot \cdots \cdot$$

$$\left[\frac{n}{1} \cdot \frac{t}{1-t}\right] B_n^0(t)$$

例如,$n = 3$ 时,有

$$B_3^3(t) = \frac{1}{3} \cdot \frac{t}{1-t} B_3^2(t)$$

$$B_3^2(t) = \frac{t}{1-t} B_3^1(t)$$

$$B_3^1(t) = \frac{3t}{1-t} B_3^0(t)$$

代入 $B_3^0(t) = (1-t)^3$ 中,可逐步得到其他三个三次多项式.

◆(R2)n 变化,i 固定:

利用另一个二项式系数关系式

$$C_n^i = \frac{n}{n-i} C_{n-1}^i$$

可得

$$B_n^i(t) = \frac{n}{n-1} C_{n-1}^i t^i (1-t)^{n-i-1}(1-t)$$

故

$$B_n^i(t) = \frac{n}{n-i}(1-t) B_{n-1}^i(t)$$

我们得到另一个初始条件为 $B_i^i(t) = t^i$ 的递推公式

Bernstein 多项式与 Bézier 曲面

$$B_n^i(t) = \left[\frac{n}{n-i}(1-t)\right] \cdot \left[\frac{n-1}{n-1-i}(1-t)\right] \cdot \cdots \cdot$$

$$\left[\frac{i+1}{1}(1-t)\right] B_i^i(t)$$

例如，$i=3$ 时，n 从 4 开始变化，第一个可得到 B_4^3

$$B_4^3(t) = \frac{4}{1}(1-t) B_3^3(t) = 4t^3(1-t)$$

注 关系式(P3)是两个变量的双重递推，而(R1)和(R2)是关于一个变量的单一递推.

◆(R3) i 和 n 都固定，t 重新成为变量：
其实多项式 B_n^i 是一阶线性微分方程(E_n^i)

$$t(1-t)x' + (nt-i)x = 0$$

的一个特解. 也就是说，下式成立

$$t(1-t)(B_n^i)'(t) + (nt-i)B_n^i(t) = 0 \quad (R3)$$

实际上因为多项式函数 $t \to B_n^i(t)$ 的导数为

$$(B_n^i)'(t) = C_n^i i t^{i-1}(1-t)^{n-i} - C_n^i t^i (n-i)(1-t)^{n-i-1}$$

两边同乘以 $t(1-t)$ 即得(R3)，它对任意实数 t 都有效. 请注意微分方程(E_n^i)是齐次(右边无项)一阶线性的，其解一般由所有与 B_n^i 成比例的多项式组成(为了重新证明它，可在$[0,1]$区间上解微分方程，既然是多项式，当然可以延伸到实域 **R** 上). 因为在 $t=0$ 和 $t=1$ 这两点 x' 的系数为零，所以如果在这两点外给定一个初始条件，如 $t=\frac{1}{2}$，我们就可这样来描写 B_n^i：

每个 Bernstein 多项式 B_n^i 都是对应的微分方程 $(E_n^i): t(1-t)x' + (nt-i)x = 0$ 在 **R** 或$[0,1]$上满足 $x(\frac{1}{2}) = C_n^i \left(\frac{1}{2}\right)^n$ 的唯一解.

(5) $[0,1]$ 上的积分性质

附录 I Bézier 曲线的模型

先考虑 $n=3$ 的情况.

$$\int_0^1 B_3^0(t)\,\mathrm{d}t = \int_0^1 (1-t)^3\,\mathrm{d}t = \left[-\frac{(1-t)^4}{4}\right]_0^1 = \frac{1}{4}$$

$$\int_0^1 B_3^1(t)\,\mathrm{d}t = \int_0^1 (3t - 6t^2 + 3t^3)\,\mathrm{d}t = \left[\frac{3}{2}t^2 - 2t^3 + \frac{3}{4}t^4\right]_0^1 = \frac{1}{4}$$

$$\int_0^1 B_3^2(t)\,\mathrm{d}t = \int_0^1 (3t^2 - 3t^3)\,\mathrm{d}t = \left[t^3 - \frac{3}{4}t^4\right]_0^1 = \frac{1}{4}$$

$$\int_0^1 B_3^0(t)\,\mathrm{d}t = \int_0^1 t^3\,\mathrm{d}t = \left[\frac{t^4}{4}\right]_0^1 = \frac{1}{4}$$

这些积分完全相等,可以证明 $n=2$ 时的 3 个积分都等于 $\frac{1}{3}$.

一般说来,对任何正整数 n,有

$$\forall i \in [[0,n]], \int_0^1 B_n^i(t)\,\mathrm{d}t = \frac{1}{n+1}$$

也就是说,被横坐标轴、直线 $t=0$ 和 $t=1$,以及曲线 $\varGamma_n^i$ 所围成的区域的面积总等于 $\frac{1}{n+1}$.

证明 因 $\int_0^1 t^n\,\mathrm{d}t = \frac{1}{n+1}$,故只需证明所有的积分 $I_n^i = \int_0^1 B_n^i(t)\,\mathrm{d}t$($\forall i \in [[0, n-1]]$)满足 $I_n^i = I_n^{i+1}$ 即可.

设
$$v' = t^i, u = (1-t)^{n-i}$$
利用分部积分,有
$$I_n^i = C_n^i \left(\left[(1-t)^{n-i} \cdot \frac{t^{i+1}}{i+1} \right]_0^1 + \int_0^1 \frac{n-i}{i+1} t^{i+1} (1-t)^{n-i-1} dt \right) =$$
$$C_n^i \frac{n-i}{i+1} \int_0^1 t^{i+1} (1-t)^{n-i-1} dt$$

因 $C_n^i \frac{n-i}{i+1} = C_n^{i+1}$,故上面实际上就是 B_n^{i+1} 的积分. 因此, $I_n^i = I_n^{i+1}$, $\forall i \in [[0, n-1]]$,证毕.

(6) 多项式向量空间中 B_n^i 的线性无关性

a) 大家都知道由次数小于或等于 n 的多项式 P_n 所组成的向量空间具有无数组基底,最常用的就是由 $n+1$ 个单项式 X^i(或 t^i,若更喜欢这种记号的话)组成的正则基底(i 取 0 到 n 的所有值). 但是,并非总是它最适合于计算.

命题 1 $n+1$ 个 Bernstein 多项式 B_n^i 是向量空间 Γ_n 的一组基底.

证明 因有 $n+1$ 个多项式,故只需证明它们线性无关.

设 $n+1$ 个实数 λ_i 使多项式 $Q = \sum_0^n \lambda_i B_n^i$ 为零项式,取 $t=0$ 和 $t=1$ 即可得 $\lambda_0 = \lambda_n = 0$. 把 $t(1-t)$ 从 Q 中提出来,原假设可写成 $Q_1 = \sum_1^{n-1} \lambda_i B_n^i$ 是个零项式. 再取 $t=0$ 和 $t=1$ 可得 $\lambda_1 = \lambda_{n-1} = 0$,如此继续下去. 若 n 为奇数($n=2p+1$),这种方法使用 $p+1$ 次后,所有系

附录 Ⅰ　Bézier 曲线的模型

数都将为零. 若 n 为偶数 ($n=2p$), p 次运算后, 除 λ_p 以外的所有 λ_i 皆为零. 故只剩下 $\lambda_p C_n^p$ 一项, 而它要为零只能 λ_p 也为零, 即所有系数都为零.

b) 基底变换

由上可知, 在正则基底上用 $U_n = \sum_{i=0}^{i=n} a_i t^i$ 表示的任何一个 n 次多项式 U_n, 也可在上述基底上表示: $U_n = \sum_{i=0}^{i=n} b_i B_n^i$.

设变换矩阵 $\boldsymbol{M}_n$ 把正则基底变到 Bernstein 基底, 其逆矩阵 $(\boldsymbol{M}_n)^{-1}$ 则为 Bernstein 基底到正则基底的变换矩阵. 用 $(\boldsymbol{a})$ 和 $(\boldsymbol{b})$ 表示元素为 a_i 和 b_i 的 $n+1$ 阶单列矩阵, 于是我们有

$$(\boldsymbol{a}) = \boldsymbol{M}_n \cdot (\boldsymbol{b}) \text{ 和 } (\boldsymbol{b}) = (\boldsymbol{M}_n)^{-1} \cdot (\boldsymbol{a})$$

我们知道, 矩阵 $\boldsymbol{M}_n$ 的每列元素是 Bernstein 多项式在正则基底上的坐标. 一般说来, 把 B_n^i 用二项式展开即可得到这些坐标.

例如 $n=3$, Bernstein 多项式展开式为

$$B_3^0 = (1-t)^3 = 1 - 3t + 3t^2 - t^3$$
$$B_3^1 = 3t(1-t)^2 = 3t - 6t^2 + 3t^3$$
$$B_3^2 = 3t^2(1-t) = 3t^2 - 3t^3$$
$$B_3^3 = t^3$$

第一个多项式在正则基底上的坐标为 $1, -3, 3, -1$, 同样可得其他几个多项式的坐标. 由此, 可得变换矩阵

$$\boldsymbol{M}_3 = \begin{pmatrix} 1 & 0 & 0 & 0 \\ -3 & 3 & 0 & 0 \\ 3 & -6 & 3 & 0 \\ -1 & 3 & -3 & 1 \end{pmatrix}$$

153

Bernstein 多项式与 Bézier 曲面

解线性方程组
$$(a) = M_n \cdot (b)$$
便可得到逆矩阵，使得
$$(b) = (M_n)^{-1} \cdot (a)$$
因为是三角矩阵，所以这个方程组很简单

$$\begin{cases} b_0 = a_0 \\ -3b_0 + 3b_1 = a_1 \\ 3b_0 - 6b_1 + 3b_2 = a_2 \\ -b_0 + 3b_1 - 3b_2 + b_3 = a_3 \end{cases} \Rightarrow \begin{cases} b_0 = a_0 \\ b_1 = \dfrac{3a_0 + a_1}{3} \\ b_2 = \dfrac{3a_0 + 2a_1 + a_2}{3} \\ b_3 = a_0 + a_1 + a_2 + a_3 \end{cases}$$

故
$$(M_3)^{-1} = \begin{pmatrix} 1 & 0 & 0 & 0 \\ 1 & \dfrac{1}{3} & 0 & 0 \\ 1 & \dfrac{2}{3} & \dfrac{1}{3} & 0 \\ 1 & 1 & 1 & 1 \end{pmatrix}$$

一般情形：

多项式 B_n^i 在正则基底上可写成
$$B_n^i(t) = C_n^i t^i (1-t)^{n-i} =$$
$$C_n^i t^i \sum_{k=0}^{k=n-i} C_{n-i}^k (-t)^k =$$
$$\sum_{k=0}^{k=n-i} C_{n-i}^k C_n^i (-1)^k t^{i+k}$$

因此，$n+1$ 阶方阵 M_n 的第 i 列第 j 行的元素等于 $(-1)^{j-i} C_n^i C_{n-i}^{j-i}$，$i,j$ 都在 0 与 n 之间变化.

附录 I Bézier 曲线的模型

$$M_n =$$

$$\begin{bmatrix} 1 & 0 & 0 & \cdots & \cdots & \cdots & 0 \\ -C_n^1 & C_n^1 & 0 & \cdots & \cdots & \cdots & \\ C_n^2 & -C_n^1 C_{n-1}^1 & C_n^2 & \cdots & \cdots & \cdots & \\ -C_n^3 & C_n^1 C_{n-1}^2 & -C_n^2 C_{n-2}^1 & \cdots & \cdots & \cdots & \\ & & & \ddots & & & \\ \cdots & \cdots & \cdots & \cdots & (-1)^{j-i} C_n^i C_{n-i}^{j-i} & \cdots & 0 \\ \cdots & \cdots & \cdots & \cdots & \cdots & \ddots & \\ (-1)^n C_n^n & (-1)^{n-1} C_n^1 C_{n-1}^{n-1} & \cdots & \cdots & \cdots & \cdots & 1 \end{bmatrix}$$

这是个三角矩阵,其逆矩阵可用解三角方程组的方法获得.

2.2 Bézier 曲线的第一种定义

(1) 符号公式与定义

设 n 为正整数,$P_0,P_1,P_2,\cdots,P_n$ 为平面或三维空间的任意 $n+1$ 个点,O 为任意选定的坐标原点.由下面向量公式定义的点 $M(t)$ 的轨迹就是所谓的 Bézier 曲线,t 在 $[0,1]$ 间变化

$$\overrightarrow{OM(t)} = \sum_{i=0}^{i=n} B_n^i(t) \overrightarrow{OP_i}$$

点 $P_0,P_1,P_2,\cdots,P_n$ 称为"定义点"中"Bézier 点",有时也叫作"控制点"(英语 control 有操纵之意,这种叫法最好避免).依次联结这些点而得到的多边形折线叫作"曲线的特征多边形".我们以后将会看到曲线与原点 O 的选择无关.

例子:

当 $n=1$ 时,有
$$\overrightarrow{OM(t)} = (1-t)\overrightarrow{OP_0} + t\overrightarrow{OP_1}$$
这意味着 M 是点 P_0 和 P_1 的加权重心,加权系数为 $1-t$ 和 t.因 $t \in [0,1]$,故曲线变成直线段 $[P_0,P_1]$.

当两点重合时,曲线缩为一点.

当 $n=2$ 时,有
$$\overrightarrow{OM(t)} = (1-t)^2 \overrightarrow{OP_0} + 2t(1-t)\overrightarrow{OP_1} + t^2 \overrightarrow{OP_2}$$
这意味着如果三个定义点不共线的话,那么 M 就在三点所决定的平面上,其轨迹是个抛物线,端点是 P_0 和 P_1. 若三点共线(或有重合点),我们又得到一个直线段,甚至一个点.

当 $n=3$ 时,有
$$\overrightarrow{OM(t)} = (1-t)^3 \overrightarrow{OP_0} + 3t(1-t)^2 \overrightarrow{OP_1} + 3t^2(1-t)\overrightarrow{OP_2} + t^3 \overrightarrow{OP_3}$$
若四点不共面,我们得到一条空间曲线或挠曲线. 若四点共面但不共线,则是一条平面三次曲线. 暂且不考虑次的退化,但以后将会看到退化现象还是有些用处的.

① 重要性质

曲线只取决于定义点而与坐标原点无关. 真是有幸,否则此模型理论不会有用. 我们说这条性质是固有性质. 在上面的 $n=1$ 和 $n=2$ 的例子中已看得很清楚,现证明一般情形下也为真. 取另一原点 O',证 $\forall t$ 有
$$\sum_{i=0}^{i=n} B_n^i(t)\overrightarrow{O'P_i} = \overrightarrow{O'O} + \sum_{i=0}^{i=n} B_n^i(t)\overrightarrow{OP_i}.$$
实际上因 $\sum_{i=0}^{i=n} B_n^i(t) = 1$,左边分解后有两项,其中一项为 $\sum_{i=0}^{i=n} B_n^i(t)\overrightarrow{O'O}$,即 $\overrightarrow{O'O}$. 证毕.

② 定义的符号形式

我们用符号 $[*]$ 和括号指数来分别定义向量 $\overrightarrow{OP_i}$ 的符号积和符号幂,即
$$\overrightarrow{OP_0}[*]\overrightarrow{OP_k} = \overrightarrow{OP_k}$$

附录 Ⅰ　Bézier 曲线的模型

$$\overrightarrow{OP}_1[\ *\ ]\overrightarrow{OP}_k = \overrightarrow{OP}_{k+1}$$
$$(\overrightarrow{OP}_0)^{[k]} = \overrightarrow{OP}_0,\ (\overrightarrow{OP}_1)^{[k]} = \overrightarrow{OP}_k$$

Bézier 曲线上的一点 M 可写成

$$\overrightarrow{OM}(t) = ((1-t)\overrightarrow{OP}_0 + t\overrightarrow{OP}_1)^{[n]}$$

实际上用二项式公式展开并利用上面的符号约定即可得到上节的定义式

$$\overrightarrow{OM}(t) = \sum_{k=0}^{k=n} C_n^k t^k (\overrightarrow{OP}_1)^{[k]}[\ *\ ](1-t)^{n-k}(\overrightarrow{OP}_0)^{[n-k]} =$$
$$\sum_{k=0}^{k=n} C_n^k t^k (1-t)^{n-1} \overrightarrow{OP}_0 [\ *\ ] \overrightarrow{OP}_k =$$
$$\sum_{k=0}^{k=n} C_n^k t^k (1-t)^{n-k} \overrightarrow{OP}_k =$$
$$\sum_{k=0}^{k=n} B_n^k(t) \overrightarrow{OP}_k$$

(2) 定义的矩阵形式,数值表示法

设 $(\boldsymbol{B}_t)_n$ 为 $n+1$ 阶单列矩阵,其元素是 Bernstein 多项式 $B_n^i(t)$；$(\overrightarrow{OP})_n$ 为元素是向量 $\overrightarrow{OP}_i$ 的 $n+1$ 阶单列矩阵.对应的单行矩阵,即转置矩阵在左上角用 t 表示.利用矩阵乘法公式可得

$$\overrightarrow{OM}(t) = {}^t(\overrightarrow{OP})_n \cdot (\boldsymbol{B}_t)_n = {}^t(\boldsymbol{B}_t)_n (\overrightarrow{OP})_n$$

设 T_n 为元素是乘方 t^i 的 $n+1$ 阶单列矩阵,从而我们有

$$(\boldsymbol{B}_t)_n = (\boldsymbol{M}_n) \cdot T_n$$

由此可得

$$\overrightarrow{OM}(t) = {}^t(\overrightarrow{OP})_n \cdot {}^t(\boldsymbol{M}_n) T_n = {}^t(\overrightarrow{OQ})_n \cdot T_n$$

点 Q_i 所对应的单列矩阵 $(\overrightarrow{OQ})_n$ 的转置矩阵满足等式

$$^t(\overrightarrow{OP})_n \cdot {}^t(\boldsymbol{M}_n) = {}^t(\overrightarrow{OQ})_n$$

也就是说

Bernstein 多项式与 Bézier 曲面

$$(\overrightarrow{OQ})_n = M_n (\overrightarrow{OP})_n$$

上面的 $\overrightarrow{OM}(t)$ 表达式是一个在正则基底 t^i 上，系数为向量的多项式，很明显它很适用于计算机上的数值计算. 但这种 Bézier 曲线的所谓"数值表示法"有一个缺陷，那就是曲线的几何性质不太容易看出.

(3) 重心性质

① 重心解释法

由于 $B_n^i(t)$ 恒正且总和 ($i=0$ 到 $i=n$) 等于 1，Bézier 曲线定义式告诉我们，对任一给定的 $[0,1]$ 间的 t 值，$M(t)$ 是点 $P_0, P_1, P_2, \cdots, P_n$ 的加权重心，加权系数为 $B_n^i(t)$.

② 力学解释法（作用在 $M(t)$ 点上的引力，见图 1）

这种解释法可使人感到 Bézier 模型在驾驭曲线方面的能力：$M(t)$ 点受到来自每个 P_i 点的引力 $\vec{F_i} = B_n^i \overrightarrow{MP_i}$ 的作用，这些引力的合力为零，即 $\sum_0^n \vec{F_i} = \vec{0}$. 也就是说，在任一时刻 M 点处于那个唯一的静态平衡位置.

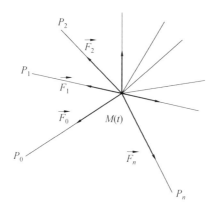

图 1

附录 Ⅰ Bézier 曲线的模型

例子：

下面用纯粹的几何方法来寻找 $n=2$ 时 Bézier 曲线上的一个点. 如图 2，点 $M(\frac{1}{2})$ 在引力 $\frac{1}{4}\overrightarrow{MP_0}$，$\frac{1}{2}\overrightarrow{MP_1}$ 和 $\frac{1}{4}\overrightarrow{MP_2}$ 的作用下处于平衡状态，即

$$\frac{1}{4}\overrightarrow{MP_2} + \frac{1}{2}\overrightarrow{MP_1} + \frac{1}{4}\overrightarrow{MP_2} = \vec{0} \qquad (1)$$

我们可先找 P_0 和 P_1 的重心 G，两点的分数分别是 $\frac{1}{4}$ 和 $\frac{1}{2}$. 利用重心性质，有

$$\left(\frac{1}{4}+\frac{1}{2}\right)\overrightarrow{MG} = \frac{1}{4}\overrightarrow{MP_0} + \frac{1}{2}\overrightarrow{MP_1}$$

式(1) 变成

$$\frac{3}{4}\overrightarrow{MG} + \frac{1}{4}\overrightarrow{MP_2} = \vec{0}$$

也就是说

$$\overrightarrow{GM} = \frac{1}{4}\overrightarrow{GP_2}$$

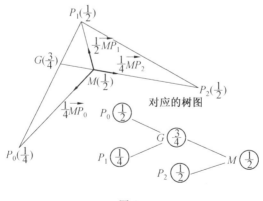

图 2

注 对任意 t 值,与 t 对应的 G 点可用同种方法求得. 这种构造方法下面将加以推广.

③ 模型的整体性

每个引力 $\vec{F_i}$ 与两个互不相关的因素有关,它们是:

a. 由 $B_n^i(t)$ 组成的加权系数;

b. 定义点 P_i 的位置.

当 $t=0$ 时,只有 P_0 有用: 因 $i>0$ 时 $B_n^i(0)=0$,这时 $M(0)=P_0$. 由于连续性,当 t 很接近 0 时, $M(t)$ 点受 P_0 强烈吸引,其他点作用很小.

当 $t=1$ 时情况一模一样,只需把 P_0 换成 P_n.

当上面两点是 Bézier 曲线首尾的两个端点, 在这两点之外,定义点对曲线的影响是整体性的. 为了更好地看到这点,我们来逐步"分割"Bernstein 曲线 Γ_n^i. 当 t 从 0 变到 1 时,这些多项式相对数值的大小变化情况就一目了然.

下面图 3 右图是 $n=3$ 时的曲线图. 可以看出:

当 $t=0$ 时,只有 P_0 有作用. 当 t 逐渐增大时, P_0 影响虽仍然最大,但在不断减小,而 P_1,P_2 和 P_3 的作用开始很小,却逐渐增大. 到了 $\dfrac{1}{3}$ 时, P_1 的影响变得最大了. 到了 $\dfrac{1}{2}$ 时, P_1 和 P_2 的影响一样大, P_0 和 P_3 的作用也相等,但相比之下要小些.

实际上,曲线"仿照"其特征多边形的形状.

这条通性可从图 3 左图中窥见出来.

Bézier 模型的这条整体性也可以从移动定义点的位置来观测曲线如何随之改变中得到.

为简单起见,假设只有 P_k 点移动,移动量 $\vec{D}=$

$\overrightarrow{P_k Q_k}$,新的 Bézier 曲线是 M' 点的轨迹,即

$$\overrightarrow{OM'}(t) = \sum_{i=0}^{i=n} B_n^i(t) \overrightarrow{OP_i} + B_n^k(t)(\overrightarrow{OQ_k} - \overrightarrow{OP_k}) =$$
$$\overrightarrow{OM}(t) + B_n^k(t) \overrightarrow{D}$$

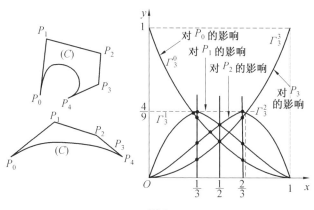

图 3

从上式可知,曲线上所有的点都跟着进行了大小不等的平移,但移动方向却是一致的,那就是点 P_k 的移动方向,见图 4. 改变一个定义点的位置,整个曲线随之改变. 在图 4 中,当 P_2 移到 P_2' 时,曲线由(C)变到(C'). 在一般情况下,只需把每个 Bézier 点的移动引起的曲线的改变叠加起来即可.

利用 Bernstein 多项式的性质,可以研究点 M 在不同 t 值时的变化情况.

使用一个数学软件得到的示例:

用一个实验室程序绘出的七次 Bézier 曲线(图 5). 细线对应 Bézier 点 P_0 至 P_7,粗线是当 P_3 变到 P_3' 时细线的变化结果. 它们都是空间曲线. 请注意一个定义点的改变引起了整个曲线的变化.

Bernstein 多项式与 Bézier 曲面

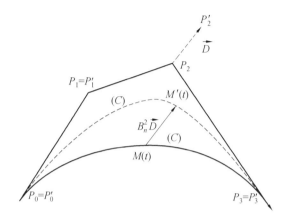

图 4

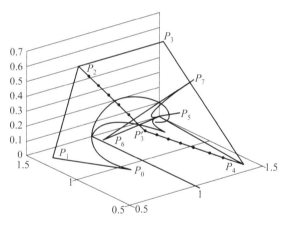

图 5 七次 Bézier 曲线

附录 I Bézier 曲线的模型

④ 凸包络概念

请回忆一下这个概念:二维或三维仿射空间 E 的点组成的集合 A 被称为凸集,如果它满足下列条件:联结 A 中任意一对点(m,m') 的线段 (m,m') 也在 A 中,也就是说:$\forall \mu \in [0,1]$,满足
$$\overrightarrow{om''} = \mu \overrightarrow{om} + (1-\mu) \overrightarrow{om'}$$
的点 m'' 仍属于 A. 当 A 为凸集时,由 A 中任意的点组成的有限子集的重心(加权系数为正)仍属于 A. 故有定义如下:

有限点集 $A = \{Q_0, Q_1, \cdots, Q_n\}$ 的凸包络 $\Gamma(A)$ 为包含这些点的最小凸集. 当这些点都在同一平面上时,可先画出所有联结任意两点的线段,再画出包含所有这些线段的最小封闭多边形. 由它围成的区域就是 $\Gamma(A)$. 多边形的边由上面已经画出的某些线段组成.

如果这些点不在同一平面上,情况差不多,只是凸包络是一个多面体区域,多面体的棱边与连接 A 中任意两点的某些线段重合(图 6(a)). 最简单的情况之一就是不在同一平面上的四点集(图 6(b)),其凸包络就是由顶点为 A, B, C, D 的四面体的棱边围成的四面体区域.

设有一 Bézier 曲线,其定义点为 $P_i, 0 \leqslant i \leqslant n$. 由重心性质可知,对任一 t 值,曲线上的点 $M(t)$ 属于这些 P_i 点的凸包络. 请看前面的七次空间曲线,两条曲线整个都在其 Bézier 点的凸包络之中.

命题 2 任何 Bézier 曲线都包含于其定义点集的

Bernstein 多项式与 Bézier 曲面

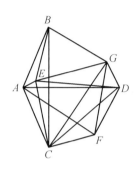
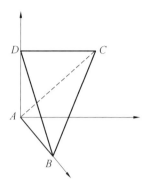

$ACFDGBA$ 围成的凸包络区域   凸包络 = 四面体 $ABCD$ 围成的区域

图 6(a)   图 6(b)

凸包络之中. [①]

概要图(图 7)

图 7 左图中,曲线完全在五边形 $P_0P_1P_2P_3P_4P_0$ 的里面.

图 7 右图中,定义点集的凸包络,即多边形 $P_0P_1P_2P_3P_4P_0$ 包含了整个曲线.

(4) 可逆性

先观察一下三次曲线的"可逆性":用 $1-u$ 取代 t 得到的还是一条 Bézier 曲线,因为 t 和 u 仍在同一区间取值,只是取值方向相反.

变量替换后,M 点的定义式变成

$$\overrightarrow{OM}(1-u) = u^3 \overrightarrow{OP_0} + 3(1-u)u^2 \overrightarrow{OP_1} + 3(1-u)^2 u \overrightarrow{OP_2} + (1-u)^3 \overrightarrow{OP_3}$$

---

① 在 §4 节中将会看到,若用多项式 f_m^n 来定义 Bézier 曲线,那么这条性质会很明显:n 次曲线是 n 维空间里被关在由坐标轴向量组成的广义"立方体"里的曲线的投影.

附录 Ⅰ Bézier 曲线的模型

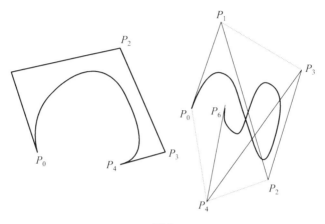

图 7

因 $u \in [0,1]$,点 $M(1-u)$ 仍在曲线上. 令
$$Q_0 = P_3, Q_1 = P_2, Q_2 = P_1, Q_3 = P_0$$
得
$$\overrightarrow{OM'}(u) = (1-u)^3 \overrightarrow{OQ_0} + 3(1-u)^2 u \overrightarrow{OQ_1} + 3(1-u)u^2 \overrightarrow{OQ_2} + u^3 \overrightarrow{OQ_3}$$

点 $M'(u)$ 等同于点 $M(1-u)$,曲线与原曲线重合,但走向相反. 很容易把可逆性推广到 n 次曲线,只需在求和定义式中作指标替换 $i = n - j$ 即可
$$\overrightarrow{OM}(1-u) = \overrightarrow{OM'}(u) =$$
$$\sum_0^n C_n^i (1-u)^i u^{n-i} \overrightarrow{OP_i} =$$
$$\sum_0^n C_n^{n-j} (1-u)^{n-j} u^j \overrightarrow{OP_{n-j}}$$

令 $P_{n-j} = Q_j$,并利用等式 $C_n^{n-j} = C_n^j$,得等式
$$\overrightarrow{OM'}(u) = \sum_{j=0}^{j=n} B_n^j(u) \cdot \overrightarrow{OQ_j}$$

定义点还是原来的那些定义点,只是次序反过来了.

M' 沿反方向行走 M 的曲线.

(5) 曲线形状的改变

改变 Bézier 曲线有好几种方法:

① 重复定义点

如果希望某定义点 P_i 对曲线形状有较大的影响,对曲线上的点有较强的吸引力的话,可使这点重复几次. 也就是说,在定义点的序列中多取几次这个点(曲线次数将增高). 例如:对应于 P_0,P_1,P_2 点的 Bézier 抛物线段,如果使 P_1 点重复两次,那么可得到定义点为 P_0,P_1,P_1,P_2 的三次曲线. 新曲线是点 M_1 的集合

$$\overrightarrow{OM_1}(t) = (1-t)^3 \overrightarrow{OP_0} + 3t(1-t)^2 \overrightarrow{OP_1} + \\ 3t^2(1-t)\overrightarrow{OP_1} + 3t^3 \overrightarrow{OP_2} = \\ (1-t)^3 \overrightarrow{OP_0} + (3t(1-t)^2 + \\ 3t^2(1-t))\overrightarrow{OP_1} + t^3 \overrightarrow{OP_2} = \\ (1-t)^3 \overrightarrow{OP_0} + 3t(1-t)\overrightarrow{OP_1} + \\ t^3 \overrightarrow{OP_2}$$

注 可以说这条曲线是另一条定义点为 P_0,P_1,P'_1,P_2 的三次空间曲线在平面 (P_0,P_1,P_2) 上的投影,直线 (P_1,P'_1) 平行于投影方向. 也就是说,P'_1 点的投影与 P_1 重合.

这个看法属于仿射不变性的范畴,投影后的 Bézier 曲线的定义点是 P_0,P_1,P'_1,P_2 的投影.

② 增添定义点

若希望在某定义点的邻近更强地吸引 Bézier 曲线,那么只需在这点的周围增添一些新的定义点,整个曲线将会改变(模型的整体性). 但在这点的局部附近,曲线的变化更大. 当然,由于定义点增多,曲线次数增

附录 I Bézier 曲线的模型

大.

例子:

设有二次 Bézier 曲线,即一抛物线弧,定义点为 P_0, P_1, P_2. 假设在线段 $[P_0 P_1]$ 和 $[P_2 P_1]$ 上分别添加定义点 Q_1 和 Q_2,满足

$$\overrightarrow{OQ_1} = \eta \overrightarrow{OP_0} + (1-\eta) \overrightarrow{OP_1}$$

和

$$\overrightarrow{OQ_2} = \eta \overrightarrow{OP_2} + (1-\eta) \overrightarrow{OP_1}$$

(η 接近 0 时,两点都靠近 P_1) 新的四次曲线由下式定义

$$\begin{aligned}\overrightarrow{OM'}(t) =& (1-t)^4 \overrightarrow{OP_0} + 4t(1-t)^3 \overrightarrow{OQ_1} + \\ & 6t^2(1-t)^2 \overrightarrow{OP_1} + \\ & 4t^3(1-t) \overrightarrow{OQ_2} + t^4 \overrightarrow{OP_2} = \\ & (1-t)^3 [1-t+4\eta t] \overrightarrow{OP_0} + \\ & [4(1-\eta)t(1-t)^3 + 6t^2(1-t)^2 + \\ & 4(1-\eta)t^3(1-t)] \overrightarrow{OP_1} + \\ & t^3[t + 4\eta(1-t)] \overrightarrow{OP_2}\end{aligned}$$

我们完全可以讨论向量 $\overrightarrow{MM'}$ 的变化情况,但为简便起见,取 $\eta = \frac{1}{4}, t = \frac{1}{2}$. 这时

$$\overrightarrow{OM'} = \frac{1}{8}[\overrightarrow{OP_0} + 6\overrightarrow{OP_1} + \overrightarrow{OP_2}]$$

而

$$\overrightarrow{OM} = \frac{1}{4}[\overrightarrow{OP_0} + 2\overrightarrow{OP_1} + \overrightarrow{OP_2}]$$

比较两式明显看出点 $M'(\frac{1}{2})$ 比点 $M(\frac{1}{2})$ 更靠近点 P_1,P_1 的重心系数由 $\frac{1}{2}$ 变成了 $\frac{3}{4}$. 从图 8 中可看出 P_1

167

的附加引力.

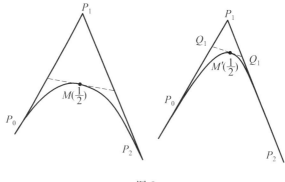

图 8

添加的两定义点 Q_1 和 Q_2 使整个曲线向点 P_1 靠近. 例如, 参数为 $\frac{1}{2}$ 的点.

③ 减少定义点的个数

需要说明这项手续的动机是什么, 一般来说它将改变曲线的次数. 如果想求得满足一定条件的曲线, 那么动机可能是为了简化数值计算. 一个有趣的问题就是怎样减少定义点的个数而使曲线保持不变, 这个问题以后将讨论.

注 可以做到: 对于一个给定的 t 值, 当减少定义点个数时, $M(t)$ 点保持不变. 例如, 只需用 P_k 和 P_{k+1} 的重心 P'_k 代替它们即可, 重心系数是确定的数值 $B_n^k(t)$ 和 $B_n^{k+1}(t)$. 很明显, 点 $M(t)$ 没有变. 但这种情况没什么意思, 因为曲线整体改变了, 并且新的点已不再属于 Bézier 曲线的定义范围了.

2.3 Bézier 曲线的变换

(1) 仿射变换; 模型不变性

附录 I Bézier 曲线的模型

点变换是仿射变换,在点变换下 Bézier 模型不变. 也就是说,Bézier 曲线变换后仍是 Bézier 曲线(即可用 Bézier 点和 Bernstein 多项式加以定义),曲线变换后的 Bézier 点是变换前定义点的变换.

先举个例子:

◆ 第一种变换:位似变换

设 $\boldsymbol{B}$ 为一空间向量,a 为非零实数,O 为空间一点. 变换 $\mathcal{H}$ 使点 M 对应点 M':$\overrightarrow{OM'} = a\overrightarrow{OM} + \boldsymbol{B}$. 考虑一条 n 次 Bézier 曲线,其定义点为 P_i,移动点记为 $M(t)$. 变换后的曲线是 $M'(t)$ 的集合

$$\overrightarrow{OM'}(t) = \boldsymbol{B} + a\sum_0^n B_n^i(t)\overrightarrow{OP_i}$$

因 $\boldsymbol{B} = \sum_0^n B_n^i(t)\boldsymbol{B}$,可把向量 $\boldsymbol{B}$ 和实数 a 放入求和号内,即

$$\overrightarrow{OM}(t) = \sum_0^n B_n^i(t)a\overrightarrow{OP_i} + \sum_0^n B_n^i(t)\boldsymbol{B} =$$
$$\sum_0^n B_n^i(t)(a\overrightarrow{OP_i} + \boldsymbol{B}) =$$
$$\sum_0^n B_n^i(t)\overrightarrow{O\mathcal{H}(P_i)}$$

$\mathcal{H}$ 具有变换不变性.

请注意,这个变换由两个部分组成:一部分是中心为 O,比率为 a 的位似变换;另一部分是等于向量 $\boldsymbol{B}$ 的平移. 若 $a=1$,$\mathcal{H}$ 是一个平移变换;若 $\boldsymbol{B}$ 为零,则是一个中心为 O 的位似变换. 无论怎样,都是一个位似变换,其变换中心是不难求得的.

◆ 一般情形

给定一仿射映射 $\mathcal{A}$,存在一线性映射 $\mathcal{L}$,使得对空

间任何一点 m，有（用点＋向量标记法）
$$\mathscr{A}(m)=\mathscr{A}(o)+\mathscr{L}(\overrightarrow{om})$$
其中 o 是选定的空间原点.

若 M 是某一 Bézier 曲线上的点，令
$$\mathscr{A}(M)=M',\mathscr{A}(O)=O'$$
因 $\mathscr{L}$ 线性，故
$$M'=O'+\mathscr{L}(\sum_0^n B_n^i(t)\overrightarrow{OP_i})=O'+\sum_0^n B_n^i(t)\mathscr{L}(\overrightarrow{OP_i})$$
令
$$\mathscr{A}(P_i)=P'$$
这时
$$\overrightarrow{O'M'}=\sum_0^n B_n^i(t)\mathscr{L}(\overrightarrow{OP_i})=\sum_0^n B_n^i(t)\overrightarrow{O'P'_i}$$
这就是所谓的不变性.

由此可知（说个较为重要的例子），正投影或平行于一条直线的斜投影把平面或空间的 Bézier 曲线投影在一个平面上，得到的平面曲线也是 Bézier 曲线，其定义点是原曲线定义点在平面上的（正或斜）的投影.

◆ 特例：平面相似变换

包含了平移、位似和旋转的相似变换，是平面仿射映射中应用最广的变换之一.

使用复数可使这种相似变换的书写非常简洁. 对平面某一正相似变换 S，可找两复数 a 和 b，使点 $m'=S(m)$ 的附标 z' 与点 m 的附标 z 之间满足等式 $z'=az+b$.

留给读者去证明在这种特殊情况下，Bézier 模型的不变性. 另外，利用公式 $z'=a\bar{z}+b$ 还可用同种办法处理平面反相似变换的情形.

附录 I　Bézier 曲线的模型

例如,有一二次 Bézier 曲线(见图 9),定义点为 P_0,P_1,P_2,在平面直角坐标系中的坐标或复平面中的复标为 z_0,z_1,z_2,这是一条抛物线弧(C).试确定经过以 Ω 点为中心(附标为 -1),比值为 $\sqrt{2}$,转角 $\dfrac{\pi}{4}$ 的相似变换后,(C)所变成的 Bézier 曲线.我们知道,变换后的二次 Bézier 曲线的定义点 P'_0,P'_1,P'_2 是(C)的定义点的变换.故只需确定它们即可.相似变换的复数书写很直接,即为

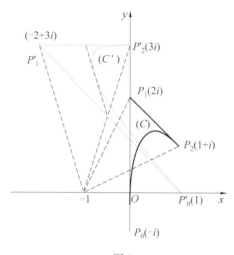

图 9

$$z'+1=\sqrt{2}\,\mathrm{e}^{\mathrm{i}\frac{\pi}{4}}(z+1)$$

或

$$z'=(1+\mathrm{i})z+\mathrm{i}$$

用此公式便可求得(C)变换后所得到的抛物线弧的 Bézier 点,也就可以得到抛物线弧本身.在图 9 中,我们选择 P_0,P_1,P_2 三点的复标分别是 $-\mathrm{i},2\mathrm{i},1+\mathrm{i}$.

(2) 非仿射变换

一般来说，变换后不再是 Bézier 曲线了. 为此，只需考察一下平面反演变换 I，这是一个把 z 与它的共轭复数的倒数 $\dfrac{1}{z}$ 对应的复变换. 一次 Bézier 曲线一般变为一个圆弧. 这足以说明问题了.

请看另一个例子：定义点复标为 $i, 1+i$ 和 i 的抛物线弧. 移动点复标的共轭复数为
$$\bar{z} = -(1-t)^2 i + 2t(1-t)(1-i) + t^2 = 2t - t^2 + i(t^2 - 1)$$

其倒数为
$$\frac{(2t-t^2) - i(t^2-1)}{(2t-t^2)^2 + (t^2-1)^2}$$

这甚至不是一个多项式.

2.4 在其他多项式基底上的展开

(1) 向量表达式

n 次 Bézier 曲线的经典定义采用的是次数小于或等于 n 的多项式空间 P_n 中的 Bernstein 多项式 B_n^i（i 在 0 和 n 间变化）组成的基底. 若使用 P_n 的正则基底，$M(t)$ 的向量定义式则按 t 的乘方来排列
$$\overrightarrow{OM}(t) = \sum_{j=0}^{j=n} t^j \overrightarrow{OQ_j}$$

上式叫作"正则定义式"，Q_j 称作"正则定义点".

借助原来定义中的 Bézier 点 P_i 可求得 Q_j. 为此，把 Taylor 公式应用于系数是向量的多项式上，可得
$$\overrightarrow{OM}(t) = \overrightarrow{OM}(0) + t\frac{\mathrm{d}\overrightarrow{OM}}{\mathrm{d}t}(0) +$$

附录 Ⅰ　Bézier 曲线的模型

$$\frac{t^2}{2}\frac{\mathrm{d}^2\overrightarrow{OM}}{\mathrm{d}t^2}(0)+\cdots+$$

$$\frac{t^j}{j!}\frac{\mathrm{d}^j\overrightarrow{OM}}{\mathrm{d}t^j}(0)+\cdots+\frac{t^n}{n!}\frac{\mathrm{d}^n\overrightarrow{OM}}{\mathrm{d}t^n}(0)$$

可见展开式中 t^j 的系数是

$$\overrightarrow{OQ}_j=\frac{1}{j!}\frac{\mathrm{d}^j\overrightarrow{OM}}{\mathrm{d}t^j}(0)=\frac{1}{j!}\sum_{i=0}^{i=n}(B_n^i)^{(j)}(0)\cdot\overrightarrow{OP}_i$$

例子：

在 n 较小时，虽然可以借助二项式公式来展开 Bernstein 多项式，但通常还是习惯用上面的式子. 取 $n=3$，求 B_3^i 在 $t=0$ 时的导数

$$B_3^0=(1-t)^3\Rightarrow(B_3^0)'=-3(1-t)^2\Rightarrow$$
$$(B_3^0)''=6(1-t)\Rightarrow$$
$$(B_3^0)'''=-6$$
$$B_3^1=3t(1-t)^2\Rightarrow(B_3^1)'=3(1-4t+3t^2)\Rightarrow$$
$$(B_3^1)''=6(-2+3t)\Rightarrow$$
$$(B_3^1)'''=18$$
$$B_3^2=3t^2(1-t)\Rightarrow(B_3^2)'=3(2t-3t^2)\Rightarrow$$
$$(B_3^2)''=6(1-3t)\Rightarrow$$
$$(B_3^2)'''=-18$$
$$B_3^3=t^3\Rightarrow(B_3^3)'=3t^2\Rightarrow(B_3^3)''=6t\Rightarrow(B_3^3)'''=6$$

代入 $\overrightarrow{OQ}_j$ 展开式后有

$$\overrightarrow{OQ}_0=\overrightarrow{OP}_0$$
$$\overrightarrow{OQ}_1=-3\overrightarrow{OP}_0+3\overrightarrow{OP}_1$$
$$\overrightarrow{OQ}_2=3\overrightarrow{OP}_0-6\overrightarrow{OP}_1+3\overrightarrow{OP}_2$$
$$\overrightarrow{OQ}_3=-\overrightarrow{OP}_0+3\overrightarrow{OP}_1-3\overrightarrow{OP}_2+\overrightarrow{OP}_3$$

再借助公式

Bernstein 多项式与 Bézier 曲面

$$\overrightarrow{OM}(t) = \sum_{j=0}^{j=3} t^j \overrightarrow{OQ_j}$$

计算就结束了.

为了考察新的公式与曲线形状的关系，不妨取 P_0 为原点 O，并把连接定义点的向量显示出来，我们有

$$\overrightarrow{P_0M}(t) = 3t\overrightarrow{P_0P_1} + 3t^2[\overrightarrow{P_1P_0} + \overrightarrow{P_1P_2}] + t^3[\overrightarrow{P_0P_3} + 3\overrightarrow{P_2P_1}]$$

除第一个向量外，其他向量系数不像是与曲线有什么明显的关系，并且随指数的增加系数越来越复杂；另外还失去了重心解释法，力学解释法，系数的一些对称性，以及可逆性等.我们说正则定义点 Q_j 不太适用.然而，这种多项式的"正则"书写法却大大方便了数值计算（见前面讲的数值公式和其他一些问题，如参数变换，次的虚拟增高，插值法等）.

注 历史上，这种按 t 乘方展开的形式是最早被使用的，尤其被 Ferguson 采用.但即使对简单的例子，这种展开式与曲线形状的关系都不明显，Q_j 点的选择对 $\overrightarrow{OM}(t)$ 变换的影响也难以解释（见下节的例子）.利用 Ferguson 模型，需要好几个小时才能画出曲线图来.

（2）解析（或矩阵）表达式

坐标原点为 O 的仿射空间 ε 中 $\overline{m}$ 点的坐标等同于基底为坐标轴的向量空间中向量 $\overrightarrow{OM}$ 的分量. 按 Bernstein 多项式展开（Bernstein 书写法）和按 t 的乘方展开（正则书写法）的公式分别如下

$$\begin{cases} \overrightarrow{OM} = \sum_{j=0}^{j=n} t^j \overrightarrow{OQ_j} \\ \overrightarrow{OM} = \sum_{j=0}^{j=n} B_n^j \overrightarrow{OP_j} \end{cases}$$

附录 Ⅰ Bézier 曲线的模型

点 P 已知,使用矩阵公式 $(\overrightarrow{OP})_n = M_n \cdot (\overrightarrow{OP})_n$ 可求得点 Q. 令 P 和点 Q 的单列横坐标矩阵为 (x_P) 和 (x_Q)(纵坐标和竖坐标为 (y_P),(y_Q) 和 (z_P),(z_Q)),我们有

$$(x_Q) = M_n \cdot (x_P)$$

对另两坐标,有类似公式.

注 M_n 是可逆矩阵,已知点 Q 也可求得点 P. 因此可说,一个系数为向量的多项式曲线一定是 Bézier 曲线.

举一个 $n=3$ 的例子,它会使我们看到曲线与点 Q 的相对位置之间的关系,以及上面所说的按 t 乘方展开的正则书写法的几何缺陷.

在坐标系 (O,U,V) 中,四个 Bézier 点的坐标分别是 $(0,0)$,$(0,1)$,$(\lambda,-\lambda)$,$(0,\mu)$,试求在正则基底上曲线的表达式. 为此,只需确定曲线的正则定义点 Q_0,Q_1,Q_2,Q_3.

在前面的矩阵公式里,用四个 P 点的横坐标 $0,0,\lambda,0$ 代替 x_j,用它们的纵坐标 $0,1,-\lambda,\mu$ 代替 y_j,用 x'_j 和 y'_j 表示 Q 的坐标,我们有

$$\begin{pmatrix} x'_0 \\ x'_1 \\ x'_2 \\ x'_3 \end{pmatrix} = \begin{pmatrix} 1 & 0 & 0 & 0 \\ -3 & 3 & 0 & 0 \\ 3 & -6 & 3 & 0 \\ 1 & 3 & -3 & 1 \end{pmatrix} \begin{pmatrix} x_0 \\ x_1 \\ x_2 \\ x_3 \end{pmatrix} = \begin{pmatrix} 0 \\ 0 \\ 3\lambda \\ -3\lambda \end{pmatrix}$$

$$\begin{pmatrix} y'_0 \\ y'_1 \\ y'_2 \\ y'_3 \end{pmatrix} = \begin{pmatrix} 1 & 0 & 0 & 0 \\ -3 & 3 & 0 & 0 \\ 3 & -6 & 3 & 0 \\ 1 & 3 & -3 & 1 \end{pmatrix} \begin{pmatrix} y_0 \\ y_1 \\ y_2 \\ y_3 \end{pmatrix} = \begin{pmatrix} 0 \\ 3 \\ -6-3\lambda \\ 3+3\lambda+\mu \end{pmatrix}$$

点 Q_0,Q_1,Q_2,Q_3 的坐标分别是 $(0,0)$,$(0,3)$,

$(3\lambda, -6-3\lambda), (-3\lambda, 3+3\lambda+\mu)$. 曲线被包含在顶点为 P_0, P_1, P_2, P_3 的四边形内，但四个 Q 点的扩散却是戏剧性的. 在图 10 的两个图中，(λ, μ) 的取值不同.

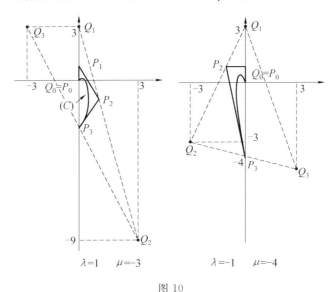

图 10

一些局部性质(见下节)，如在点 P_0 的向量 $\overrightarrow{P_0P_1}$ 和在点 P_3 的向量 $\overrightarrow{P_3P_2}$ 所具有特性都远不能被点 Q 所满足. 这些 Q 点，除了最头几个外，都相当分散并远离"表演舞台". 除此之外，曲线不被点 Q 的凸包络所包含.

注 我们还可用其他基底. 不排除对某些特殊情况，其他基底比 Bernstein 多项式基底更适用，但寻找新基底时不要忘记，模型与坐标系的无关性，以及驾驭形状的能力都是绝对必要的.

附录 Ⅰ　Bézier 曲线的模型

§3　Bézier 曲线的局部性质

3.1　逐次导向量,切线

(1) 导向量

Bernstein 多项式无穷可导,定义 Bézier 曲线的向量函数也因而无穷可导. P 阶导向量函数可写成

$$\frac{\mathrm{d}^p \overrightarrow{OM}}{\mathrm{d}t^p}(t) = \sum_{i=0}^{i=n} \frac{\mathrm{d}^p B_n^i}{\mathrm{d}t^p}(t) \overrightarrow{OP}_i = \sum_{i=0}^{i=n} (B_n^i)^{(p)}(t) \overrightarrow{OP}_i$$

请注意等式中导数的标记法,以后会用到它.

(2) 切线,曲线两端点上的切线

由向量函数定义的曲线上某点处的切线与在这点的一阶非零导向量重合.

Bézier 向量函数的一阶导数为

$$\frac{\mathrm{d}\overrightarrow{OM}}{\mathrm{d}t}(t) = \sum_{i=0}^{i=n} C_n^i (it^{i-1}(1-t)^{n-i} - (n-i)t^i(1-t)^{n-i-1}) \overrightarrow{OP}_i$$

在 $t=0$ 的曲线端点 P_0 处,只有第一项和第二项不为零,在这点的导向量可用联结 Bézier 曲线的头两个定义点的向量表示

$$\frac{\mathrm{d}\overrightarrow{OM}}{\mathrm{d}t}(0) = -n\overrightarrow{OP}_0 + n\overrightarrow{OP}_1 = n\overrightarrow{P_0 P_1}$$

同理,$t=1$ 时只有最后两项不为零,可得类似等式

$$\frac{\mathrm{d}\overrightarrow{OM}}{\mathrm{d}t}(1) = -n\overrightarrow{OP}_{n-1} + n\overrightarrow{OP}_n = n\overrightarrow{P_{n-1} P_n}$$

这些性质及其推广是另一种定义法的基础(见 §4).

命题 3 若 P_0 和 P_1 不重合,那么直线 (P_0P_1) 就是 Bézier 曲线在始点 $P_0 = M(0)$ 处的切线. 同样,若 P_{n-1} 和 P_n 不重合,那么直线 $(P_{n-1}P_n)$ 就是曲线在 $P_n = M(1)$ 处的切线.

注 若 P_0 和 P_1 重合(重合定义点),可以验证: 若 P_k 是第一个与 P_0 不重合的定义点,那么 Bézier 曲线在 P_0 处的切线就是直线 (P_0P_k);同样,在 P_n 点,切线是 (P_tP_n),其中 P_t 是与 P_n 不重合的下标最大的点.

这条性质对控制曲线形状的影响:

曲线两端点的切线对曲线形状的影响是很重要的(图 11),尤其在 n 值较小时,如 2 或 3 时,其作用是很有趣的.

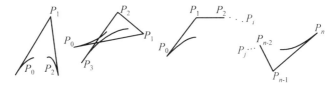

图 11

相反,在曲线的其他点,切线与所有控制点都有关,这可从导数公式看出,它也再次显示了 Bézier 模型的整体性. 怎样确定任意点处的切线这一问题,在以后关于矢端概念的章节中会加以讨论.

(3) 二阶和三阶导向量

仍只看曲线端点 P_0 和 P_1 的情形,一般情形留着以后讲 Bézier 曲线的等价定义时再谈.

多项式 B_n^i 有因子 t^i,故在 $t = 0$ 点的二阶导向量只与头三个定义点有关. 同理,对三阶导向量,只有头四个定义起作用

附录 Ⅰ Bézier 曲线的模型

$$\frac{\mathrm{d}^2}{\mathrm{d}t^2}\overrightarrow{OM}(0) = (B_n^0)''(0)\cdot\overrightarrow{OP}_0 + (B_n^1)''(0)\cdot$$
$$\overrightarrow{OP}_1 + (B_n^2)''(0)\cdot\overrightarrow{OP}_2 =$$
$$n(n-1)\overrightarrow{OP}_0 - 2n(n-1)\overrightarrow{OP}_1 +$$
$$n(n-1)\overrightarrow{OP}_2$$

$$\frac{\mathrm{d}^3}{\mathrm{d}t^3}\overrightarrow{OM}(0) = (B_n^0)'''(0)\cdot\overrightarrow{OP}_0 + (B_n^1)'''(0)\cdot$$
$$\overrightarrow{OP}_1 + (B_n^2)'''(0)\cdot\overrightarrow{OP}_2 +$$
$$(B_n^3)'''(0)\cdot\overrightarrow{OP}_3 =$$
$$n(n-1)(n-2)[-\overrightarrow{OP}_0 +$$
$$3\overrightarrow{OP}_1 - 3\overrightarrow{OP}_2 + \overrightarrow{OP}_3]$$

我们发现,以后可以证明这些向量可用特征多边形"边向量"来表示,这推广了一阶导向量的性质. 例如

$$\frac{\mathrm{d}^2}{\mathrm{d}t^2}\overrightarrow{OM}(0) = -n(n-1)[\overrightarrow{P_0P_1} - \overrightarrow{P_1P_2}]$$

因此,特征多边形的头两个边向量决定了二阶连续的问题,尤其是关于曲率的问题(见 §4).

3.2 Bézier 曲线的局部问题

用 Bézier 曲线的正则定义法(见上几节),可写出 $M(t)$ 在给定坐标系中的坐标,于是可用经典方法研究局部问题.

但 Bézier 模型的有趣之处就在于可用几何工具来做这些研究,并在大多数情况下能给出珍贵的图像. 这些工具,特别是矢端曲线,将在下面加以介绍.

我们举两个例子,第一个例子是关于拐点的问题,第二个例子研究二重点、拐点以及切线平行于坐标轴的切点.

例1 三次曲线定义点 P_0, P_1, P_2, P_3 的坐标为 $(-1,0), (0,-1), (0,1), (1,0)$. 把 Bernstein 多项式展开后可得 $M(t)$ 的坐标

$$\begin{cases} x = f(t) = -1 + 3t - 3t^2 + 2t^3 \\ y = g(t) = -3t + qt^2 - 6t^3 = -6t(t-1)(t-\frac{1}{2}) \end{cases}$$

其导数为

$$\begin{cases} x'(t) = 3 - 6t + 6t^2 \\ y'(t) = -3 + 18t - 18t^2 \end{cases}$$

$$\begin{cases} x''(t) = -6 + 12t \\ y''(t) = 18 - 36t \end{cases}$$

$$\begin{cases} x'''(t) = 12 \\ y'''(t) = -36 \end{cases}$$

在参数为 $\frac{1}{2}$ 的点,二阶导向量为零.

实际上,我们有

$$\begin{cases} x(\frac{1}{2}) = 0 \\ y(\frac{1}{2}) = 0 \end{cases} \begin{cases} x'(\frac{1}{2}) = \frac{3}{2} \\ y'(\frac{1}{2}) = \frac{3}{2} \end{cases} \begin{cases} x''(\frac{1}{2}) = 0 \\ y''(\frac{1}{2}) = 0 \end{cases} \begin{cases} x'''(\frac{1}{2}) = 12 \\ y'''(\frac{1}{2}) = -36 \end{cases}$$

可以验证

$$\vec{V}^{(3)}(\frac{1}{2}) \wedge \vec{V}'(\frac{1}{2}) \neq \mathbf{0}$$

因此这是一个拐点,曲线的图形也证明了这一点.曲线可以精确地画出,如图 12 所示

图 12 的左图绘出了曲线的总体形状,右图绘出了拐点处的二阶和三阶导向量.

例2 三次曲线定义点坐标为 $(-1,0), (\mu,\mu),$

附录 I Bézier 曲线的模型

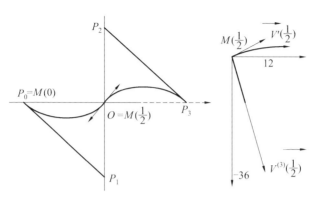

图 12

$(-\mu, \mu)$,$(1,0)$,其中 μ 大于零. $M(t)$ 的坐标不难求得,为

$$\begin{cases} x = f(t) = -(1-t)^3 + t^3 + 3\mu t(1-t)(1-2t) \\ y = g(t) = 3\mu t(1-t) \end{cases}$$

其导数为

$$\begin{cases} f'(t) = 3[2t^2(1+3\mu) - 2t(1+3\mu) + 1 + \mu] \\ g'(t) = 3\mu[1-2t] \end{cases}$$

$f'(t)$ 的根取决于判别式 $\delta = 4(1+3\mu)(\mu-1)$ 的符号

$$\begin{cases} f''(t) = 6(1+3\mu)(2t-1) \\ g''(t) = -6\mu \end{cases}$$

我们来研究点 $M(\frac{1}{2})$.

由于可逆性和定义点的对称性,参数为 $\frac{1}{2}$ 的点一定很特别. 实际上, $f(\frac{1}{2}) = 0$,也就是说, $M(\frac{1}{2})$ 点在纵坐标轴上. 另外, $g'(\frac{1}{2}) = 0$. 如果 $f'(\frac{1}{2}) \neq 0$,那么在这点的切线是水平的.

"交叉点"或二重点存在性讨论：

在只知道曲线的大致形状和两端点切线时，有时可以预测在曲线理论中被称为所谓"二重点"的存在性，我们叫它"交叉点". 在这里，可以预测这种点存在，并且还在纵轴上.

我们知道 $f(t)$ 的一个根，因式分解后有
$$f(t)=(2t-1)[t^2(1+3\mu)-t(1+3\mu)+1]$$
若中括号里的三项式在取 t_1 和 t_2 两值时为零的话，那么
$$t_1+t_2=1$$
故
$$g(t_1)=g(t_2)$$
这意味着在纵轴上的这点，曲线确实有二重点. 相反，当这个三项式不能为零时，就不会有二重点. 三项式的判别式 $\Delta=3(1+3\mu)(\mu-1)$ 与 δ 成正比；它只在 $\mu=1$ 时为零.

拐点：

同样，曲线的形状可以让人猜测拐点的存在与否. 因向量 V'' 在这里恒不为零，故对拐点有等式
$$\frac{g''(t)}{f''(t)}=\frac{g'(t)}{f'(t)}$$
简化后得
$$t^2(1+3\mu)-t(1+3\mu)+\mu=0$$
其判别式 $(1+3\mu)(1-\mu)$ 仅当 $\mu<1$ 时为正. 有了上面的准备工作，可以开始进行讨论了. 因有对称性，故不妨只在区间 $I=[0,\frac{1}{2}]$ 内讨论.

第一类情况：$\mu<1$.

因判别式 $\delta<0$，故导数 $f'(t)$ 不会取 0 值，在 I 上

恒正. 函数 f 和 g 在 I 上递增. 图 13 是 $\mu=\dfrac{3}{4}$ 时的曲线图.

点 A 处的切线水平,曲线没有交叉点,但当 t 为上面方程在 I 上的根时,曲线有拐点 J.

对 $\mu=\dfrac{3}{4}$,可求得根 $t\approx 0.36;x\approx 0.35;y\approx 0.52$.

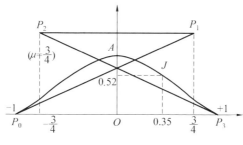

图 13

第二类情况:$\mu=1$.

前面的三个判别式皆为零,很容易发现没有水平切线,但有一个尖点,在这点的切线垂直。因为我们一方面有 $V'\left(\dfrac{1}{2}\right)=(0,0)$,$V''\left(\dfrac{1}{2}\right)=(0,-6)$,另外纵轴是对称轴,说明尖点是第一类尖点(图 14).

第三类情况:$\mu>1$.

判别式 δ 和 Δ 都为正,说明 $f'(t)$ 可在 I 上为零,f 可在 $t_1\neq\dfrac{1}{2}$ 时为零. 故存在二重点 D 和切线垂直的点 B.

函数变化表如下:

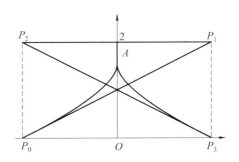

图 14

t	0		t'_1		$\dfrac{1}{2}$
$f'(t)$		+	0	−	
$f(t)$	−1	↗	$f(t'_1)$	↘	0
$g(t)$	0	↗	$g(t'_1)$	↗	$\dfrac{3\mu}{4}$

图 15 是 $\mu=2$ 时曲线图.

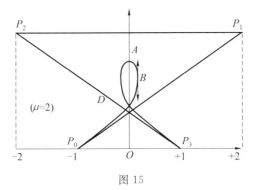

图 15

交叉点 D 对应两值：$t_1 \approx 0.17$ 和 $t_2 \approx 0.83$.
它处在纵轴上，纵坐标为：$Y_D \approx 0.847$. 至于对切

线垂直的 B 点,可求得 $t'_1 \approx 0.24$,其坐标 $x_B \approx 0.144$, $y_B \approx 1.1$.

§4 第二种定义法:向量与制约

4.1 n 维空间曲线的定义

设 $\boldsymbol{V}_0, \boldsymbol{V}_1, \boldsymbol{V}_2, \cdots, \boldsymbol{V}_n$ 是仿射平面或仿射空间 ε(甚至可假设其维数是任意的)的 $n+1$ 个向量,f_n^i(i 在 0 与 n 间取值)为 $n+1$ 个 n 次多项式函数,其实变量 t 在 $[0,1]$ 内变化,且有 $f_n^0(t) = 1.\vec{\varepsilon}$ 为与仿射空间 ε 对应的向量空间. 我们用 $\vec{\varepsilon}$ 中的向量等式来定义 ε 中的随 t 变化的点 M,即

$$\overrightarrow{OM}(t) = \sum_{i=0}^{i=n} f_n^i(t) \boldsymbol{V}_i = \boldsymbol{V}_0 + \sum_{i=1}^{i=n} f_n^i(t) \boldsymbol{V}_i$$

在以后的计算中,我们都假设 $\vec{\varepsilon}$ 的维数大于或等于 n,向量 $\boldsymbol{V}_1, \boldsymbol{V}_2, \cdots, \boldsymbol{V}_n$ 在 $\vec{\varepsilon}$ 中线性无关.

现在来确定 f_n^i. 下面给出的制约可以保证我们能用曲线 $M(t)$ 来联结空间 ε 中的两点 M_0 和 M_1.

◆ 两个位置条件:曲线始于 M_0,终于 M_1,即 $M(0) = M_0, M(1) = M_1$.

◆ 两个端点条件:向量 $\boldsymbol{V}_1$ 与曲线相切于 M_0,向量 $\boldsymbol{V}_n$ 与曲线相切于 M_1.

◆ 两个二阶制约:在 $t=0$ 处的二阶导向量只与 $\boldsymbol{V}_1$ 和 $\boldsymbol{V}_2$ 有关(在 $t=1$ 点只与 $\boldsymbol{V}_n$ 和 $\boldsymbol{V}_{n-1}$ 有关)

$$\begin{cases} \overrightarrow{OM}''(0) = (f_n^1)''(0) \cdot \boldsymbol{V}_1 + (f_n^2)''(0) \cdot \boldsymbol{V}_2 \\ \overrightarrow{OM}''(1) = (f_n^{n-1})''(1) \cdot \boldsymbol{V}_{n-1} + (f_n^n)''(1) \cdot \boldsymbol{V}_n \end{cases}$$

Bernstein 多项式与 Bézier 曲面

◆ 如此类推,P 阶导向量在 $t=0$ 和 $t=1$ 点分别只与头 P 个向量和后 P 个向量有关.这条件直到 $n-1$ 阶时都成立.具体地说就是

$$\overrightarrow{OM}^{(p)}(0) = \sum_{j=1}^{j=p}(f_n^j)^{(p)}(0) \cdot V_j$$

$$\overrightarrow{OM}^{(p)}(1) = \sum_{j=0}^{j=p-1}(f_n^{n-j})^{(p)}(1) \cdot V_{n-j}$$

例如:在 $n=3$ 时,有下面 6 个向量条件式

$$\begin{cases} \overrightarrow{OM}(0) = V_0 \\ \overrightarrow{OM}(1) = \sum_{0}^{3} V_i \end{cases}$$

$$\begin{cases} \overrightarrow{OM}'(0) = (f_3^1)'(0) \cdot V_1 \\ \overrightarrow{OM}'(1) = (f_3^3)'(1) \cdot V_3 \end{cases}$$

$$\begin{cases} \overrightarrow{OM}''(0) = (f_3^1)''(0) \cdot V_1 + (f_3^2)''(0) \cdot V_2 \\ \overrightarrow{OM}''(1) = (f_3^3)''(1) \cdot V_2 + (f_3^3)''(1) \cdot V_3 \end{cases}$$

4.2 多项式 f_3^i 的确定

上面的约束条件可写成下面的等式

$$\begin{cases} f_3^1(0) \cdot V_1 + f_3^2(0) \cdot V_2 + f_3^3(0) \cdot V_3 = \mathbf{0} \\ f_3^1(1) \cdot V_1 + f_3^2(1) \cdot V_2 + f_3^3(1) \cdot V_3 = V_1 + V_2 + V_3 \\ (f_3^1)'(0) \cdot V_1 + (f_3^2)'(0) \cdot V_2 + (f_3^3)'(0) \cdot V_3 = \\ \quad (f_3^1)'(0) \cdot V_1 \\ (f_3^1)'(1) \cdot V_1 + (f_3^2)'(1) \cdot V_2 + (f_3^3)'(1) \cdot V_3 = \\ \quad (f_3^3)'(1) \cdot V_3 \\ (f_3^1)''(0) \cdot V_1 + (f_3^2)''(0) \cdot V_2 + (f_3^3)''(0) \cdot V_3 = \\ \quad (f_3^1)''(0) \cdot V_1 + (f_3^2)''(0) \cdot V_2 \\ (f_3^1)''(1) \cdot V_1 + (f_3^2)''(1) \cdot V_2 + (f_3^3)''(1) \cdot V_3 = \\ \quad (f_3^2)''(1) \cdot V_2 + (f_3^3)''(1) \cdot V_3 \end{cases}$$

附录 I Bézier 曲线的模型

因 $\boldsymbol{V}_1, \boldsymbol{V}_2, \boldsymbol{V}_3$ 线性无关，系数对比后可得 12 个条件式
$$f_3^i(0) = 0$$
$$f_3^i(1) = 1$$
$$(f_3^3)'(0) = (f_3^2)'(0) = 0$$
$$(f_3^1)'(1) = (f_3^2)'(1) = 0$$
$$(f_3^3)''(0) = (f_3^1)''(1) = 0$$

可借助它们来确定 3 个多项式的 12 个系数（$12 = 4 \times 3$）.

虽可用未知系数法来确定这些系数，但利用 Taylor 公式显得更漂亮：对 f_3^1 有
$$f_3^1(t) = f_3^1(1) + (t-1)(f_3^1)'(1) +$$
$$\frac{1}{2}(t-1)^2(f_3^1)''(1) + k(t-1)^3 =$$
$$1 + k(t-1)^3$$

因 $f_3^1(0) = 0$，故 $k = 1$. 同理，f_3^3 在 0 点展开给出
$$f_3^3(t) = f_3^3(0) + t(f_3^3)'(0) + \frac{t^2}{2}(f_3^3)''(0) + Lt^3 = Lt^3$$

因
$$f_3^3(1) = 1$$
故
$$L = 1$$
最后，因
$$f_3^2(1) = 1 \text{ 和 } (f_3^2)'(1) = 0$$
在点 1 处的 Taylor 公式给出
$$f_3^2(t) = 1 + A(t-1)^2 + B(t-1)^3$$
又因
$$f_3^2(0) = 0 \text{ 和 } (f_3^2)'(0) = 0$$
故有

187

Bernstein 多项式与 Bézier 曲面

$$1+A-B=0$$

和

$$-2A+3B=0$$

求得

$$A=-3, B=-2$$

因此

$$\begin{cases} f_3^1(t)=1+(t-1)^3=t^3-3t^2+3t \\ f_3^2(t)=1-3(t-1)^2-2(t-1)^3=3t^2-2t^3 \\ f_3^3(t)=t^3 \end{cases}$$

4.3 一般情形

用线性无关性进行系数对比,可以把 $n=3$ 的特例加以推广.

$$\forall i \in [[1,n]], f_n^i(0)=0, f_n^i(1)=1;$$
$$\forall j \in [[1,n-1]], \forall i>j, (f_n^i)^{(j)}(0)=0,$$
$$\forall i \leqslant n-j, (f_n^i)^{(j)}(1)=0$$

命题 4 对大于或等于 2 的任意整数 n,$n+1$ 个 n 次多项式 f_n^i 由下式定义(注意有 $i-1$ 阶导数):$f_n^0(t)=1$ 且 $\forall i \in [[1,n]]$,有

$$f_n^i(t)=\frac{(-t)^i}{(i-1)!}(\frac{(1-t)^n-1}{t})^{(i-1)}$$

证明 当 $i=1$ 时,多项式 $1-f_n^1(t)$ 及其前 $n-1$ 阶导数都在 $t=1$ 时为零,故

$$1-f_n^1(t)=K(1-t)^n$$

左右两边取 $t=0$,可得

$$K=1$$

所以

$$f_n^1(t)=(-t)(\frac{(1-t)^n-1}{t})^{(0)}$$

当 $i=2$ 时,多项式 $1-f_n^2(t)$ 及其前 $n-2$ 阶导数都在 $t=1$ 时为零.既然次数是 n,因此可写成
$$1-f_n^2(t)=(At+B)(1-t)^{n-1}$$
利用函数及其导数在 O 点的数值就可以求出 A 和 B
$$A=n-1,B=1$$
故
$$f_n^2(t)=1-nt(1-t)^{n-1}-(1-t)^n=$$
$$t^2\left[\frac{-nt(1-t)^{n-1}-((1-t)^n-1)}{t^2}\right]=$$
$$t^2\frac{\mathrm{d}}{\mathrm{d}t}\left[\frac{((1-t)^n-1)}{t}\right]$$

一般来说,当 $i>1$ 时,多项式 f_n^i 及其前 $i-1$ 阶导数在 $t=0$ 时都为零,故
$$f_n^i(t)=t^i P(t)$$
其中 P 为 $n-i$ 次多项式.

令 $h=1-t^i P$,利用 $t=1$ 时的条件可知,h 及其前 $n-i$ 阶导数在 1 点都为零.故
$$h=(1-t)^{n-i+1}u$$
其中 u 为 $i-1$ 次多项式.

令函数
$$Q=\frac{(-1)^i}{(i-1)!}\left(\frac{(1-t)^n-1}{t}\right)^{(i-1)}$$

因 $(1-t)^n-1$ 有因子 t,故上式是关于多项式的求导,其结果是个 $n-i$ 次多项式.另外,借助 Leibniz 公式可知,第一项等于 $-\dfrac{(1-t)^n-1}{t^i}$,其他项等于 $A_k\dfrac{(1-t)^{n-k}}{t^{i-k}}$,其中 $1\leqslant k\leqslant i-1$.两边乘以 $-t^i$ 后,除了常数项 -1 外,其他项都有因子 $(1-t)^{n-i+1}$.故

Bernstein 多项式与 Bézier 曲面

$$1 - t^i Q = (1-t)^{n-i+1} v$$

其中多项式 v 的次数严格小于 i. 减去等式 $1 - t^i P = (1-t)^{n-i+1} u$ 后发现多项式 $u - v$ 可被 t^i 整除, 而其次数却严格小于 i. 故只能 $v = u$, 即 $P = Q$ 证毕.

4.4 Bézier 曲线的第二种定义

(1) **命题 5** 给定平面或三维空间中的 $n+1$ 个向量 $\boldsymbol{V}_0, \boldsymbol{V}_1, \boldsymbol{V}_2, \cdots, \boldsymbol{V}_n$, 由下式定义的点 $M(t)$ 的轨迹是这样的一条 n 次 Bézier 曲线, 其定义点 $P_0, P_1, \cdots, P_n$ 满足

$$\boldsymbol{V}_0 = \overrightarrow{OP_0}, \boldsymbol{V}_1 = \overrightarrow{P_0 P_1}, \boldsymbol{V}_2 = \overrightarrow{P_1 P_2}, \cdots, \boldsymbol{V}_n = \overrightarrow{P_{n-1} P_n}$$

$$\overrightarrow{OM}(t) = \boldsymbol{V}_0 + \sum_{i=1}^{i=n} f_n^i(t) \cdot \boldsymbol{V}_i$$

其中函数 f_n^i 是上节讨论过的多项式.

现在来证明它与原来的含有 Bernstein 多项式的公式等价.

先看看 $n = 3$ 时的特例, 把上式展开并合并同类项后得

$$\overrightarrow{OM}(t) = \boldsymbol{V}_0 + (1 - (1-t)^3) \boldsymbol{V}_1 +$$
$$(3t^2 - 2t^3) \boldsymbol{V}_2 + t^3 \boldsymbol{V}_3 =$$
$$\overrightarrow{OP_0} + (1 - (1-t)^3)(\overrightarrow{OP_1} - \overrightarrow{OP_0}) +$$
$$(3t^2 - 2t^3)(\overrightarrow{OP_2} - \overrightarrow{OP_1}) +$$
$$t^3 (\overrightarrow{OP_3} - \overrightarrow{OP_2}) =$$
$$(1-t)^3 \overrightarrow{OP_0} + (1 - (1-t)^3 - 3t^2 + 2t^3) \overrightarrow{OP_1} +$$
$$(3t^2 - 2t^3 - t^3) \overrightarrow{OP_2} + t^3 \overrightarrow{OP_3} =$$
$$(1-t)^3 \overrightarrow{OP_0} + 3t(1-t)^2 \overrightarrow{OP_1} +$$
$$3t^2(1-t) \overrightarrow{OP_2} + t^3 \overrightarrow{OP_3}$$

附录 Ⅰ　Bézier 曲线的模型

在一般情形下，从第二种定义式出发，有

$$\overrightarrow{OM}(t) = \overrightarrow{OP}_0 + \sum_{1}^{n} f_n^i(t) \cdot (\overrightarrow{OP}_i - \overrightarrow{OP}_{i-1}) =$$
$$\sum_{i=0}^{i=n-1} (f_n^i(t) - f_n^{i+1}(t)) \overrightarrow{OP}_i + f_n^n(t) \overrightarrow{OP}_n$$

不难看出，已有
$$f_n^n = B_n^n$$

以及
$$f_n^0 - f_n^1 = 1 - (-t\frac{(1-t)^n - 1}{t}) =$$
$$(1-t)^n = B_n^0(t)$$

故只需证明 $f_n^i(t) - f_n^{i+1}(t)$ 为 Bernstein 多项式 $B_n^i(t)$ 即可 $(1 \leqslant i \leqslant n-1)$

$$f_n^i(t) - f_n^{i+1}(t) = \frac{(-t)^i}{i!}[i(\frac{(1-t)^n - 1}{t})^{(i-1)} +$$
$$t(\frac{(1-t)^n - 1}{t})^{(i)}]$$

借助 Leibniz 公式可发现中括号内为 $t \cdot (\frac{(1-t)^n - 1}{t})$ 的 i 阶导数：$C_i^i = 1$ 且 t 的二阶以上的导数皆为零，故只剩中括号内的那两项．

因此，有
$$f_n^i(t) - f_n^{i+1}(t) = \frac{(-t)^i}{i!}((1-t)^n - 1)^{(i)} =$$
$$\frac{n(n-1)(n-2)\cdots(n-i+1)}{i!} \cdot$$
$$t^i(1-t)^{n-i} =$$
$$C_n^i t^i(1-t)^{n-i} =$$
$$B_n^i(t)$$

也就是说

Bernstein 多项式与 Bézier 曲面

$$\overrightarrow{OM}(t) = \sum_{i=0}^{i=n} B_n^i(t) \cdot \overrightarrow{OP}_i$$

证毕.

(2) 这种定义法的结论

用 Bernstein 多项式得到的一些性质也可在这里得到. 另外, 定义中采用的约束条件还有几何意义. 尤其是过渡条件和曲率条件, 显得比第一种定义法来得明了些:

a) 曲线的起点($t=0$)为 P_0, 切向量为 V_1; 终点($t=1$)为 P_n, 切向量为 V_n(设它们都不为零).

b) 一般情况下, 在 $M(0)$ 和 $M(1)$ 点, k 阶导向量分别只取决于前 k 个向量和后 k 个向量 V_i. 因此, 在这两点的曲率一般只需用最前 2 个和最后 2 个向量就可求得(见下节).

c) 对曲线形状的影响

因为每个逐次相加的加权向量 $f_n^i V_i$ 与 V_i 共线, 所以用它们来控制曲线的形状就明显了(见图 16). 又由于所有的向量 V_i 都参与了移动点 $M(t)$ 的定义, 故模型的整体性一目了然.

d) 这一整体性的另一结果是: 若改变一个(或几个)特征多边形向量, 那么整个曲线随之而变.

(3) 曲线端点的曲率

a) 一阶和二阶导向量的计算

借助多项式 f_n^1 和 f_n^2 的导数在 $t=0$ 和 $t=1$ 点的性质, 可得

$$\frac{\mathrm{d}}{\mathrm{d}t}\overrightarrow{OM}(0) = (f_n^1)'(0) V_1$$

和

附录 Ⅰ　Bézier 曲线的模型

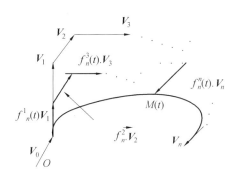

图 16

$$\frac{d^2}{dt^2}\overrightarrow{OM}(0) = (f_n^1)''(0)\mathbf{V}_1 + (f_n^2)''(0)\mathbf{V}_2$$

代入导数值,得

$$\frac{d}{dt}\overrightarrow{OM}(0) = n \cdot \mathbf{V}_1$$

$$\frac{d^2}{dt^2}\overrightarrow{OM}(0) = -n(n-1)\mathbf{V}_1 + n(n-1)\mathbf{V}_2$$

同理:在 $t=1$ 时,有

$$\frac{d}{dt}\overrightarrow{OM}(1) = n \cdot \mathbf{V}_n$$

$$\frac{d^2}{dt^2}\overrightarrow{OM}(1) = -n(n-1) \cdot \mathbf{V}_n + n(n-1)\mathbf{V}_{n-1}$$

b) 空间曲线的密切平面

如果向量 $\mathbf{V}_1$ 和 $\mathbf{V}_2$ 不共线,那么它俩所决定的平面正是曲线在起点 $M(0)=P_0$ 处的密切平面,这是因为它正是 $t \to M(t)$ 在这点的一阶和二阶导向量的平面.由此可见,曲线在起点的主法线正是在平面($\mathbf{V}_1$, $\mathbf{V}_2$)上的 $\mathbf{V}_1$ 的垂线.

c) 曲率中心的确定

$M(0)$ 点的曲率可用经典公式算出

193

Bernstein 多项式与 Bézier 曲面

$$R_0 = \frac{\|\overrightarrow{OM'}(0)\|}{\|\overrightarrow{OM'} \Lambda \overrightarrow{OM''}(0)\|}$$

设 $V_1 \Lambda V_2$ 不为零,用前节公式,有

$$\frac{\mathrm{d}}{\mathrm{d}t}\overrightarrow{OM}(0) \Lambda \frac{\mathrm{d}^2}{\mathrm{d}t^2}\overrightarrow{OM}(0) = n^2(n-1)V_1 \Lambda V_2 =$$

$$n^2(n-1)\|V_1\| \|V_2\| \cdot \sin\theta \boldsymbol{\omega}$$

其中 θ 为 V_1 与 V_2 的夹角.

因

$$\|V_1\| \|V_2\| \sin\theta = \|V_1\| \cdot P_0 H$$

其中 H 为 P_2 在 P_0 点的主法线上的投影,故有

$$R_0 = \frac{n^3 \|V_1\|^3}{n^2(n-1)\|V_1 \Lambda V_2\|} = \frac{n \|V_1\|^2}{(n-1) \cdot P_0 H}$$

过 P_1 点作直线 (HP_1) 的垂线,与主法线交于 Ω' 点. 平面几何告诉我们

$$\|V_1\|^2 = P_0 H \cdot P_0 \Omega'$$

故曲率半径为

$$R_0 = \frac{n}{n-1} P_0 \Omega'$$

我们显然用了这样一个事实:对任一空间曲线点,Ω 在主法线上,如图 17 所示。同理,对端点 P_n,需用向量 V_n 和 V_{n-1},情况一样.

注 以后会看到,用变量替换

$$t = t_0 + (1-t_0)u$$

可使 Bézier 曲线上的点 $M(t_0)$ 变成这条曲线上某一弧线的起点. 这条弧线的特征多边形的前几个边向量一旦确定,就可利用上面已看过的方法来求起点的切线、密切平面和曲率. 我们也可在任意一点处画出前两阶导向量.

附录 Ⅰ Bézier 曲线的模型

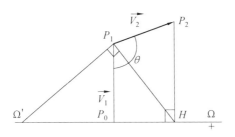

图 17 曲率中心 Ω 由下式给出:$\overrightarrow{P_0\Omega} = -\dfrac{n}{n-1}\overrightarrow{P_0\Omega'}$

(4) 空间曲线的挠率

a) Frenet 公式

设某一空间曲线的向量 $\dfrac{d}{dt}\overrightarrow{OM}(0)$, $\dfrac{d^2}{dt^2}\overrightarrow{OM}(0)$ 和 $\dfrac{d^3}{dt^3}\overrightarrow{OM}(0)$ 组成了空间坐标轴. T 和 N 是沿 $\dfrac{d}{dt}\overrightarrow{OM}(0)$ 和 $\overrightarrow{P_0\Omega}$ 的单位向量,它们互相垂直,令单位向量 B 使 (T,N,B) 右手正交,它们组成了曲线在这点的"Frenet-Serret 坐标系".

令 $\dfrac{ds}{dt} = \|\dfrac{d}{dt}\overrightarrow{OM}\|$,有 $\dfrac{d}{ds}\overrightarrow{OM} = T$(其中 s 为从曲线起点开始算起的弧长微分). Frenet 公式如下

$$\begin{cases} \dfrac{d}{ds}T = \dfrac{1}{R}N \\ \dfrac{d}{ds}N = -\dfrac{1}{R}T - \dfrac{1}{T}B \\ \dfrac{d}{ds}B = \dfrac{1}{T}N \end{cases}$$

R 和 T 分别为曲线在 $M(t)$ 点的曲率半径和挠率半径.

因 $\dfrac{d^2}{dt^2}\overrightarrow{OM} = \dfrac{d}{dt}(s'T) = s''T + \dfrac{(s')^2}{R}N$

$$\frac{d^3}{dt^3}\overrightarrow{OM} = s'\frac{d}{ds}(s''\boldsymbol{T} + \frac{(s')^2}{R}\boldsymbol{N})$$

在最后一个导数中,只有 $-\frac{(s')^2}{RT}\boldsymbol{B}$ 一项与 $\boldsymbol{B}$ 共线,故有公式

$$(\frac{d^3}{dt^3}\overrightarrow{OM}) \cdot \boldsymbol{B} = -\frac{(s')^2}{RT}$$

b) Bézier 曲线的曲率、挠率

仍然只考虑 $M(0)$ 点,其 Frenet 坐标系已知. 在 $t=0$ 点的三阶导向量只与前三个边向量有关

$$\frac{d^3}{dt^3}\overrightarrow{OM}(0) = n(n-1)(n-2)(\boldsymbol{V}_1 - 2\boldsymbol{V}_2 + \boldsymbol{V}_3)$$

因 $\boldsymbol{B}$ 垂直于前两个向量,故

$$n(n-1)(n-2)\boldsymbol{V}_3\boldsymbol{B} = -\frac{(S')^3}{RT}$$

又因 $\boldsymbol{B}$ 是单位向量,上面的标积等于 $\overrightarrow{P_0 H_3}$,其中 H_3 为 $\boldsymbol{V}_3$ 的端点 P_3 在 $\boldsymbol{B}$ 上的正投影. 代入一阶导向量的值,得

$$\frac{(n-1)(n-2)}{n^2}\overrightarrow{P_0 H_3} = -\frac{1}{RT}\|\boldsymbol{V}_1\|^3$$

把上式经过适当变换可得出 T 的几何构造和解释.

§5 Bézier 曲线的几何绘制

5.1 参数曲线

在一个给定的坐标系下,Bézier 曲线移动点 $M(t)$ 的坐标是 t 的多项式函数,它与定义点 P_i 的坐标以及

附录 Ⅰ　Bézier 曲线的模型

Bernstein 多项式有关,多项式的次数 n 也叫作曲线的次数.

Bézier 曲线问题属于更一般的参数曲线问题,即绘制一条曲线(至少确定其大体形状),它的参数方程为
$$\{x=f(t),y=g(t)\}$$
或
$$\{x=f(t),y=g(t),z=h(t)\}$$
对后一种情况,把三个沿坐标轴投影的曲线进行影象组合就可画出三维空间曲线.

多项式函数 f,g,h 都可导,做出它们的变化表格,并标出导数的正负号,便可画图.

曲线的绘制可像绘制机那样,根据相互的变化情况,向左或向右移动一定数值,又向上或向下移动一定数值. 对曲线的某些点,尤其是它的端点,曲线的一些已知的几何特性(如切线)可帮助进行它的绘制或检验.

5.2　四个例子

为简化起见,考虑三个三阶 Bézier 曲线,其定义点都是 P_0,P_1,P_2,P_3,只是次序不同.

借此机会还来看看定义点连接次序是怎样影响曲线整体形状的,以及三次 Bézier 曲线的拐点与尖点.

例 1　定义点 P_0,P_1,P_2,P_3 在坐标系 $(O,\boldsymbol{l},\boldsymbol{y})$ 中的坐标依次为 $(0,0),(0,1),(1,1),(1,0)$. 利用定义式得
$$x=f(t)=3t^2(1-t)+t^3=3t^2-2t^3$$
$$y=g(t)=3t(1-t)^2+3t^2(1-t)=3t-3t^2$$

Bernstein 多项式与 Bézier 曲面

$$f'(t) = 6t(1-t)$$
$$g'(t) = 3 - 6t$$

其变化情况见下表：

t	0	$\frac{1}{2}$	1
$f'(t)$	0	+	0
$f(t)$	0 ↗	$\frac{1}{2}$ ↗	1
$g(t)$	0 ↗	$\frac{3}{4}$ ↘	0
$g'(t)$	3 +	0 −	−3

Bézier 曲线如图 18 所示.

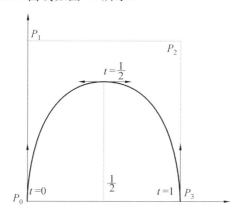

图 18

为简化起见，切线用向量表示，只画出了方向，而没有考虑大小. 实际上，在参数为 0 和 1 的端点，真正的导向量分别等于 $\overrightarrow{P_0P_1}$ 和 $\overrightarrow{P_2P_3}$ 的三倍.

例 2 还是上面的定义点，但次序不同. P_0, P_1, P_2, P_3 的坐标依次为 $(0,0),(1,0),(0,1),(1,1)$，我们有

附录Ⅰ Bézier 曲线的模型

$$\begin{cases} x = f(t) = 3t(1-t)^2 + t^3 = 3t - 6t^2 + 4t^3 \\ y = g(t) = 3t^2(1-t) + t^3 = 3t^2 - 2t^3 \end{cases}$$

以及
$$\begin{cases} f'(t) = 3 - 12t + 12t^2 \\ g'(t) = 6t(1-t) \end{cases}$$

请读者自己做出变化表格. 曲线如图 19 所示.

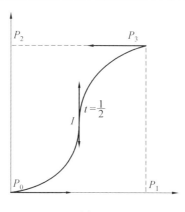

图 19

因 $g'(0) = 0, g'(1) = 0$, 故在 P_0 和 P_3 点的切线都水平, 并且分别与向量 $\overrightarrow{P_0P_1}$, $\overrightarrow{P_2P_3}$ 共线. 因 $f'(\frac{1}{2}) = 0$, 故在 $t = \frac{1}{2}$ 的点, 切线垂直. 不难看出这是一个拐点.

例 3 P_0, P_1, P_2, P_3 的坐标依次为 $(0,0)$, $(1,1)$, $(0,1)$, $(1,0)$. 坐标函数及其导数都不难算出

$$x = f(t) = 3t(1-t)^2 + t^3 = 3t - 6t^2 + 4t^3$$
$$y = g(t) = 3t(1-t)^2 + 3t^2(1-t) = 3t - 3t^2$$
$$f'(t) = 3 - 12t + 12t^2$$
$$g'(t) = 3 - 6t$$

其变化情况见下表:

199

Bernstein 多项式与 Bézier 曲面

t	0		$\dfrac{1}{2}$		1
$f'(t)$	3	+	0	+	3
$f(t)$	0	↗	$\dfrac{1}{2}$	↗	1
$g(t)$	0	↗	$\dfrac{3}{4}$	↘	0
$g'(t)$	3	+	0	−	−3

Bézier 曲线如图 20 所示.

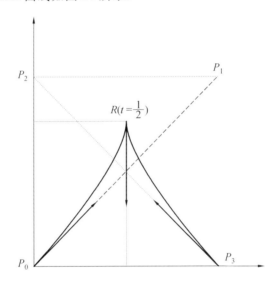

图 20

在点 P_0,切线与 $\overrightarrow{P_0P_1}$ 共线,角系数 $\dfrac{g'(0)}{f'(0)}=1$;在点 P_3,切线与 $\overrightarrow{P_3P_2}$ 共线,角系数 $\dfrac{g'(1)}{f'(1)}=-1$;在 $t=\dfrac{1}{2}$ 的点 R,切线垂直,这是个尖点. 可以验证

附录 Ⅰ Bézier 曲线的模型

$$\lim_{t \to \frac{1}{2}} \frac{3(1-2t)}{3(1-2t)^2} = \pm \infty$$

在 $t = \frac{1}{2}$ 左边为 $+\infty$,在右边为 $-\infty$.

例 4 设三次 Bézier 曲线 Γ 为空间曲线,其定义点 P_0, P_1, P_2, P_3 在坐标系 $(0, \boldsymbol{i}, \boldsymbol{j}, \boldsymbol{k})$ 中的坐标依次为 $(0,0,0), (0,1,1), (1,1,0), (1,0,1)$. 把这条曲线投影在坐标平面上,得到的平面曲线的定义点是原曲线的定义点在坐标平面上的投影. 例如,在平面 (xoy) 上的投影曲线 (C_1) 的定义点为 P_0, P_2'', P_2, P_3',其中 P_2'' 是 P_1 在这平面上的投影, P_3' 则是 P_3 的投影, (C_1) 正是例 1 中的曲线. 同样,在平面 (yoz) 上的投影曲线 C_3 的定义点为 P_0, P_1, P_2''', P_3'',这是例 3 中的曲线,尖点为 R. 最后,Γ 在平面 (xoz) 上的投影曲线 (C_2) 的定义点为 P_0, P_3''', P_3', P_3,它有一个拐点 I,是例 2 中的曲线(图 21).

上面绘出了曲线 Γ 在空间的大体形状. 特征多边形 $P_0 P_1 P_2 P_3$ 用粗虚线表示,Γ 为粗实线,其两端点的切线用粗虚线向量表示,它们分别与 $(P_0 P_1)$ 和 $(P_2 P_3)$ 共线. 投影曲线都用细实线表示. 除了两端点外,还画了 Γ 的一个点,那就是 $M(\frac{1}{2})$,它在坐标面上的投影分别是 (C_1) 上的点 H,(C_2) 的拐点 I 和 (C_3) 的尖点 R.

借助曲线 Γ 的向量定义式可以证明 Γ 在空间没有尖点. 在 $M(\frac{1}{2})$ 点,切线 $\overrightarrow{M'}(\frac{1}{2})$ 垂直于平面 (yoz),这也是为什么 Γ 在 (yoz) 上的投影有一个尖点的原因. 另外,在这点的二阶导向量与 $\boldsymbol{j}$ 平行,故在这点的密切

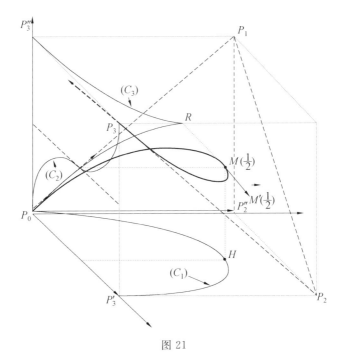

图 21

平面是个水平面,它在平面(yoz)上的投影是尖点 R 的切线.

§6 第三种定义法:"重心"序列法

6.1 概要

◆ 第一步看看为什么用"重心"这个词,为此先引进一个向量序列,然后在 $n=3$ 时给出 Bézier 曲线的第三种定义.

◆ 第二步研究当 n 为任意正整数时,怎样用第一种定义法中的定义点和 Bernstein 多项式来引进重心序列,并证明三种定义等价.

◆ 我们最后将介绍怎样采用这种定义方法来寻找 Bézier 曲线的移动点,以及过这点的切线.重心序列法还可以和数值计算法联系起来.

6.2 De Casteljau 算法

(1) 向量序列

令 $t \in [0,1]$, n 为正整数, $(\overrightarrow{OP^{(k)}}(t))\begin{cases}0 \leqslant k \leqslant n\\ 0 \leqslant j \leqslant n-k\end{cases}$ 为一双标向量序列,满足递推公式

$$\overrightarrow{OP_j^{(k)}}(t) = (1-t)\overrightarrow{OP_j^{(k-1)}}(t) + t\overrightarrow{OP_{j+1}^{(k-1)}}(t)$$

$$(0 < k \leqslant n, 0 \leqslant j \leqslant n-k)$$

初始向量的端点 $P_j^{(0)}$ 为 Bézier 点 P_j.

请看 $n=3$ 时的递推情况

$$k=1:\begin{cases}j=0: \overrightarrow{OP_0^{(1)}}(t) = (1-t)\overrightarrow{OP_0^{(0)}} + t\overrightarrow{OP_1^{(0)}}\\ j=1: \overrightarrow{OP_1^{(1)}}(t) = (1-t)\overrightarrow{OP_1^{(0)}} + t\overrightarrow{OP_2^{(0)}}\\ j=2: \overrightarrow{OP_2^{(1)}}(t) = (1-t)\overrightarrow{OP_2^{(0)}} + t\overrightarrow{OP_3^{(0)}}\end{cases}$$

$$k=2:\begin{cases}j=0: \overrightarrow{OP_0^{(2)}}(t) = (1-t)\overrightarrow{OP_0^{(1)}} + t\overrightarrow{OP_1^{(1)}}\\ j=1: \overrightarrow{OP_1^{(2)}}(t) = (1-t)\overrightarrow{OP_1^{(1)}} + t\overrightarrow{OP_2^{(1)}}\end{cases}$$

$$k=3, j=0: \overrightarrow{OP_0^{(3)}}(t) = (1-t)\overrightarrow{OP_0^{(2)}} + t\overrightarrow{OP_1^{(2)}}$$

(2) $\overrightarrow{OP_0^{(3)}}(t)$ 的计算示意图

两种选择皆可:一种是利用公式一直递推到初值,另一种是从初值一直迭代到 $\overrightarrow{OP_0^{(3)}}(t)$.为方便起见,在图 22 中上指标括号被省略.

Bernstein 多项式与 Bézier 曲面

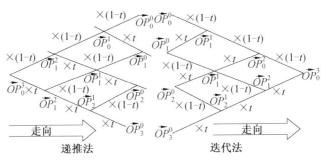

图 22

(3) 回到第一种定义式

我们来证明,当 $n=3$ 时,$P_0^{(3)}(t)$ 正是控制点 P_0^0,P_1^0,P_2^0,P_3^0 的三次 Bézier 曲线上的点 $M(t)$. 用递推公式可得

$$\overrightarrow{OP}_0^{(3)}(t) = (1-t)\{(1-t)[(1-t)\overrightarrow{OP}_0^{(0)} + t\overrightarrow{OP}_1^{(0)}] +$$
$$t[(1-t)\overrightarrow{OP}_1^{(0)} + t\overrightarrow{OP}_2^{(0)}]\} +$$
$$t\{(1-t)[(1-t)\overrightarrow{OP}_1^{(0)} + t\overrightarrow{OP}_2^{(0)}] +$$
$$t[(1-t)\overrightarrow{OP}_2^{(0)} + t\overrightarrow{OP}_3^{(0)}]\} =$$
$$(1-t)^3 \overrightarrow{OP}_0^{(0)} + 3t(1-t)^2 \overrightarrow{OP}_1^{(0)} +$$
$$3t^2(1-t)\overrightarrow{OP}_2^{(0)} + t^3 \overrightarrow{OP}_3^{(0)}$$

最后一行正是三次 Bézier 曲线的第一种定义式.

(4) De Casteljau 几何构造法[①]

对给定的 t 值,点 $P_j^{(k)}$ 是点 $P_j^{(k-1)}$ 和 $P_{j+1}^{(k-1)}$ 的加权重心,加权系数等于 $1-t$ 和 t. 用几何方法一步一步地寻找重心就可求得三次 Bézier 曲线上的任何一点(以后会看到它将被推广到一般情形). 为了有个初步的认

---

① 这个简明的构造法曾是 De Casteljau 1959 年工作的起点.

附录 I Bézier 曲线的模型

识,不妨求参数为 $\frac{1}{3}$ 的点 $M(\frac{1}{3}) = P_0^{(3)}(\frac{1}{3})$.

三次 Bézier 曲线上的点 $M(\frac{1}{3})$ 的几何求法(图 23),其中 $P_0^0, P_1^0, P_2^0, P_3^0$ 是曲线的定义点.

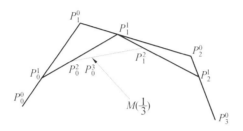

图 23

图 24 则不断联结各线段的中点,直到得到点 $M(\frac{1}{2}) = P_0^{(3)}(\frac{1}{2})$.

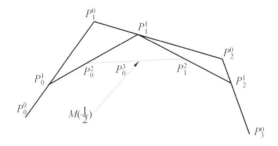

图 24 同一条 Bézier 曲线上的 $M(\frac{1}{2})$ 的几何求法

这两个特例只是很粗糙地反映了这个算法的威力. 不要因此而忘记在通常情况下这种方法只需要求一系列两点的重心,并且加权系数不变. 这个构造方法十分有名. 另外,当参数 t 在区间 $[0,1]$ 之外时,这种方

Bernstein 多项式与 Bézier 曲面

法仍然有效.

(5) 屋架与形状

这种模型对曲线形状的控制是明显的. 特征多边形线段组成的"屋架"支撑着曲线. 即使线段之间比例保持不变,屋架照样可以改变. 很易想象,当移动定义点时,铰接的屋架怎样随之变化,这同时也更好地反映了模型的整体性.

(6) 计算方法

有递推与迭代两种算法:

① 迭代法

$P_j^{(k)}(t)$ 被贮存在一个 $n+1$ 阶方阵中,方阵的元素记作 $P(J,K)$.

a. 算法原理

开始时用初值填充第一列(即 $k=0$ 列),然后逐步填充各列. 因这是一个三角矩阵,故每列都有一个填充时不能超过的行指标. 最后一列只有一个元素要填,那就是要求的结果 $P(0,N)$.

b. 程序概要

{对变量 t 在 $[0,1]$ 中的一个给定值 T}

{赋初值}

$N \leftarrow$ 输入 n 的值

{给第一列赋初值}

$\begin{cases} J \text{ 从 } 0 \text{ 变到 } N,\text{步长为 } 1 \\ P(J,0) \leftarrow \text{输入 } P_j^0 \text{ 的值} \\ J \text{ 循环结束} \end{cases}$

{计算}

{给一列的终止指标 F 赋初值}

$F \leftarrow N - 1$

附录 Ⅰ　Bézier 曲线的模型

$$\begin{cases} K\text{ 从 1 变到 }N,\text{步长为 1}\{\text{即一列一列地变化}\} \\ \quad \{\text{填充某列}\} \\ \quad \begin{cases} J\text{ 从 0 变到 }F,\text{步长为 1} \\ \quad P(J,K) \leftarrow (1-T)\times P(J,K-1) + \\ \quad TP(J+1,K-1) \\ \quad \text{打印 }P(J,K)(\text{若想逐步画出重心序列的话}) \\ \quad J\text{ 循环结束} \end{cases} \\ \quad \begin{cases} \text{进入下一列之前先确定其终止指标 }F \\ F \leftarrow F-1 \end{cases} \\ K\text{ 循环结束} \end{cases}$$

$\{$打印 $P_0^n\}$

画出 $P(0,N)\{$它是 Bézier 曲线上的点$\}$

注　若想计算一系列的点 $P_0^{(n)}(t)$,例如每当 t 变化 0.1 时就求一个点,那么只需把上面的程序放入一个循环节中,即

$$\begin{cases} T\text{ 从 0 变到 1,步长为 0.1} \\ \{\text{上面的程序}\} \\ T\text{ 循环结束} \end{cases}$$

例如:三次 Bézier 曲线迭代算法:

输入定义点坐标:P_0^0,P_1^0,P_2^0,P_3^0

选择绘图精度:$P \leftarrow 0.1? \ 0.01? \cdots$

$$\begin{cases} t\text{ 从 0 变到 1,步长为 }P \\ \quad \begin{cases} K\text{ 从 1 变到 3,步长为 1} \\ \quad \begin{cases} J\text{ 从 0 变到 }3-k,\text{步长为 1} \\ \overrightarrow{OP}_J^{(k)} = (1-t)\ \overrightarrow{OP}_J^{(k-1)} + t\ \overrightarrow{OP}_{J+1}^{(k-1)} \\ J\text{ 循环结束} \end{cases} \\ \quad K\text{ 循环结束} \end{cases} \\ \text{画出点 }P_0^{(3)} \\ t\text{ 循环结束} \end{cases}$$

207

读者可自己写一个完整的程序来计算一个三次 Bézier 曲线的点 $M(t)$ 的坐标。

② 递推法

对 $[0,1]$ 间的给定 t 值，用下面的递推法求 $P(0,N)$：

◆ $P(J,N)$

$\begin{cases} 输入初值\ P(0,0), P(1,0), \cdots, P(N,0) \\ 计算 \\ P(J,N) = (1-t)P(J, N-1) + tP(J+1, N-1) \end{cases}$

◆ 下面是计算 $P(0,3)$ 直到初始值的递推运作方式表：

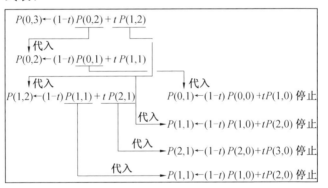

6.3 用第一种定义法引进向量序列

（1）重心序列第一列 $P_j^{(1)}$ 的引入

我们将从 Bézier 曲线的第一种定义出发，用三种不同的方式引入上面所谈的向量序列，同时也会使下面这条性质一目了然

$$\forall t \in [0,1], M(t) = P_0^{(n)}(t)$$

三种方法都要利用 Pascal 公式

$$C_n^i = C_{n-1}^{i-1} + C_{n-1}^i$$

附录 Ⅰ　Bézier 曲线的模型

① 向量计算法

把定义式 $\overrightarrow{OM}(t)=\sum\limits_{i=0}^{i=n}B_n^i(t)\overrightarrow{OP}_i$ 右边的第一项和最末项提出来，有

$$\overrightarrow{OM}(t)=(1-t)^n\overrightarrow{OP}_0+\sum_{i=1}^{i=n-1}(C_{n-1}^{i-1}+C_{n-1}^i)\cdot$$
$$(1-t)^{n-i}t^i\overrightarrow{OP}_i+t^n\overrightarrow{OP}_n=$$
$$(1-t)^n\overrightarrow{OP}_0+\sum_1^{n-1}C_{n-1}^{i-1}(1-t)^{n-i}t^i\overrightarrow{OP}_i+$$
$$\sum_1^{n-1}C_{n-1}^i(1-t)^{n-i}t^i\overrightarrow{OP}_i+t^n\overrightarrow{OP}_n=$$
$$(1-t)^{n-1}((1-t)\overrightarrow{OP}_0+t\overrightarrow{OP}_1)+$$
$$\sum_{k=2}^{n-1}C_{n-1}^{k-1}(1-t)^{n-k}t^k\overrightarrow{OP}_k+$$
$$\sum_1^{n-2}C_{n-1}^i(1-t)^{n-i}t^i\overrightarrow{OP}_i+$$
$$t^{n-1}(t\overrightarrow{OP}_n+(1-t)\overrightarrow{OP}_{n-1})$$

中间的两个求和号可合起来，为此只需对第一个求和号作指标变换 $k=j+1$。在合起来的求和号里有一个因子是 Bernstein 多项式，也就是说有

$$\sum_{j=1}^{j=n-2}C_{n-1}^j(1-t)^{n-j-1}t^j[t\overrightarrow{OP}_{j+1}+(1-t)\overrightarrow{OP}_j]=$$
$$\sum_{j=1}^{j=n-2}B_{n-1}^j[t\overrightarrow{OP}_{j+1}+(1-t)\overrightarrow{OP}_j]$$

代入前面的式子，并利用 $P_j^{(1)}$ 与 P_j^0（即 P_j）的关系式，有

$$\overrightarrow{OM}(t)=(1-t)^{n-1}\overrightarrow{OP}_0^{(1)}(t)+$$
$$\sum_{j=1}^{j=n-2}B_{n-1}^j(t)\overrightarrow{OP}_j^{(1)}(t)+$$

$$t^{n-1}\overrightarrow{OP}_{n-1}^{(1)}(t) =$$
$$\sum_{j=0}^{j=n-1} B_{n-1}^{j}(t) \overrightarrow{OP}_{j}^{(1)}(t)$$

这一结果很像是一个 $n-1$ 阶 Bézier 曲线的定义式,但不要忘记 $\overrightarrow{OP}_{j}^{(1)}$ 是 t 的函数(为简化书写,以后有时不写 t),千万不要把它与 $n-1$ 阶 Bézier 曲线定义式混淆起来.

但在这里重要的是,对给定的 t 值,这 $n-1$ 个向量与 Bézier 向量 $\overrightarrow{OP}_{i}$ 很简单地联系在一起. 说它简单是因为 $P_{j}^{(1)}(t)$ 是点 P_j 和 P_{j+1} 的重心,加权系数为 $1-t$ 和 t. 这种从点 P_j (即 $P_{j}^{(0)}$) 到 $P_{j}^{(1)}(t)$ 的过渡,可以不断地重复,每一步上指标都增加一个单位. 上节的双指标向量序列就这样可以用 Bézier 曲线的第一种定义法来引入.

②"重心"或"力学"方法

在 §2 中我们说过,对给定的 t 值,点 $M(t)$ 受来自各定义点 P_i 的引力 $\vec{F}_i$ (与 $\overrightarrow{MP}_i$ 共线)的吸引,并处于平衡状态. 现在来把这一受力体系换成另一等价体系. 除了 $i=0$ 和 $i=n$ 外,$\vec{F}_i$ 可看成是两个与之共线的力 $\vec{F}'_i$ 与 $\vec{F}''_i$ 之和

$$\vec{F}'_i = C_{n-1}^{i-1} t^i (1-t)^{n-i} \overrightarrow{MP}_t$$
$$\vec{F}''_i = C_{n-1}^{i} t^i (1-t)^{n-i} \overrightarrow{MP}_i$$

(图 25)重新把这些力配对:$\{\vec{F}_0, \vec{F}'_1\}$ 一对,分别与 $\overrightarrow{MP}_0, \overrightarrow{MP}_1$ 共线;$\{\vec{F}''_1, \vec{F}'_2\}$ 一对,分别与 $\overrightarrow{MP}_1, \overrightarrow{MP}_2$ 共线. 一般说来,$\{\vec{F}''_i, \vec{F}'_{i+1}\}$ 一对,分别与 $\overrightarrow{MP}_i, \overrightarrow{MP}_{i+1}$ 共线(图 26). 最后一对为 $\{\vec{F}''_{n-1}, \vec{F}_n\}$,分别与 $\overrightarrow{MP}_{n-1}, \overrightarrow{MP}_n$ 共线. 每一对力再被其合力 G_i 代替

附录 Ⅰ Bézier 曲线的模型

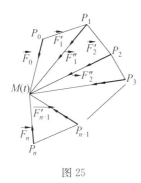
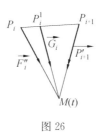

图 25   图 26

$$G_i = C_{n-1}^i t^i (1-t)^{n-i} \overrightarrow{MP_i} + C_{n-1}^i t^{i+1}(1-t)^{n-i-1} \overrightarrow{MP_{i+1}} =$$
$$C_{n-1}^i t^i (1-t)^{n-i-1} [(1-t)\overrightarrow{MP_i} + t\overrightarrow{MP_{i+1}}] =$$
$$B_{n-1}^i [(1-t)\overrightarrow{MP_i} + t\overrightarrow{MP_{i+1}}]$$

这时,自然就可引进点 P_i 与 P_{i+1} 的重心了(加权系数 $1-t$ 与 t)

$$\overrightarrow{OP_i^{(1)}} = (1-t)\overrightarrow{OP_i} + t\overrightarrow{OP_{i+1}}$$

(图 27).原受力体系与新的受力体系的等价性可写成

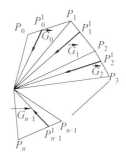

图 27

$$\overrightarrow{OM}(t) = \sum_{j=0}^{j=n-1} B_{n-1}^j(t) \overrightarrow{OP_j^1}(t)$$

211

Bernstein 多项式与 Bézier 曲面

③ 符号计算法

利用定义式 $\overrightarrow{OP}_0^{(1)}(t) = (1-t)\overrightarrow{OP}_0 + t\overrightarrow{OP}_1$ 以及 §2 的符号积形式可得

$$\overrightarrow{OP}_i^{(1)}(t) = (1-t)\overrightarrow{OP}_i + t\overrightarrow{OP}_{i+1} =$$
$$\overrightarrow{OP}_0^{(1)}(t)[*]\overrightarrow{OP}_i$$

我们发现符号积保持上指标数值不变.

把它推广到第二代"重心序列",有

$$\overrightarrow{OP}_0^{(2)}(t) = (1-t)\overrightarrow{OP}_0^{(1)} + t\overrightarrow{OP}_1^{(1)} =$$
$$\overrightarrow{OP}_0^{(1)}[*][(1-t)\overrightarrow{OP}_0 + t\overrightarrow{OP}_1] =$$
$$[(1-t)\overrightarrow{OP}_0 + t\overrightarrow{OP}_1]^{[2]} =$$
$$(\overrightarrow{OP}_0^{(1)})^{[2]}$$

或者说

$$\overrightarrow{OP}_i^{(2)} = \overrightarrow{OP}_0^{(2)}[*]\overrightarrow{OP}_i$$

把它再推后一代,可得

$$\overrightarrow{OP}_0^{(3)} = (\overrightarrow{OP}_0^{(1)})^{[3]}$$

用数学归纳法可把这一结果推广到只有一点的第 n 代

$$\overrightarrow{OP}_0^{(n)} = (\overrightarrow{OP}_0^{(1)})^{[n]} =$$
$$((1-t)\overrightarrow{OP}_0 + t\overrightarrow{OP}_1)^{[n]} =$$
$$\overrightarrow{OM}(t)$$

也可利用符号积的结合性来证明上式.

(2) Bézier 曲线的第三种定义

把定义点 P_i 记成 $P_i^{(0)}$,上节已知道可以从 $P_i^{(0)}$ 过渡到 $P_i^{(1)}$,并可用它们来表示 $\overrightarrow{OM}(t)$. 当 t 给定后,两种表达式类型相同,只是指数 n 变成 $n-1$. 可以把这种过渡方法重复使用,把 $n-1$ 变到 $n-2$,$P_i^{(1)}$ 变成 $P_i^{(2)}$,$n-1$ 次循环以后有

$$\overrightarrow{OM}(t) = B_1^0(t)\overrightarrow{OP}_0^{(n-1)} + B_1^1(t)\overrightarrow{OP}_1^{(n-1)}$$

附录 I　Bézier 曲线的模型

最后一次重复后有
$$\overrightarrow{OM}(t) = B_0^0(t)\overrightarrow{OP_0^{(n)}}(t) = \overrightarrow{OP_0^{(n)}}(t)$$
这就是上面利用符号算法得到的等式.

命题 6　设 Bézier 曲线(C)的 $n+1$ 个定义点为 $(P_i)_{0 \leqslant i \leqslant n}$，令$(P_i^{(k)})$为这样的一个重心序列：(整数 k 从 0 变到 n，对每个 k 值，整数 i 从 0 变到 $n-k$)起点 $P_i^{(0)}$ 与 P_i 重合，第 k 代点由下式生成
$$\overrightarrow{OP_i^{(k)}} = (1-t)\overrightarrow{OP_i^{(k-1)}} t + \overrightarrow{OP_{i+1}^{(k-1)}}$$
那么，第 n 代点只有一个点，它与曲线上的移动点 $M(t)$ 重合，即
$$\forall t \in [0,1], P_0^{(n)}(t) = M(t)$$

关于证明的几点说明：

实际上，可以严格证明上面的命题. 另外，即使有时在上面那些等式中不写 t，也不要忘记在证明中假设了 t 为定值，但可取 $[0,1]$ 中任何一值. 不难看出，在这区间外它仍然成立.

6.4　导向量的 De Casteljau 算法

现在来证明上节的重心序列不仅可以用来确定移动点，还同时可以用来确定在这点 $\overrightarrow{OM}$ 的逐次导向量. 不妨借助符号记法来证明. 首先引进牛顿差分算符 Δ：它把任一序列 (u_j)，无论是向量序列还是其他什么序列，与序列 $(\Delta u_j) = u_{j+1} - u_j$ 进行对应.

(1) 作用于重心序列的算符 Δ

在下面，Δ 与其乘方算符只作用于重心序列的下标，如

$$\Delta \overrightarrow{OP_i} = \overrightarrow{OP_{i+1}} - \overrightarrow{OP_i}$$
$$\Delta^2 \overrightarrow{OP_i} = \Delta \overrightarrow{OP_{i+1}} - \Delta \overrightarrow{OP_i} =$$

Bernstein 多项式与 Bézier 曲面

$$\overrightarrow{OP}_{i+2} - 2\overrightarrow{OP}_{i+1} + \overrightarrow{OP}_i$$

把点 P_i 换成 $P_i^{(k)}$ 后等式仍有效，上指标 k 在等式左右不变。

（2）导向量的符号表达式

对 n 次符号幂求导，可得

$$\frac{\mathrm{d}}{\mathrm{d}t}\overrightarrow{OM} = n((1-t)\overrightarrow{OP}_0 + t\overrightarrow{OP}_1)^{[n-1]}[*] \cdot$$
$$(-\overrightarrow{OP}_0 + \overrightarrow{OP}_1) =$$
$$n((1-t)\overrightarrow{OP}_0 + t\overrightarrow{OP}_1)^{[n-1]}[*]\Delta\overrightarrow{OP}_0$$

利用 §6 的公式后可得一个初步结果

$$\frac{1}{n}\frac{\mathrm{d}}{\mathrm{d}t}\overrightarrow{OM} = (\overrightarrow{OP}_0^{(1)})^{[n-1]}[*]\overrightarrow{OP}_1 -$$
$$(\overrightarrow{OP}_0^{(1)})^{[n-1]}[*]\overrightarrow{OP}_0 =$$
$$\overrightarrow{OP}_1^{(n-1)} - \overrightarrow{OP}_0^{(n-1)} =$$
$$\Delta\overrightarrow{OP}_0^{(n-1)}$$

再求一次导，并再利用 §6 的公式，还可得到

$$\frac{\mathrm{d}^2}{\mathrm{d}t^2}\overrightarrow{OM}(t) = n(n-1)((1-t)\overrightarrow{OP}_0 + t\overrightarrow{OP}_1)^{[n-2]}[*]$$
$$(-\overrightarrow{OP}_0 + \overrightarrow{OP}_1)^{[2]} =$$
$$n(n-1)\overrightarrow{OP}_0^{(n-2)}[*]$$
$$(\overrightarrow{OP}_2 - 2\overrightarrow{OP}_1 + \overrightarrow{OP}_0) =$$
$$n(n-1)(\overrightarrow{OP}_2^{(n-2)} - 2\overrightarrow{OP}_1^{(n-2)} + \overrightarrow{OP}_0^{(n-2)})$$

这个公式反映了 Δ 与符号幂的转换关系，实际上

$$\frac{\mathrm{d}^2}{\mathrm{d}t^2}\overrightarrow{OM}(t) = n(n-1)\overrightarrow{OP}_0^{(n-2)}[*]\Delta^2\overrightarrow{OP}_0 =$$
$$n(n-1)\Delta^2\overrightarrow{OP}_0^{(n-2)}$$

用数学归纳法可得

附录 Ⅰ Bézier 曲线的模型

$$\frac{\mathrm{d}^k}{\mathrm{d}t^k}\overrightarrow{OM(t)} = \frac{n!}{(n-k)!}\overrightarrow{OP_0^{n-k}}[\ *\ ]\Delta^k\overrightarrow{OP_0} =$$

$$\frac{n!}{(n-k)!}\Delta^k\overrightarrow{OP_0^{(n-k)}}$$

注 在以后讨论曲面时会看到参数 t 可被 (u,v) 取代.

（3）切线问题

一阶导向量等于 $n\Delta\overrightarrow{OP_0^{(n-1)}} = n\overrightarrow{P_0^{(n-1)}P_1^{(n-1)}}$，故对于给定的 t 值及其对应的重心序列,有结论如下：

命题 7 Bézier 曲线在 $M(t)$ 点的导向量等于 $n\overrightarrow{P_0^{(n-1)}P_1^{(n-1)}}$，若它不为零的话,那么它也是在这点的切线向量.

还有一些其他的与上面不同的证明方法,例如借助 §2 节的微分方程 (R_3) 就可证明它.

注 可以证明,如果命题中的那个向量为零,那么 $P_i^{(n-2)}(i=0,1,2)$ 三点共线,这条直线就是切线.

（4）曲率问题

用重心序列的 $n-2$ 代点很容易给二阶导向量一个几何解释. 令

$$\overrightarrow{OP_2^{(n-2)}} + \overrightarrow{OP_0^{(n-2)}} = 2\overrightarrow{OJ^{(n-2)}}$$

其中 J^{n-2} 是 $[P_0^{(n-2)}P_2^{(n-2)}]$ 的中点,那么

$$\overrightarrow{\Delta^2 OP_0^{(n-2)}} = 2(\overrightarrow{OJ^{(n-2)}} - \overrightarrow{OP_1^{(n-2)}}) = 2\overrightarrow{P_1^{(n-2)}J^{n-2}}$$

借助在 $M(t)$ 点的两个导向量就可用几何方法来构造在这点处的曲率中心（见 §4）. 在图 28 中,粗线向量只给出了导向量的方向,一旦知道 n 值,便可利用适当比例画出大小和方向.

Bernstein 多项式与 Bézier 曲面

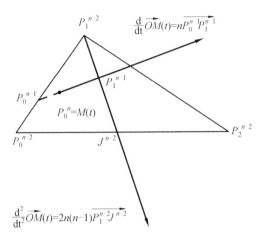

图 28

命题 8 曲线在 $M(t)$ 点的二阶导向量可借助重心序列第 $n-2$ 代的三个点求得,它等于 $2n(n-1)$ · $\overrightarrow{P_1^{(n-2)} J^{n-2}}$,其中 J^{n-2} 是 $[P_0^{(n-2)} P_2^{(n-2)}]$ 的中点.

6.5 用于几何绘制

(1) 抛物线的绘制

这是一条 $n=2$ 的 Bézier 曲线,其移动点以及在这点的切线的几何绘制法是众所周知的. 图 29 给出了参数为 $\dfrac{1}{5}$ 的点的几何求法. $P_0^{(1)}$ 和 $P_1^{(1)}$ 分别是 $P_0 P_1$ 和 $P_1 P_2$ 的加权系数为 $\dfrac{1}{5}$ 和 $\dfrac{4}{5}$ 的重心.

要寻找的移动点是 $P_0^{(1)}$ 和 $P_1^{(1)}$ 的重心,系数同上. 这点的切线与线段 $[P_0^1 P_1^1]$ 重合. 二阶导向量为 $4\overrightarrow{P_1 J^0}$,其中 J^0 是 $[P_0 P_2]$ 的中点. 图中两个导向量都缩小了 4 倍,可以求出抛物线上一点的曲线中心(即使

附录 Ⅰ　Bézier 曲线的模型

图 29

在这条 Bézier 弧线以外，该方法也适用).

（2）一般曲线的绘制

不失一般性，我们在这里给出一个求五次曲线移动点及其在这点的切线的例子. 为方便起见，在图 30 中选择的参数为 $\frac{1}{2}$. 曲线多边形，即起始多边形，用粗线表示，上指标为 1 和 2 的多边形线段用细线表示，第 3 号线用虚线表示. 第 4 号线缩进成一条直线段，用粗线表示. 如果 $P_0^{(4)}, P_1^{(4)}$ 两点不重合的话，这条线就是曲线在 $M(t) = P_0^{(5)}$ 的切线.

注　如果多边形的一端线段很短，那么这一端附近的重心序列都很靠近这端，就像曲线被一个多重定义点吸引过来一样. 如果边长很长，那么曲线就离得较远.

（3）增添或减少定义点个数的问题

Bernstein 多项式与 Bézier 曲面

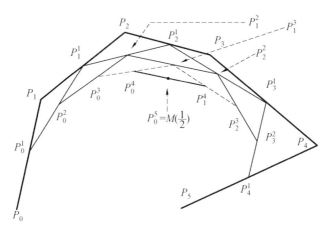

图 30

在某些时候能改变曲线的次数是很有意思的. 多项式次数的减少能使计算简化. 而人为地增加次数后, 用移动定义点的方法来进行曲线变形会更加自如. 在后面关于矢端的章节中再来研究这个问题. 当然也可以借助上面的几何方法来讨论它.

① 抛物线

问题 1 有一抛物线段, 它是定义点 P_0, P_1, P_2 的二次 Bézier 曲线. 试找出一个三次 Bézier 的特征多边形, 使得这个看起来是三次的曲线与抛物线段重合.

解 如果这条曲线存在的话, 那么其定义点为 P_0, Q_1, Q_2, P_2, 其中 Q_1, Q_2 一定分别在线段 $[P_0 P_1]$ 和 $[P_1 P_2]$ 上 (图 31). 同样, 抛物线的 $M(\frac{1}{2})$ 点与要找的三次曲线的 $M'(\frac{1}{2})$ 点重合. 请注意, 三次曲线在 $M'(\frac{1}{2})$ 的切线与在 $M(\frac{1}{2})$ 的切线重合, 而后者平行

于(P_0P_2)(Thalès 定理). 借助 $M'(\frac{1}{2})$ 及其切线的几何性质,可知 $\overrightarrow{Q_1Q_2}$ 与(P_0P_2)平行.

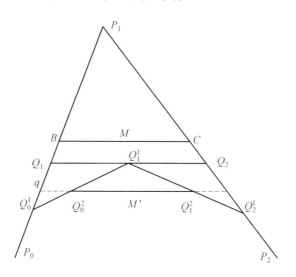

图 31

设 q 是点 M' 的切线与(P_0P_1)的交点,因它是 $[Q_0^{(1)}Q_1]$ 的中点,故

$$\overrightarrow{P_0q} = \frac{3}{4}\overrightarrow{P_0Q_1}$$

设 B 是 M 点切线与$[P_0P_1]$的交点,因

$$\overrightarrow{P_0B} = \frac{1}{2}\overrightarrow{P_0P_1}$$

故 q 与 B 两点重合等价于

$$\overrightarrow{P_0Q_1} = \frac{2}{3}\overrightarrow{P_0P_1}$$

在这个条件下,两条次数严格小于 3 的曲线有三元重合,故两曲线将重合.

219

结论 如果 (P_0P_1) 和 (P_2P_3) 的交点 T 满足

$$P_0P_1 = \frac{2}{3}P_0T, P_3P_2 = \frac{2}{3}P_3T$$

那么四点特征多边形 $P_0P_1P_2P_3$ 实际上定义的是一个二次曲线.

② 三次 Bézier 曲线

问题 2 试求一条三次曲线的定义点,已知这条曲线在某一点处一阶导向量为零. 一般说来,这是一个尖点.

解 不妨取参数为 $\frac{1}{2}$ 来讨论. 这点的切向量 $\overrightarrow{P_0^{(2)}P_2^{(2)}}$ 为零,其充分必要条件是 $P_0^{(1)}$ 与 $P_2^{(1)}$ 重合. 也就是说,线段 $[P_0P_1]$ 与 $[P_2P_3]$ 中点重合.

结论 如果三次曲线的特征多边形的线段 $[P_0P_1]$ 与 $[P_2P_3]$ 中点重合,那么参数为 $\frac{1}{2}$ 的点是曲线的尖点.

请读者自行研究在其他参数值时的情形.

§ 7 *矢端曲线*

7.1 定义

已知 Bézier 曲线 (C) 是点 $M(t)$ 的轨迹,现在令

$$\overrightarrow{OM}(t) = \vec{V}(t)$$

那么

$$\overrightarrow{OH_1}(t) = \frac{\mathrm{d}}{\mathrm{d}t}\overrightarrow{OM}(t) = \vec{V}'(t)$$

附录Ⅰ　Bézier 曲线的模型

点 H_1 的轨迹(C_1)叫作(C)的矢端曲线. 如果

$$\frac{d^2}{dt^2}\overrightarrow{OM}(t)=\vec{V}'''(t)$$

不为零,那么它确定了(C_1)在点 $H_1(t)$ 的切线方向；否则由第一个不为零的导向量来确定方向.

7.2　推广

(1) 三次曲线

三次 Bézier 曲线定义为

$$\overrightarrow{OM}=(1-t)^3\overrightarrow{OP}_0+3t(1-t)^2\overrightarrow{OP}_1+3t^2(1-t)\overrightarrow{OP}_2+t^3\overrightarrow{OP}_3$$

其矢端曲线的向量定义式不难计算.

$$\begin{aligned}\overrightarrow{OH_1}(t)=&-3(1-t)^2\overrightarrow{OP}_0+3(1-t)^2\overrightarrow{OP}_1-\\&6t(1-t)\overrightarrow{OP}_1+6t(1-t)\overrightarrow{OP}_2-\\&3t^2\overrightarrow{OP}_2+3t^2\overrightarrow{OP}_3=\\&3[(1-t)^2(\overrightarrow{OP}_1-\overrightarrow{OP}_0)+\\&2(1-t)(\overrightarrow{OP}_2-\overrightarrow{OP}_1)+\\&t^2(\overrightarrow{OP}_3-\overrightarrow{OP}_2)]\end{aligned}$$

令 $\overrightarrow{P_0P_1}=\vec{V}_1,\overrightarrow{P_1P_2}=\vec{V}_2,\overrightarrow{P_2P_3}=\vec{V}_3$,可得到一个二次 Bézier 曲线的位似

$$\begin{aligned}\overrightarrow{OH_1}(t)=&3[(1-t)^2\vec{V}_1+2(1-t)\vec{V}_2+t^2\vec{V}_3]=\\&3[(1-t)^2\overrightarrow{OD}_0+2(1-t)\overrightarrow{OD}_1+t^2\overrightarrow{OD}_2]\end{aligned}$$

其中 D_0,D_1,D_2 是这个二次曲线的 Bézier 点,它们可以从同一个点(不一定非是 O 不可)画原曲线特征多边形边向量$\overrightarrow{P_0P_1},\overrightarrow{P_1P_2},\overrightarrow{P_2P_3}$的等阶向量而得到.

图 32 是比例尺为 $\dfrac{1}{3}$ 的矢端曲线.

Bernstein 多项式与 Bézier 曲面

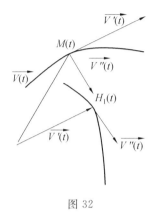

图 32

(2) n 次曲线

可以用上面方法来计算,但借助任意 n 次 Bézier 曲线的符号定义式以及 §6 中的公式更简单.

例如,对一阶导向量,有

$$\frac{\mathrm{d}}{\mathrm{d}t}\overrightarrow{OM}(t) = n((1-t)\overrightarrow{OP_0} + t\overrightarrow{OP_1})^{[n-1]}[*]\Delta\overrightarrow{OP_0}$$

$n-1$ 次符号乘方展开式中的通项为

$$B_{n-1}^i \overrightarrow{OP_i}[*](\overrightarrow{OP_1} - \overrightarrow{OP_0})$$

即

$$B_{n-1}^i(\overrightarrow{OP_{i+1}} - \overrightarrow{OP_i})$$

或

$$B_{n-1}^i \overrightarrow{P_i P_{i+1}}$$

取任意一点 O,令

$$\overrightarrow{OD_i} = \overrightarrow{P_i P_{i+1}}$$

上式变成

$$\overrightarrow{OH_1}(t) = \frac{\mathrm{d}}{\mathrm{d}t}\overrightarrow{OM}(t) = n\sum_0^{n-1} B_{n-1}^i(t) \overrightarrow{OD_i}$$

矢端曲线是一个 $n-1$ 次 Bézier 曲线的位似,位似比为

附录Ⅰ　Bézier 曲线的模型

n，定义为 D_i，i 从 0 变到 $n-1$.

下面两图（图 33,34）既画出了定义点特征多边形，又画出了矢端曲线. 命题 9 是矢端曲线性质的总结.

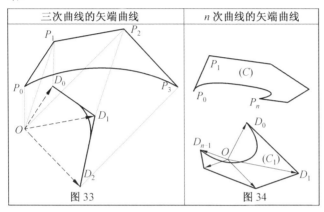

图 33　　　　　　　图 34

命题 9　n 次 Bézier 曲线的矢端曲线是一个 $n-1$ 次 Bézier 曲线的位似，位似比为 n，位似中心可选任何一点 O. 如果原曲线的特征多边形的边向量记为 $\vec{V}_i$，那么矢端曲线的定义点 D_i 满足 $\overrightarrow{OD_j} = \vec{V}_{j+1}$，也就是说是从 O 点画出的向量 $\vec{V}_{j+1}$ 的终点.

结论　① 这种从曲线 (C) 求矢端曲线 (C_1) 的过程可以重复. 如可以求二阶矢端曲线 (C_2)，它是一个 $n-2$ 次 Bézier 曲线 $H_2(t)$ 的位似（比例为 $n(n-1)$），这是因为

$$\overrightarrow{OH}_2(t) = \frac{\mathrm{d}^2}{\mathrm{d}t^2}\overrightarrow{OM}(t) = \frac{\mathrm{d}}{\mathrm{d}t}\overrightarrow{OH}_1(t)$$

② 如果移动点 $M(t)$ 不是 O 点，那么知道矢端曲线 (C_1) 就知道了曲线 (C) 在这点的切线. 高阶矢端曲线容许我们计算逐次导向量. 因此 §6 的关于导向量

与曲率中心算法也可用这种方法求得.

③ 可用矢端曲线进行 Bézier 曲线奇点的几何研究,或者来解决一些像切线与曲率之类的问题.借助几何研究可得出一些有用的计算方法.

§8　Bézier 曲线的几何

一些问题可完全用上面见过的几何方法来解决.通过绘图可以检验用其他方法得到的结果.还可提供一些有价值的结论.

说明:

在用几何方法求解 Bézier 曲线问题的大多数情况下,一般都对这条曲线与一条给定的直线的交点的真实性进行讨论.这条曲线只是另一条曲线(t 在整个实域 K 上变化而得到的"整体"曲线)的一部分.在不少情况下并不进行这种讨论,在求解后进行绘图就能知道这些点的位置及其对应的参数值.请记住,Bézier 曲线的几何性质当 t 在 $[0,1]$ 之外时一般也成立.

8.1　抛物线情形

为使读者熟悉上面的性质,还是先举 $n=2$ 的抛物线例子,尽管其几何性质已十分清楚.二次曲线是由两个不共线边向量决定的.另外,n 次曲线的 $n-2$ 次矢端曲线一般是一条抛物线,可不断向上"索源"直到曲线本身.

(1) 切线问题

二次 Bézier 曲线的矢端曲线(C_1)是条直线段

附录 I Bézier 曲线的模型

$[D_0 D_1]$，对已知的 t 值，向量 $2\overrightarrow{OH_1}$ 是抛物线在 $M(t)$ 点的切向量，其中 H_1 是线段 $[D_0 D_1]$ 上的参数为 t 的点.

问题 1 求平行于一条给定直线 (D_0) 的抛物线的切线.

按图 35 可画出要求的切线和点 M. 矢端曲线由线段 $S_0 S_1$ 组成，过点 O 平行于 (D_0) 的直线与线段 $S_0 S_1$ 交于 T (见上面关于交点真实性的问题的说明). 因为

$$\overrightarrow{OT} = (1-t)\overrightarrow{OS} + t\overrightarrow{OS_1}$$

即

$$\frac{\overline{TS_1}}{\overline{TS_0}} = 1 - \frac{1}{t} \text{①}$$

故矢端曲线的 T 点的参数 t 是已知的. 剩下来就是求抛物线上参数为 t 的点 M，这只需按比例在抛物线定义多边形的向量上取点并应用 §6 中讲的几何方法即可.

作图细节：

T_a 平行于 OS，则有

$$S_0 a = P_0 d$$
$$Ob = P_1 c$$

故

$$\frac{\overline{dP_1}}{\overline{dP_0}} = \frac{\overline{cP_2}}{\overline{cP_1}} = \frac{\overline{TS_1}}{\overline{TS_0}}$$

点 M 在直线 (cd) 上并按上面比值分割线段 $[cd]$.

这个问题一旦解决，其他问题都迎刃而解，例如：

问题 2 给定抛物线上 M 点，试求曲线上的另一

---

① $\overline{TS_1}$ 表示 $\overrightarrow{TS_1}$ 的长度，下同.

Bernstein 多项式与 Bézier 曲面

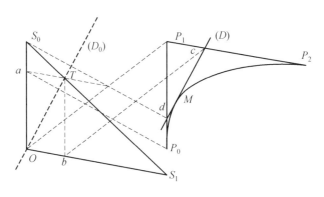

图 35

点 M',使在 M 与 M' 的切线相互垂直.

既然切线的方向已知,可用上面的方法求解.不难把它推广到一般情形,即求曲线上一点 M',使在 M 与 M' 的切线的交角成一定值.

问题 3 给定一条 Bézier 抛物线段,试找出其顶点的切线、准线与焦点.抛物线的两条互相垂直的切线交于准线,利用两次上面的结果可求得准线上两点.然后再找平行于准线的切线,即过顶点的切线,焦点随即可知.也可画出联结 P_1 与 $[P_0P_2]$ 中点的直线,抛物线轴与之平行,求与此轴垂直的切线即可.

(2) 曲率问题

可以把曲线上一点 M 看做是另一条二次曲线的起点(或终点),然后采用 §4 节中的方法.

M, Q_1, P_2 是起点为 M、终点 P_2 的一条抛物线弧(图 36).我们知道,起点的曲率主要取决于两个边向量 $\vec{V_1} = \overrightarrow{MQ_1}, \vec{V_2} = \overrightarrow{Q_1P_2}$.

H 是 P_2 在 M 点法线上的投影,法线上另一点 Ω' 使 $\triangle HQ_1\Omega'$ 为直角三角形,曲率中心 Ω 由下式给出

附录 I Bézier 曲线的模型

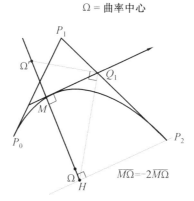

Ω = 曲率中心

$\overrightarrow{M\Omega} = -2\overrightarrow{M\Omega'}$

图 36

$$\overrightarrow{M\Omega} = -\frac{n}{n-1}\overrightarrow{M\Omega'} = -2\overrightarrow{M\Omega'}$$

注 读者不妨把这一节与 §6 中(5)进行比较.

(3) 与直线相交的问题

可以用解析法,也可用向量法来解决这个问题,但最终都要解一个二次方程. 定义点多边形 $P_0P_1P_2$ 的边向量 $\overrightarrow{P_1P_0}$ 和 $\overrightarrow{P_1P_2}$ 线性无关,任意一条直线 D 可用两向量表示出来.

D 的方向由已知向量 (a,b) 给定,在直线上取一点 (a',b'),直线方程便可写成

$$\overrightarrow{P_1M}(\mu) = (a\mu + a')\overrightarrow{P_1P_0} + (b\mu + b')\overrightarrow{P_1P_2}$$

当原点在 P_1 时,曲线方程变成

$$\overrightarrow{P_1M}(t) = (1-t)^2\overrightarrow{P_1P_0} + t^2\overrightarrow{P_1P_2}$$

在交点处两式相等

$$(a\mu + a')\overrightarrow{P_1P_0} + (b\mu + b')\overrightarrow{P_1P_2} = (1-t)^2\overrightarrow{P_1P_0} + t^2\overrightarrow{P_1P_2}$$

因分量相等，所以
$$(1-t)^2 = a\mu + a', t^2 = b\mu + b'$$
消去 μ，得 t 的一元二次方程
$$b(1-t)^2 - at^2 + ab' - a'b = 0$$
求其根看是否在区间$[0,1]$中即可，对应的 μ 值给出要找的交点.

特例 当直线 D 经过 P_1 时，a', b' 为零，上面两式相比得
$$(\frac{1-t}{t})^2 = \frac{a}{b}$$
只有当 a, b 同号时才可能有解. 也就是说，D 在以 P_1 为顶点的特征多边形角内. 这时
$$\frac{1-t}{t} = \sqrt{\frac{a}{b}} \quad (\text{因 } 0 < t \leqslant 1)$$
这个比值正好可以用来几何构造参数为 t 的点.

8.2 三次曲线问题

我们已经知道，三次 Bézier 曲线可以有拐点、尖点之类的奇点，其矢端曲线一般是条抛物线，可用它来刻画三次曲线的特点. 有这样一个问题：怎样画一条有奇点的三次曲线？

(1) 三次曲线的尖点

问题 1 求一条三次 Bézier 曲线，它在参数为 t_0 处有第一类尖点.

参数为 t_0 的 M 点是个尖点，故
$$\frac{\mathrm{d}}{\mathrm{d}t}\overrightarrow{OM}(t_0) = \mathbf{0}$$
但下两个导向量不为零且不共线，矢端曲线的 $H(t_0)$ 点与极点重合. 但极点可任意支配，把它放在 $H(t_0)$ 点

附录 Ⅰ Bézier 曲线的模型

就可"反过来"画出三次曲线的边向量.

因为对一个真正的抛物线,一阶和二阶导向量从不共线,故上面的条件是充分必要条件.这意味着在三次曲线上得到的那个尖点一定是第一类尖点.当然,如果取一个定义点共线的二次 Bézier 曲线,一阶与二阶导向量将共线,但由此得到的三次曲线的定义点也将共线.也就是说是一个退化的三次曲线.

图 37 是求三次曲线定义点的具体例子.

例子:A,B,C 是抛物线的定义点,三次曲线的比例尺为 $\frac{1}{2}$.为了较易画图,我们选择了 $t_0=\frac{1}{2}$.

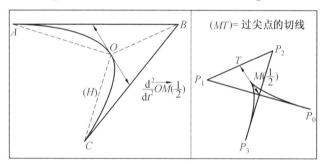

图 37

(2) 三次曲线的拐点

问题 2 求一条有拐点的三次 Bézier 曲线.

解 不妨选择拐点参数 $t_0=\frac{1}{3}$,但方法对其他参数都有效.在这点一阶和二阶导向量不为零,但共线.在矢端曲线的 $H(\frac{1}{3})$ 点,向量 $\overrightarrow{OH}$ 和 $\frac{\mathrm{d}}{\mathrm{d}t}\overrightarrow{OH}$ 共线.也就是说,直线 (OH) 与抛物线相切于 H 点(图 38).

既然抛物线已画出,用已知的几何方法可求得点

Bernstein 多项式与 Bézier 曲面

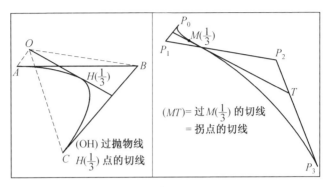

图 38

$H(\frac{1}{3})$ 与过这点的切线,极点 O 就可在这条切线上随意选择. 然后只需"反过来"画出要找的三次曲线的特征多边形的边向量即可.

注 因为 O 点可在切线上随意选择,所以对同一个抛物线及参数 $\frac{1}{3}$ 有无穷个解. 故可以给要找的三次曲线加上附加要求,例如希望三个边向量之一与某一给定的方向平行. 另请注意,当 O 点在抛物线外面的时候,一般有两条切线,故有两个拐点,请看下面的问题.

问题 3 求一条有两个拐点的三次 Bézier 曲线,已知一个拐点参数为 $\frac{1}{3}$,另一个拐点的参数为 $\frac{3}{4}$.

解 仍然取上面的抛物线,用已知的方法画出在点 $H(\frac{1}{3})$ 和 $H(\frac{3}{4})$ 的两条切线. 取它们的交点为极点 O,再"反过来"构造要找的三次曲线的边向量,得到的曲线有两个拐点(图 39).

(3) 与给定方向平行的切线

问题 4 给定一条直线 D_0 和一条三次 Bézier 曲

附录 Ⅰ　Bézier 曲线的模型

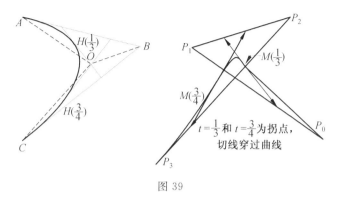

图 39

线,求与 D_0 平行的所有切线.

解　求解方法已在研究抛物线时讲过了.三次曲线的矢端曲线一般是条抛物线.过极点 O 并与 D_0 平行的直线 D 与抛物线弧最多交于两点,故最多只有两个解.还得看其参数是否在区间 $[0,1]$ 中,有必要的话也可接受区间以外的解.整个问题便归结为求直线与抛物线相交的问题,这在前节已讲过.

画出矢端曲线(H),再计算或用几何方法(如果抛物线画得很精确的话)求出直线 D_0 与抛物线的交点(如果存在的话).在图 40 中有两个交点,参数为 t_1 和 t_2.最后画出 $M(t_1)$ 和 $M(t_2)$ 点即可.例如,$M(t_2)$ 由下式确定

$$\frac{Aa'}{AB} = \frac{P_0 a}{P_0 P_1} = \frac{P_1 b}{P_1 P_2} = \frac{P_2 c}{P_2 P_3} =$$
$$\frac{ad}{ab} = \frac{be}{bc} = \frac{dM(t_2)}{de}$$

(图 40).

(4) 三次 Bézier 曲线的二重点或交叉点

在 §3 节中已用坐标的变化与对称性讨论过二重

Bernstein 多项式与 Bézier 曲面

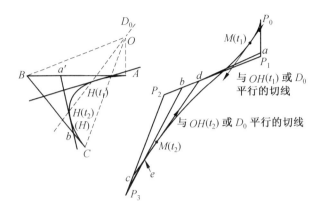

图 40

点的问题.

这里用向量和解析法来研究三次曲线,它一般归结为求解一个二次方程.

令三次曲线的边向量为 V_1, V_2, V_3,设它们在同一平面上,且 V_1 和 V_2 是组基底,那么
$$V_3 = aV_1 + bV_2$$
移动点由下式给出
$$\overrightarrow{OM}(t) = (t^3 - 2t^2 + 3t)V_1 +$$
$$(3t^2 - 2t^3)V_2 +$$
$$t^3(aV_1 + bV_2)$$
重点 M 对应两个不同的参数值 t_1 和 t_2,满足
$$M(t_1) = M(t_2)$$
等式两边 V_1 和 V_2 的分量分别相等,故
$$\begin{cases} (a+1)(t_1^3 - t_2^3) - 3(t_1^2 - t_2^2) + 3(t_1 - t_2) = 0 \\ (b-2)(t_1^3 - t_2^3) + 3(t_1^2 - t_2^2) = 0 \end{cases}$$
消去 $t_1 = t_2$ 的解之后

附录 I Bézier 曲线的模型

$$\begin{cases}(a+1)(t_1^2+t_1t_2+t_2^2)-3(t_1+t_2)+3=0\\(b-2)(t_1^2+t_1t_2+t_2^2)+3(t_1+t_2)=0\end{cases}$$

在这个对称系统中,令

$$t_1+t_2=S, t_1^2+t_1t_2+t_2^2=U$$

可得一个关于 S 和 U 的一次方程组. 相加后即得 U,然后可算出 S. 假设 $a+b-1\neq 0$(否则无解),那么

$$U=S^2-P=\frac{3}{1-a-b}$$

$$S=\frac{2-b}{1-a-b}$$

$$P=t_1t_2=S^2-U=\frac{(2-b)^2-3(1-a-b)}{(1-a-b)^2}$$

相加为 S,相乘为 P 的问题是一个一元二次方程的问题

$$x^2-\frac{2-b}{1-a-b}x+\frac{(2-b)^2-3(1-a-b)}{(1-a-b)^2}=0$$

根据所知的关于 Bézier 三次曲线的一般形态,我们知道,如果想要有交叉点,可以假设 a 和 b 为负数. 但我们还是在一个较大的范围(但不是一般范围)内进行讨论,设 $b<2$ 和 $1-a-b>0$,这时 $S>0$. 令

$$(b-2)^2=\mu(1-a-b)$$

其中 $\mu>0$,上面方程变成

$$x^2-\frac{\mu}{2-b}x+\frac{\mu(\mu-3)}{(b-2)^2}=0$$

其判别式 $\Delta=\dfrac{3\mu(4-\mu)}{(b-2)^2}$,当 Δ 和 P 都为正,即 $3\leqslant\mu\leqslant 4$ 时,方程有两个正根.

为有一个感性认识,取 $\mu=3.5, b=-2, a=-\dfrac{11}{7}$,上面条件都满足,解方程得重点的两个参数

$$t_1 \approx 0.15, t_2 \approx 0.724$$

图 41 中 V_1, V_2 给定,用 a,b 画出第三个向量,然后用已知的几何方法画出点 $M(t_1)$ 和 $M(t_2)$(发现它们确实重合),以及在这两点的切线,即重点 D 的切线. 为更好地表示曲线,还画出了点 $M(0,5)$ 及其过这点的切线.

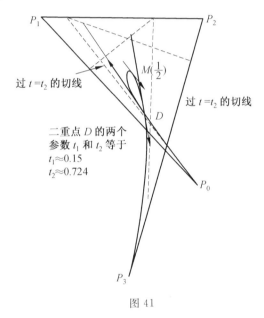

图 41

一般说来,当 $3 \leqslant \mu \leqslant 4$,两个正根为 $\dfrac{1}{2(2-b)}(\mu \pm \sqrt{3\mu(4-\mu)})$. 因此,如果 $\mu + \sqrt{3\mu(4-\mu)} \leqslant 2(2-b)$ 且 $3 \leqslant \mu \leqslant 4$,那么两个根都在 $[0,1]$ 内,曲线有重点.

8.3 四次曲线问题

四次曲线的矢端曲线是一条三次曲线. 有些问题,

附录 I Bézier 曲线的模型

如求平行于某一个给定方向的切线,可用同样的方法求解.但其他问题显然用纯几何方法是几乎不能求解的.

(1) 尖点

问题 1　求一条在参数为 t_0 处有尖点的四次 Bézier 曲线.

解　从一条三次曲线出发,用几何方法画出参数为 t_0 的点,这点将是极点(图 42 中参数为 $\frac{1}{2}$).

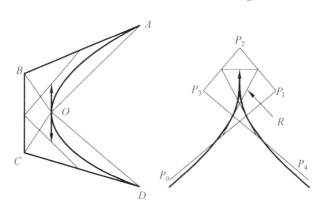

图 42

联结 O 与 A,B,C,D,然后从点 P_0 开始把向量 $\overrightarrow{OA},\overrightarrow{OB},\overrightarrow{OC}$ 和 $\overrightarrow{OD}$ 首尾相接,得到一条曲线的特征多边形,要找的曲线就是这条曲线的一个位似.

注　对于三次曲线的尖点问题,因极点 O 选在矢端抛物线上,故不可能为重点.对于四次曲线,矢端曲线是三次曲线,它可以有重点,故四次曲线可以有两个尖点.我们下面来研究它.

问题 2　求一条有两个尖点的四次 Bézier 曲线.

解 问题实际上在"注意"中已几乎解决了. 取 §3 节中的三次曲线作为矢端曲线, 极点 O 选在三次曲线的交叉点上, 这点的两个参数对应四次曲线上的两个尖点, 如图 43 所示. 如果要求在事先给定的两个参数上出现尖点, 问题当然要复杂些, 它归结为求一条在给定参数处出现二重点的三次曲线问题.

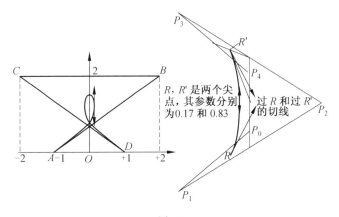

图 43

注 如果重点选在矢端曲线的尖点, 那么在与之对应的 M 点一阶和二阶导向量都为零. 一般说来, 三阶导向量变成了切线, M 点是一个普通点.

问题 3 是否存在有第二类尖点的四次曲线? 如果存在, 请找出一个来.

解 先看看这样一个点的特点: 在这点 $\dfrac{\mathrm{d}}{\mathrm{d}t}\overrightarrow{OM}(t)=0$. 如果 $\dfrac{\mathrm{d}^2}{\mathrm{d}t^2}\overrightarrow{OM}(t)$ 不为零, 那么它就是切线向量, 这时三阶导向量要么为零, 要么与之共线. 设四阶导向量与 $\dfrac{\mathrm{d}^2}{\mathrm{d}t^2}\overrightarrow{OM}(t)$ 一起组成了一组基底, $t \to$

附录 I　Bézier 曲线的模型

$\overrightarrow{OM}(t)$ 在这点的展开式显示了它是第二类尖点. 也就是说,在矢端曲线上与之对应的点是一个拐点.

下面给出一个实例,首先用本节前面第二部分讲的方法画出一条有一个拐点的三次曲线(图 44 中的左图),然后把极点 O 取在拐点,反过来构造出特征多边形,得到的四次 Bézier 曲线确实有一个第二类尖点(图 44 中的右图).

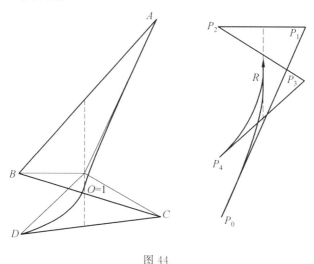

图 44

如果三次曲线有两个拐点,那么有两种方法选择尖点的参数,两种方法选择矢端曲线的极点.

(2) 拐点

原理还是一样:只需把极点 O 取在三次矢端曲线的一条切线上. 请注意,三次曲线有时可从一点引出三条切线,这可用解析几何方法来证明. 如果把这点取为矢端曲线的极点 O,四次曲线将有三个拐点. 当然,还需看这三点的参数是否在 $[0,1]$ 中. 画图就留给读者了.

曲率问题:

对曲率问题,我们知道参数为 0 的点是比较好算的,问题归结为把曲线上的一点变成一条"子弧"的起点. 下节简略讨论一下这个问题.

8.4 Bézier 曲线的子弧

(1) 几何分析

对于抛物线,问题很容易解决. 对于三次曲线,还先得在矢端曲线上确定子弧,然后再回到三次曲线上,用平行性画出子弧的特征多边形,或严格地说是其位似.

图 45 中的左图示例中 M_0 的参数为 $\frac{1}{3}$,P_3 的参数为 1. 矢端曲线上点 H_0 的参数为 $\frac{1}{3}$. 子弧的特征多边形是 H_0DC 的比例为 $\frac{2}{3}$ 的位似,从 M_0 和 P_3 引 2 条切线就可画出子弧 $[M_0, M(1)]_{(C)}$ 的特征多边形,即 $M_0Q_1Q_2P_3$.

(2) 矩阵形式(或数值形式)

在 §2 节中曾用变量 t 的乘方表示向量 $\overrightarrow{OM}$,现在再来利用这个矩阵公式.

变量代换公式 $t = t_0 + (t_1 - t_0)u$ 把区间 $[0,1]$ 变成区间 $[t_0, t_1]$. 乘方 t^k 是 u 的 k 次多项式(二项式公式的结果),因此可确定一个方阵 $\boldsymbol{\Phi}_n(t_0, t_1)$,使

$$(T_n) = \boldsymbol{\Phi}_n(t_0, t_1) \cdot (U_n)$$

(U_n) 是 U 的乘方的 $n+1$ 阶单列矩阵,§2 中(2)的公式变成

附录 Ⅰ Bézier 曲线的模型

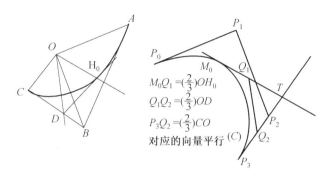

图 45

$$\overrightarrow{OM}(t = t_0 + (t_1 - t_0)u) = {}^t(\overrightarrow{OP})_n \cdot M_n \cdot (T_n) =$$
$${}^t(\overrightarrow{OP})_n {}^t M_n \Phi_n(t_0, t_1) \cdot U_n$$

令子弧的 Bézier 点的向量为 $\overrightarrow{OP}_j$, 那么

$${}^t(\overrightarrow{OP'})_n \cdot M_n \cdot (U_n) = {}^t(\overrightarrow{OP})_n {}^t M_n \Phi_n(t_0, t_1) \cdot (U_n)$$

因此

$${}^t(\overrightarrow{OP'})_n \cdot M_n = {}^t(\overrightarrow{OP})_n {}^t M_n \Phi_n(t_0, t_1)$$

即

$${}^t(\overrightarrow{OP'})_n = {}^t(\overrightarrow{OP})_n {}^t M_n \Phi_n(t_0, t_1)({}^t M_n)^{-1}$$

我们建议读者自己在低阶情况下进行一下计算. 上式也可写成用正则定义点 Q 和 Q' 来表达的数值形式.

(3) 重心序列

先看一下二次曲线 C 的子弧 Ca, 这条子弧首尾两点的参数为 $t=0$ 和 $t=a$. 根据 §6 节的讨论, 我们知道点 $M(a)$ 就是第二代重心点 $P_0^{(2)}(a)$, 它也是子弧的特征多边形的最后一个顶点 Q_2. 剩下来要找第二个顶点 Q_1. 我们知道, 对于抛物线弧, 第二个顶点是弧在两个端点的切线的交点. 因在 $M(a)$ 点的切线向量为

239

$\overrightarrow{P'_0(a) P'_1(a)}$，故第二个顶点其实就是点 $P_0^{(1)}(a)$. 这个结果可推广到 n 次 Bézier 曲线 C 的子弧 Ca 上：

Ca 的特征多边形的顶点 Q_i 正是下标为 0，参数为 a 的重心序列点，也就是说，$Q_i = P_0^{(i)}(a)$.

为了证明这个结论，取重心序列为定义点，对应的曲线定义式如下

$$\overrightarrow{OM_a}(t) = ((1 - \frac{t}{a}) \overrightarrow{OQ_0} + \frac{t}{a} \overrightarrow{OQ_1})^{(n)}$$

其中参数 t 除以 a 是为了再回到区间 $[0, 1]$ 上. 用 P_0 取代 Q_0，$(1-a)\overrightarrow{OP_0} + a\overrightarrow{OP_1}$ 取代 $\overrightarrow{OQ_1}$ 后，上式变成 $((1-t)\overrightarrow{OP_0} + t\overrightarrow{OP_1})^{(n)}$，这正是原始曲线 C 的符号定义式，证毕.

同理可证：

如果子弧首尾两点的参数为 b 和 1，那么其特征多边形的顶点正是参数为 b 的重心序列点，即 $Q_i = P_i^{n-i}(b)$.

这些非常简单的性质将会被用来研究两个 Bézier 曲线过渡的问题（见§6 节关于样条曲线的插值法）.

8.5 阶次的增减

在此说明一下，Bézier 曲线特征多边形的零边或非零边的个数并不总是等于曲线真正的次数. 最简单的例子就是作一个有三个顶点的特征多边形，曲线的表面次数是 2. 先用几何方法看一看.

(1) 一条二次 Bézier 曲线的真正次数

如果三个顶点 P_0, P_1, P_2 不共线，那么曲线是一个抛物线弧，真正次数是 2. 现在假设这三点共线，那么边向量满足 $V_2 = kV_1$，这是一条直线段，取 P_0 为原

附录 I Bézier 曲线的模型

点移动,点定义式为
$$\overrightarrow{OM}=(2t-t^2)\boldsymbol{V}_1+t^2\boldsymbol{V}_2=(2t-t^2+kt^2)\boldsymbol{V}_i$$
可见,当且仅当 $k=1$ 时,曲线真正的次数为 1,这时 P_1 是线段 $[P_0P_2]$ 的中点,矢端曲线缩为两个重合的点,这是一个充分必要条件,因为在其他情况下矢端曲线是两个不重合的点.

(2) 推论

先看看三次曲线,如果它的真正次数为 2,那么其一阶矢端曲线的真正次数为 1,二阶矢端曲线是两个重合的点.如果三次曲线的真正次数为 1,那么其四个定义点共线,且 $\overrightarrow{P_0P_1}=\overrightarrow{P_1P_2}=\overrightarrow{P_2P_3}$,一阶矢端曲线缩为三个重合的点.

在一般情况下,可像这样逐次考察矢端曲线,直到发现有 P 点重合.用数学归纳法可证明下面的命题:

命题 10 一条 Bézier 曲线的特征多边形有 n 个边向量,其表面次数为 n. 曲线的真正次数为 r 的充要条件是当且仅当它的 r 阶矢端曲线由 $n+1-r$ 个重合点组成.

命题是有了,但还有些实用问题需要解决.例如:

问题 1 曲线的真正次数小于表面次数,试确定对应于真正次数的曲线的特征多边形.

问题 2 试画一条表面次数为 n 而真正次数为 r 的 Bézier 曲线.

问题 3 给定一条 Bézier 曲线,试人为地添加定义点,增加曲线的表面次数,而曲线本身不变.

(3) 减少顶点个数(问题 1)

① 三次曲线

a. 定义点不共线的情形

如果一条三次曲线的真正次数是 2,并且定义点不共线,那么从几何上看它是一条抛物线,两端点的切线足以定义这条曲线. 用直线 (P_0P_1) 和 (P_3P_2) 的交点 T 取代 P_1 和 P_2 两点,得到的 P_0,T,P_3 三点就是要找的三次曲线缩为抛物线的定义点.

b. 定义点共线的情形

可以把它看成是上面的一个极限情形,但用矢端曲线来分析也同样简单. 矢端曲线的次数为 1,由共线的点 Q_0,Q_1,Q_2 组成,其中 Q_1 是 $[Q_0,Q_2]$ 的中点.

② 四次曲线

矢端曲线是一条真正次数为 2 的三次曲线,采用上面的方法,用一个点取代 2 个定义点,得到矢端曲线的新的特征多边形. 再"反过来"画出原曲线的新的特征多边形. 特例都容易研究.

(4) 增加顶点个数(问题 2 和 3)

① 关于问题 2 的例子

在图 46 的例子中,Bézier 曲线的表面次数为 2,但真正的次数为 1,定义点 A,B,C 共线,B 是 $[AC]$ 的中点.

把它假设为一条三次曲线的矢端曲线,这条三次曲线的真正次数是 2. 为了节约画图空间,把 P_0 和 P_1 点取在 O 和 A 点,画与 $\overrightarrow{OB}$ 和 $\overrightarrow{OC}$ 相等的向量 $\overrightarrow{P_1P_2}$ 和 $\overrightarrow{P_2P_3}$,得到一个三次曲线的特征多边形,这条曲线其实是条抛物线. 为了使图面清楚,取新极点 O',画出 5 个定义点,它其实对应的是条三次曲线.

② 关于问题 3 的例子

给定一个真正的抛物线弧,三个定义点为 P_0,P_1,P_2(不共线),问题归结为要找两点 Q_1 和 Q_2(当然在线

附录 Ⅰ　Bézier 曲线的模型

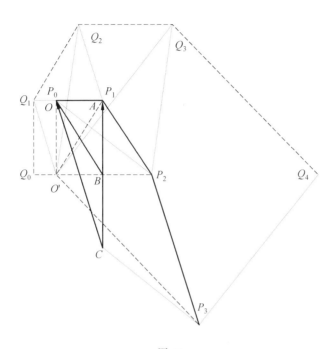

图 46

段 $[P_0P_1]$ 和 $[P_2P_1]$ 上），使得定义点为 P_0,Q_1,Q_2,P_2 的三次曲线与抛物线重合．

先画出抛物线的矢端曲线，不看位似比 2 的话，它就是线段 $P_1P'_2$，如图 47 所示．

对于任意的 Q_1,Q_2，定义点为 P_0,Q_1,Q_2,P_2 的三次曲线的矢端曲线是定义点为 Q_1,Q'_2,Q'_3 的抛物线的比例为 3 的位似．如果想得到矢端曲线的 $\dfrac{3}{2}$ 的位似的话，就得取

$$\overline{OQ_1}=\dfrac{2}{3}\,\overline{OP_1},\ \overline{OQ'_3}=\dfrac{2}{3}\,\overline{P_1P_2}$$

故

Bernstein 多项式与 Bézier 曲面

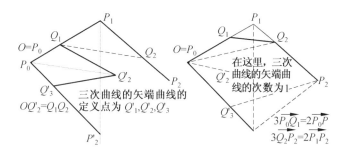

图 47

$$\overrightarrow{P_1Q_2} = \frac{1}{3}\overrightarrow{P_1P_2}$$

命题 11 设真正次数为 2 的 Bézier 曲线的定义点 P_0, P_1, P_2 不共线，那么与它重合的表面次数为 3 的曲线的定义点为 P_0, Q_1, Q_2, P_2，其中 Q_1, Q_2 分别在线段 $[P_0P_1]$ 和 $[P_1P_2]$ 上，且满足等式

$$\overrightarrow{P_0Q_1} = \frac{2}{3}\overrightarrow{P_0P_1}, \overrightarrow{P_1Q_2} = \frac{1}{3}\overrightarrow{P_1P_2}$$

③ 一般情形

例子：图 48 实例中，我们从一个四次曲线出发（定义点为五个 P 点），用上面的方法得到一个五次曲线，定义点为 P_0, P_4 以及四个 Q 点.

接着干下去可以得到一个六次曲线，定义点为 P_0, P_4，再加上五个 R 点. 取 Q_1, Q_2 为例，它们满足

$$\overrightarrow{P_0Q_1} = \frac{4}{5}\overrightarrow{P_0P_1}, \overrightarrow{P_1Q_2} = \frac{3}{5}\overrightarrow{P_1P_2}$$

同样，R_1 和 R_2 点由下式确定

$$\overrightarrow{P_0R_1} = \frac{5}{6}\overrightarrow{P_0Q_1}, \overrightarrow{Q_1R_2} = \frac{4}{6}\overrightarrow{Q_1Q_2}$$

命题 12 设 Bézier 曲线的定义点为 $P_0, P_1, P_2, \cdots, P_n$，那么与它重合的 $n+1$ 次 Bézier 曲线的 $n+$

附录 I Bézier 曲线的模型

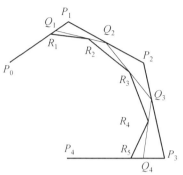

图 48

2 个定义点为 $P_0, Q_1, Q_2, \cdots, Q_n, P_n$，其中 Q 点满足等式

$$\overrightarrow{P_k Q_{k+1}} = \frac{n-k}{n+1} \overrightarrow{P_k P_{k+1}}, 0 \leqslant k \leqslant n-1$$

证明 采用 Bézier 曲线的第一种定义法，$n+1$ 次曲线的移动点 $M'(t)$ 的定义式为

$$\overrightarrow{OM'}(t) = (1-t)^{n+1} \overrightarrow{OP_0} + \sum_1^n B_{n+1}^k(t) \overrightarrow{OQ_k} + t^{n+1} \overrightarrow{OP_n} =$$

$$(1-t)^{n+1} \overrightarrow{OP_0} + \sum_0^{n-1} B_{n+1}^{k+1}(t) \overrightarrow{OQ_{k+1}} + t^{n+1} \overrightarrow{OP_n}$$

因 $\overrightarrow{OQ_{k+1}} = \overrightarrow{OP_k} + \frac{n-k}{n+1}(\overrightarrow{OP_{k+1}} - \overrightarrow{OP_k}) =$

$$\frac{k+1}{n+1} \overrightarrow{OP_k} + \frac{n-k}{n+1} \overrightarrow{OP_{k+1}}$$

上面求和号分解成两项. 另外不难证明

$$\frac{k+1}{n+1} B_{n+1}^{k+1} = t B_n^k$$

$$\frac{n-k}{n+1} B_{n+1}^{k+1} = (1-t) B_n^{k+1}$$

Bernstein 多项式与 Bézier 曲面

故 $M'(t)$ 的定义式可以写成

$$\overrightarrow{OM'(t)} = t\Big[\sum_{0}^{n-1} B_n^k \overrightarrow{OP_k} + t^n \overrightarrow{OP_n}\Big] +$$
$$(1-t)\Big[(1-t)^n \overrightarrow{OP_0} + \sum_{1}^{n} B_n^k \overrightarrow{OP_k}\Big] =$$
$$t\overrightarrow{OM(t)} + (1-t)\overrightarrow{OM(t)} =$$
$$(t+1-t)\overrightarrow{OM(t)} =$$
$$\overrightarrow{OM(t)}$$

因此点 M 与点 M' 重合,证毕.

(5) 次数提升问题的解析与矩阵解答法

先看看从二次变到三次的问题. 给定 Bézier 定义点 P_0, P_1, P_2,可求得正则定义点 Q,使得

$$\overrightarrow{OM(t)} = (1-t)^2 \overrightarrow{OP_0} + 2t(1-t)\overrightarrow{OP_1} + t^2 \overrightarrow{OP_2} =$$
$$\overrightarrow{OQ_0} + t\overrightarrow{OQ_1} + t^2 \overrightarrow{OQ_2}$$

令与已知的二次曲线重合的三次曲线的 Bézier 定义点为 P',我们有

$$\overrightarrow{OM(t)} = (1-t)^3 \overrightarrow{OP'_0} + 3t(1-t)^2 \overrightarrow{OP'_1} +$$
$$3t^2(1-t)\overrightarrow{OP'_2} + t^3 \overrightarrow{OP'_3} =$$
$$\overrightarrow{OQ_0} + t\overrightarrow{OQ_1} + t^2 \overrightarrow{OQ_2} + \mathbf{0}$$

在等式的右边人为地加上零向量 $\mathbf{0}$,是为了利用同类项系数相等的性质来确定三次曲线的 Bézier 定义点 P'_0. 我们留给读者来完成计算并找出新旧定义点之间的关系.

注 用这个方法可以把曲线的次数直接提升好几个单位. 上面的解析或向量求解法也可用矩阵形式表达. 我们直接讨论一般情形.

一般情形:矩阵求解形式

附录 Ⅰ　Bézier 曲线的模型

从 §2 节的等式 $\overrightarrow{(OQ)}_n = M_n \overrightarrow{(OP)}_n$ 出发,两边乘以逆矩阵得

$$\overrightarrow{(OP)}_n = (M_n)^{-1} \overrightarrow{(OQ)}_n$$

设一条曲线的正则定义点 Q 是已知的,这时在等式右边的列矩阵尾上加上零向量,并把 n 换成 $n+1$ 就可计算与这条曲线重合的 $n+1$ 次曲线的 Bézier 定义点 P'

$$\overrightarrow{(OP')}_{n+1} = (M_{n+1})^{-1} \cdot \begin{pmatrix} \overrightarrow{OQ} \\ \mathbf{0} \end{pmatrix}_{n+1}$$

取 O 为空间坐标系的原点,把点的坐标代入便可计算这条人为提升到 $n+1$ 次的曲线的 Bézier 点的坐标. 例如:对于上面讲到的例子,关于横坐标,我们有

$$\begin{pmatrix} x(P'_0) \\ x(P'_1) \\ x(P'_2) \\ x(P'_3) \end{pmatrix} = (M_3)^{-1} \begin{pmatrix} x(Q_0) \\ x(Q_1) \\ x(Q_2) \\ 0 \end{pmatrix}$$

可以把这个方法推广到把曲线阶数提升到任意阶数的情形,因为矩阵 M_n 及其逆矩阵显然对任何 n 都是已知的,所以这个方法特别适合于数值计算.

§9　形体设计

9.1　几种可能的方法

对于设计满足一定要求的复杂形体,我们有两种可能的工作方法:

① 要么在一条 n 次曲线上工作,改变其定义点的位置. 我们已经看过,这可以改变曲线的整体形状;

② 要么在几条 n 次曲线上工作，改变其定义点的个数．

不难发现，在次数较低的情况下，在某些特定的位置很容易画出满足要求的曲线弧．但是，即使我们拥有几何工具和方法，也较难画出具有诸如尖点或拐点之类的曲线．

因此，一般用一组简单的 Bézier 曲线弧首尾连接在一起来设计复杂形体．

9.2 复合曲线

复合曲线由一组简单的二次或三次曲线组成，其中一条曲线的终点是下一条曲线的起点．因为在连接点处曲线的连接性质甚至曲率都完全是已知的，所以使用起来很灵活．

复合曲线中两条尾随曲线的简单式连接，曲率守恒式连接，"拐点式"连接，"尖点式"连接都可以办到．另外，还可以画出封闭曲线，设计重点、双连等具有其他性质的曲线．下面举出几个例子：

(1) 两条曲线的曲率连续过渡问题

为简化起见，只使用抛物线弧．图 49 中的左图给出了几种不同类型的过渡方式．若要求在连接点处两条弧有相同的曲率，过渡可能会更加完美．采用在曲线的端点构造曲率中心的方法，我们可以做到保持同一曲率或者相反曲率的过渡．然而，这些过渡只是几何类型的：这些向量的分量可能一阶或二阶不可导，这是因为它们不一定保留一阶或二阶导向量．

在图 49 的右图中，两个抛物线在端点相连处有相同的曲率．其中的一条曲线可以假设成是给定的，定义

附录 I　Bézier 曲线的模型

点为 A, B, C, 另一条的端点 A' 与 A 重合, 其特征多边形的第一个边向量 $\overrightarrow{A'B'}$ 与 $\overrightarrow{AB}$ 共线, 但方向相反. 采用 §8 节中求曲率中心的几何方法可画出相对于第一条曲线的 Ω' 点, 因为两条曲线次数相等, 所以它也是第二条曲线的 Ω' 点 (如果曲率相反的话, 它将是相对于 A 的对称点).

反过来, 可画出 H' 点, 它是第二条抛物线的未知的定义点 C' 在 A 处法线 (两曲线共同的法线) 上的投影. 因此 C' 点在射线 Δ 上 (见图 49). 对于相反曲率以及 A 点是"尖点"之类情形, 处理起来也不难.

同样, 可以处理一条抛物线与一条三次曲线的过渡问题, 只需注意: 对于抛物线

$$\overrightarrow{A\Omega} = -2\overrightarrow{A\Omega'}$$

而对于三次曲线

$$\overrightarrow{A\Omega_1} = -\frac{3}{2}\overrightarrow{A\Omega'_1}$$

故

$$\Omega = \Omega_1 \Leftrightarrow \overrightarrow{A\Omega'_1} = \frac{4}{3}\overrightarrow{A\Omega'}$$

H' 随之便可画出.

(2) 二重点图案

我们知道, 处理 Bézier 曲线重点的存在性与位置不是一件易事. 但当曲线交于对称轴时却很容易利用对称性来制造重点. 取一条三次曲线为例 (见图 50), 定义点为 A, B, C, D, 首尾两端的切线相互平行. 如果我们想使参数为 $\frac{1}{2}$ 的点 d 为重点, 并使它在与 AB 垂直的线段 AC 上, 那么通过计算可以证明 $\overrightarrow{CD} = 3\overrightarrow{BA}$.

这条三次曲线与它相对于 (AC) 的对称连在一起

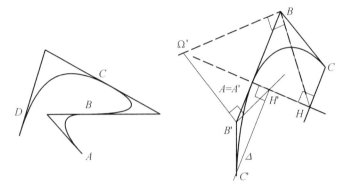

图 49

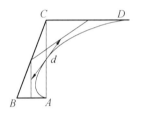 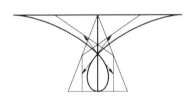

图 50

组成的曲线在 d 点有个重点. 把合在一起的曲线进行平移可得到下面的图案 51.

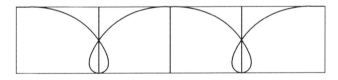

图 51

最后,通过适当布置,特征多边形使对应的曲线相交也很容易制造重点. 图 52 中我们使两条抛物线与一条三次曲线相交.

附录 Ⅰ Bézier 曲线的模型

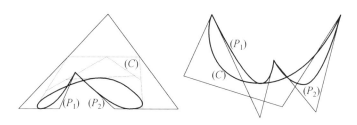

图 52

用一条曲线连接两条已知曲线,在两个衔接点处曲率连续过渡(图 53).

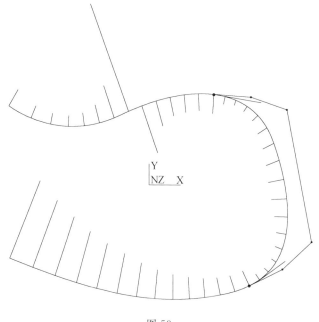

图 53

附录 II 魏尔斯特拉斯定理

§1 魏尔斯特拉斯第一及第二定理的表述

按照思维的自然发展,为了要把一个在给定的区间上已知的连续函数近似地表成多项式,我们曾用插补的方法,也就是提出了寻求这样的一个多项式的问题,使得在这区间上某些预定的点处,这个多项式恰好与给定的函数取同样的值;同时,为了要使问题具有完全确定的性质,我们要求多项式的次数较插补点的个数少一. 我们已经知道,在这些条件下,如果说插补多项式的存在与唯一已有保证,但对近似性质却不能这样说;相反,与插补点的个数和位置以及被插补函数的性质有关,在各基点之间的区间内,插补多项式与给定的函数有大小不等的误差. 甚至有这样的现象被指出来了,在某些情况下,当基点的个数增加时,插补多项式不趋近于给定的函数,而在各基点的中间振动却无限地扩大. 由此可见,如果我们对于任意一个在给定的区间中连续的函数提出一致逼近的问题,那么,要解决这个问题,各种插补方法就不完全适用,而利用别的一些方法可能具有大得多的成效. 本节就要讲述这个问题.

在本节中我们要阐明,对于任意一个在有限闭区

附录 Ⅱ 魏尔斯特拉斯定理

间中连续的函数,利用次数足够高的多项式来逼近它在原则上是可能的,并且要考虑这种逼近的各种不同方法.

其次,我们要证实拉格朗日的插补过程不能化为这种逼近法:就是说,任何一组插补基点不能有效保证插补式收敛于任意的连续函数.

最后,我们要从可能的方法中指出拉格朗日的插补过程的这样的变形,使得对于给定的组基点——用增高插补多项式的次数作代价——总能够对任意的连续函数达到无限制的一致逼近.

定理 1(第一定理) 如果 $f(x)$ 是在有限闭区间 $a \leqslant x \leqslant b$ 上连续的实变数函数,那么无论 ε 是怎样小的一个预定的正数,总可找到这样的一个多项式 $P(x)$,使得对于变数 x 在所考虑的区间上的一切值,不等式

$$|P(x) - f(x)| < \varepsilon \qquad (1)$$

成立.

定理 2(第二定理) 如果 $f(x)$ 是具有周期 2π 并且在基本区间 $-\pi \leqslant x \leqslant \pi$ 上连续的实变数函数,那么无论 ε 是怎样小的一个预定的正数,总可找到这样的一个三角多项式 $T(x)$,使得对于变数 x 在所考虑的区间上的一切值,不等式

$$|T(x) - f(x)| < \varepsilon \qquad (2)$$

成立.

这两个定理可用另一种方式来表述:

定理 1′ 任一在有限闭区间 $a \leqslant x \leqslant b$ 上连续的实变数函数 $f(x)$,可以展开为在这区间上一致收敛的多项式级数.

Bernstein 多项式与 Bézier 曲面

定理 $2'$ 任一具有周期 2π 并且在基本区间 $-\pi \leqslant x \leqslant \pi$ 上连续的实变数函数 $f(x)$,可以展开为在这区间上一致收敛的三角多项式级数.

实际上,设 $\varepsilon_1,\varepsilon_2,\cdots,\varepsilon_n,\cdots$ 是以零为极限的正数序列
$$\lim_{n\to\infty}\varepsilon_n=0$$
根据定理 1,可以选择这样的一列多项式 $P_n(x)$,使得对于 $a \leqslant x \leqslant b$,不等式
$$|P_n(x)-f(x)|<\varepsilon_n, n=1,2,3,\cdots$$
成立.

由此可见,对于所考虑的区间上的一切值 x
$$\lim_{n\to\infty}P_n(x)=f(x)$$
一致成立. 换句话说,多项式级数
$$P_1(x)+[P_2(x)-P_1(x)]+[P_3(x)-P_2(x)]+\cdots+[P_n(x)-P_{n-1}(x)]+\cdots$$
在区间 $a \leqslant x \leqslant b$ 上一致收敛并且表示函数 $f(x)$. 于是由定理 1 推得定理 $1'$.

反之,设函数 $f(x)$ 在区间 $a \leqslant x \leqslant b$ 上可以展开为一致收敛的多项式级数
$$f(x)=Q_1(x)+Q_2(x)+\cdots+Q_n(x)+\cdots$$

这就是说,不论 $\varepsilon(>0)$ 是怎样的小,总可选得这样大的正整数 n,使得对于所给区间上的一切值 x,有不等式
$$|f(x)-[Q_1(x)+Q_2(x)+\cdots+Q_n(x)]|<\varepsilon$$
因此,如果我们令
$$P(x)=Q_1(x)+Q_2(x)+\cdots+Q_n(x)$$
就得到定理 1.

定理 2 与定理 $2'$ 的等价性可以完全同样地说明.

附录 Ⅱ　魏尔斯特拉斯定理

魏尔斯特拉斯定理具有明显的几何解说.函数 $y=f(x)$(在定理 1 中)可用这样的曲线来表示,每一条平行于 Oy 轴的直线 $x=x_0(a\leqslant x_0\leqslant b)$ 都与它相交于一点且仅相交于一点.定理 1 断定说,当我们把这曲线向上并向下平行于 Oy 轴移动时,不论所得到的曲线带形是怎样的"狭窄"(图 1),总可找到这样的一个多项式 $y=P(x)$,使得对应于它的曲线整个落在所说的带形内.关于定理 2,类似的断言也是正确的.

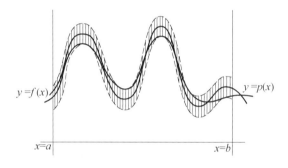

图 1

附注 1　我们知道,连续函数项的一致收敛级数的和表示一个连续函数.所以魏尔斯特拉斯定理所指出的连续函数的性质,可以作为连续函数的定义:如果在区间 $(a\leqslant x\leqslant b)$ 上定义的函数 $f(x)$ 可以展开为在这区间上一致收敛的多项式级数,那么称它在这区间上是连续的.

附注 2　我们只要就某一确定的区间 $(\alpha\leqslant x\leqslant\beta)$ 来证明定理 1,就立刻可把它推广到任何有限区间 $(a\leqslant x\leqslant b)$ 上去.事实上,如果函数 $f(x)$ 在区间 $(a\leqslant x\leqslant b)$ 上连续,那么函数

$$f_1(x) \equiv f\left(\frac{b(x-\alpha)-a(x-\beta)}{\beta-\alpha}\right)$$

就在区间($\alpha \leqslant x \leqslant \beta$)上连续,因而可以选得一多项式 $P_1(x)$ 使得

$$|P_1(x)-f_1(x)|<\varepsilon, \alpha \leqslant x \leqslant \beta$$

于是,引进新的多项式

$$P(x) \equiv P_1\left(\frac{\beta(x-a)-\alpha(x-b)}{b-a}\right)$$

我们就得到

$$|P(x)-f(x)|<\varepsilon, a \leqslant x \leqslant b$$

同样,定理 2 可以转变到具有任意周期 Ω 的周期函数的情形.

附注 3 定理 1 中区间的有限性与闭合性的假设是极重要的. 实际上,定理(如无适当的改变)不能扩张到像区间($a \leqslant x < \infty$)那样的情形,因为当变数无限地增大时,任一多项式的绝对值增大到无穷,因而由此已经可以看出,在这区间上连续函数 $f(x)$ 不能任意选择. 同样不能用非闭的区间($a < x \leqslant b$)来代替闭的区间($a \leqslant x \leqslant b$),因为任一多项式是在点 $x=a$ 处连续的,因此,如果 $f(x)$ 只在 $a<x \leqslant b$ 中连续,但在 $x=a$ 处不连续,那么要用多项式来逼近它,会成为不可能的事. 如在区间 $0<x \leqslant \dfrac{2}{\pi}$ 中定义的函数 $f(x)=\sin\dfrac{1}{x}$ 就是一个例子.

由于魏尔斯特拉斯定理非常重要,我们在下面将给出定理 1 的三个不同的证明,再给出定理 2 的证明,并说明定理 1′ 与定理 2′ 中的一个可由另一个推出.

此外,在后面的叙述中还要介绍定理 2 的两个观点不同的证明:一个也是费叶的,而另一个是 C・H・

附录 Ⅱ 魏尔斯特拉斯定理

伯恩斯坦的.

与用多项式来逼近已知函数的可能性问题直接相联系的,是有关这逼近法的性质的另一个问题;换句话说,就是有关近似多项式的次数 n 与近似程度 ε 之间怎样相关联问题.

§2 第一定理的 A·勒贝格的证明

这一个证明可分成几个部分.

1. 由等式
$$y = \begin{cases} x, \text{当 } x \geqslant 0 \\ -x, \text{当 } x \leqslant 0 \end{cases}$$
所定义的函数 $y = |x|$ (图 2),可以展开为在区间 $-1 \leqslant x \leqslant 1$ 上一致收敛的多项式级数.

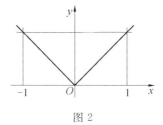

图 2

由泰勒级数的一般理论我们知道,不论 ε 是怎样的小,函数 $\sqrt{1-t}\,(|t| < 1)$ 总可以展开为在区间 $|t| \leqslant 1-\varepsilon$ 上一致收敛的级数

$$\sqrt{1-t} = 1 - \frac{1}{2}t - \frac{1}{2\times 4}t^2 - \frac{1\times 3}{2\times 4\times 6}t^3 - \cdots - \frac{1\times 3\times \cdots \times(2n-3)}{2\times 4\times 6\times \cdots \times(2n)}t^{2n} - \cdots$$

257

不难证实,在所给的情况下,甚至在闭区间 $|t|\leqslant 1$ 上收敛性以及一致收敛性都成立.

事实上,泰勒展开式

$$f(t)=f(0)+\frac{f'(0)}{1!}t+\frac{f''(0)}{2!}t^2+\cdots+\frac{f^{(n)}(0)}{n!}t^n+R_n$$

中的余项可以写成积分的形式

$$R_n=\frac{t^{n+1}}{n!}\int_0^1 f^{(n+1)}(tu)(1-u)^n\mathrm{d}u$$

在现在的情况下,有

$$R_n=-\frac{1\times 1\times 3\times\cdots\times(2n-1)}{2\times 2\times 4\times\cdots\times 2n}t^{n+1}\int_0^1\left(\frac{1-u}{1-tu}\right)^n\frac{\mathrm{d}u}{\sqrt{1-tu}}$$

因此,注意到当 $0\leqslant u\leqslant 1$ 时,$\dfrac{1-u}{1-tu}$ 不是负的并且是 u 的不增函数,所以 $\dfrac{1-u}{1-tu}\leqslant 1$,于是便得

$$|R_n|<\frac{1}{2}\times\frac{1\times 3\times\cdots\times(2n-1)}{2\times 4\times\cdots\times 2n}\int_0^1\frac{\mathrm{d}u}{\sqrt{1-u}}$$

不等式的右端不依赖于 t,当 n 无限增加时它趋近于 0;因此

$$\lim_{n\to\infty}|R_n|=0$$

(对于区间 $|t|\leqslant 1$ 上所有的 t 值是一致的)

令 $t=1-x^2$,我们得到展开式

$$|x|=+\sqrt{x^2}=+\sqrt{1-(1-x^2)}=$$

$$1-\frac{1}{2}(1-x^2)-\frac{1}{2\times 4}(1-x^2)^2-\cdots-$$

$$\frac{1\times 3\times\cdots\times(2n-3)}{2\times 4\times\cdots\times 2n}(1-x^2)^n-\cdots \quad (3)$$

对于满足不等式

$$|1-x^2|\leqslant 1$$

附录 Ⅱ 魏尔斯特拉斯定理

或

$$|x| \leqslant \sqrt{2}$$

的 x 值,这个展开式是一致收敛的.

取级数(3)中足够多的项,就可以得到一个在区间 $|x| \leqslant 1$ 上的多项式,它与 $|x|$ 的误差可任意小.

2. 由等式

$$\lambda(x) = \begin{cases} x, \text{当 } x \geqslant 0 \\ 0, \text{当 } x \leqslant 0 \end{cases}$$

所定义的函数 $y = \lambda(x)$(图 3),可展开为区间 $-1 \leqslant x \leqslant 1$ 上一致收敛的多项式级数.

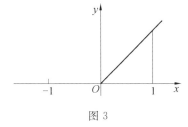

图 3

这可从等式

$$\lambda(x) = \frac{|x| + x}{2}$$

推得. 我们注意,$x > 0$ 时函数 $\lambda(x)$ 是线性的,$x < 0$ 时也是如此.

3. 设 $y = \tau(x)$ 是在区间 $0 \leqslant x \leqslant 1$ 上定义的这样一个函数,它满足等式

$$\tau(x_i) = y_i, i = 0, 1, 2, \cdots, n$$

$$0 = x_0 < x_1 < x_2 < \cdots < x_{n-1} < x_n = 1$$

并且在所有区间 $x_{i-1} \leqslant x \leqslant x_i (i = 1, 2, \cdots, n)$ 上,它具有连续与线性的条件,这就是说

$$\tau(x) = y_{i-1} + (y_i - y_{i-1}) \frac{x - x_{i-1}}{x_i - x_{i-1}}, x_{i-1} \leqslant x \leqslant x_i$$

那么 $\tau(x)$ 可以展开为在区间 $0 \leqslant x \leqslant 1$ 上一致收敛的多项式级数.

在几何上,函数 $\tau(x)$ 可用顶点具有坐标 $M(x_i, y_i), i = 0, 1, 2, \cdots, n$ 的折线来表示(图 4).

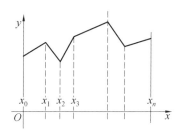

图 4

上述断言的正确性可由这事实推出来,那就是我们可以把函数 $\tau(x)$ 表成下面的有限和

$$\tau(x) = y_0 + \sum_{i=0}^{n-1} c_i \lambda(x - x_i) \tag{4}$$

并且系数 c_i 由等式

$$\tau(x_k) = y_0 + \sum_{i=0}^{k-1} c_i(x_k - x_i) = y_k, k = 1, 2, \cdots, n$$

来决定,这些等式形成一个可解方程组.

于是等式(4)对于点 x_i 成立,并且它在各个区间上必定也成立,因为它的左右两端都是变数 x 的线性函数.

我们令

$$K = \sum_{i=0}^{n-1} |c_i|$$

设 $P(x)$ 是这样的多项式,它在区间 $|x| \leqslant 1$ 上满足不等式

$$|\lambda(x) - P(x)| < \frac{\varepsilon}{K}$$

附录 Ⅱ　魏尔斯特拉斯定理

于是我们有不等式

$$\left|\tau(x) - \left[y_0 + \sum_{i=0}^{n-1} c_i P(x-x_i)\right]\right| \leqslant$$

$$\sum_{i=0}^{n-1} |c_i| |\lambda(x-x_i) - P(x-x_i)| <$$

$$\frac{\varepsilon}{K} \sum_{i=0}^{n-1} |c_i| = \varepsilon$$

所以

$$y_0 + \sum_{i=0}^{n-1} c_i P(x-x_i)$$

是给出函数 $\tau(x)$ 的逼近的一个多项式.

4. 现在可以在一般情况下来证明定理 1. 设在区间 $0 \leqslant x \leqslant 1$ 上给定了连续函数 $f(x)$,不论 $\frac{\varepsilon}{3}$ 是怎样小的数,总可以选得这样小的 $\delta(>0)$,使得由不等式

$$|x' - x''| < \delta, 0 \leqslant x' \leqslant 1, 0 \leqslant x'' \leqslant 1$$

可得不等式

$$|f(x') - f(x'')| < \frac{\varepsilon}{3}$$

把区间 $0 \leqslant x \leqslant 1$ 分成这样的子区间 $x_{i-1} \leqslant x \leqslant x_i$,使得每个区间的长度 $x_i - x_{i-1}$ 小于 δ. 如果 $x_{i-1} \leqslant x \leqslant x_i$,那么 $x - x_i < \delta$,因而

$$f(x) - f(x_i) < \frac{\varepsilon}{3}$$

作函数 $y = \tau(x)$,使对应于顶点具有坐标 $(x_i, f(x_i))$ 的折线,如果 $x_{i-1} \leqslant x \leqslant x_i$,那么 $\tau(x)$ 显然夹在数 $\tau(x_{i-1})$ 与 $\tau(x_i)$ 之间,即 $f(x_{i-1})$ 与 $f(x_i)$ 之间,而由

$$|f(x_{i-1}) - f(x_i)| < \frac{\varepsilon}{3}$$

推出

$$|\tau(x)-f(x_i)|<\frac{\varepsilon}{3}$$

最后,设 $P(x)$ 是这样的多项式,当 $0\leqslant x\leqslant 1$ 时

$$|\tau(x)-P(x)|<\frac{\varepsilon}{3}$$

于是当 x 属于区间 $(x_{i-1}\leqslant x\leqslant x_i)$ 时,我们得到

$$|f(x)-P(x)|\leqslant|f(x)-f(x_i)|+|f(x_i)-\tau(x)|+|\tau(x)-P(x)|<$$

$$\frac{\varepsilon}{3}+\frac{\varepsilon}{3}+\frac{\varepsilon}{3}=\varepsilon$$

因此,多项式 $P(x)$ 满足定理1的要求.

§3 第一定理的 E·兰道的证明

在前面所叙述的魏尔斯特拉斯定理的勒贝格证法中,以采用多角形折线来替代已知连续曲线作为出发点,而与定理发现者采用过的方法相近的兰道方法,则完全是在另一观点上建立起来的.

设 $\Omega_n(x,t)$ 是在区域 $0\leqslant x\leqslant 1, 0\leqslant t\leqslant 1$ 上给定的两变数 x 与 t 的函数,并且它依赖于数 n,在这里 n 取一切的正整数值. 此外,还设 $\Omega_n(x,t)$ 满足下列各条件:

1) $\Omega_n(x,t)$ 不是负的,并且对于变数 t 是可积分的;

2) 无论 δ 是怎样小的正数,关系式

$$\lim_{n\to\infty}\int_{|x-t|>\delta}\Omega_n(x,t)\mathrm{d}t=0 \qquad (5)$$

附录Ⅱ 魏尔斯特拉斯定理

对于变数 x 的一切值是一致成立的,并且积分是展布在满足不等式

$$|x-t| > \delta$$

的点 t 的范围上的;

3) $$\lim_{n\to\infty}\int_{|x-t|<\delta}\Omega_n(x,t)\mathrm{d}t = 1 \qquad (6)$$

对于区间

$$\eta \leqslant x \leqslant 1-\eta, 0 < \eta < \frac{1}{2}$$

上的一切值 x 是一致的.

设 $f(x)$ 是定义在区间 $0 \leqslant x \leqslant 1$ 上的任意一个连续函数,引进函数

$$f_n(x) = \int_0^1 \Omega_n(x,t)f(t)\mathrm{d}t, n=1,2,3,\cdots$$

不难证实

$$\lim_{n\to\infty} f_n(x) = f(x) \qquad (7)$$

对于区间 $\eta \leqslant x \leqslant 1-\eta$ 上的一切值 x 是一致的.实际上,可以写

$$f_n(x) = \int_{\mathrm{I}} \Omega_n(x,t)f(t)\mathrm{d}t + \int_{\mathrm{II}} \Omega_n(x,t)f(t)\mathrm{d}t \quad(8)$$

其中第一个积分展布在区间 $0 \leqslant t \leqslant 1$ 中满足不等式 $|t-x| < \delta$ 的那些 t 值上,而第二个积分展布在区间的其余部分上.我们这样来选取 δ,使得由不等式 $|x'-x''| < \delta$ 可得不等式

$$|f(x')-f(x'')| < \frac{\varepsilon}{4}$$

由公式(8)显然推得

$$f_n(x) - f(x) = \int_{\mathrm{I}} \Omega_n(x,t)[f(t)-f(x)]\mathrm{d}t +$$

$$\int_{\mathrm{II}} \Omega_n(x,t)[f(t)-f(x)]\mathrm{d}t +$$
$$f(x)\left[\int_0^1 \Omega_n(x,t)\mathrm{d}t - 1\right]$$

所以

$$|f_n(x)-f(x)| \leqslant \int_{\mathrm{I}} \Omega_n(x,t)|f(t)-f(x)|\mathrm{d}t +$$
$$\int_{\mathrm{II}} \Omega_n(x,t)|f(t)-f(x)|\mathrm{d}t +$$
$$|f(x)| \cdot \left|\int_0^1 \Omega_n(x,t)\mathrm{d}t - 1\right| \quad (9)$$

设 M 是 $|f(x)|$ 在所考虑的区间上的最大值. 如果 n 足够大, 使得不等式

$$\left|\int_0^1 \Omega_n(x,t)\mathrm{d}t - 1\right| < \frac{\varepsilon}{3M}, \eta \leqslant x \leqslant 1-\eta$$

与

$$\int_{\mathrm{II}} \Omega_n(x,t)\mathrm{d}t < \frac{\varepsilon}{6M}$$

(对于区间 $(0,1)$ 的一切值 x) 都成立, 那么注意积分号 $\int_{\mathrm{I}}$ 下有 $|f(t)-f(x)| < \frac{\varepsilon}{4}$, 而积分号 $\int_{\mathrm{II}}$ 下有 $|f(t)-f(x)| \leqslant |f(t)|+|f(x)| \leqslant 2M$ 时, 我们便由不等式(9)(假定 $\varepsilon < M$)得到

$$|f_n(x)-f(x)| < \frac{\varepsilon}{4} \cdot \int_{\mathrm{I}} \Omega_n(x,t)\mathrm{d}t + 2M \cdot$$
$$\int_{\mathrm{II}} \Omega_n(x,t)\mathrm{d}t +$$
$$M \cdot \left|\int_0^1 \Omega_n(x,t)\mathrm{d}t - 1\right| <$$
$$\frac{\varepsilon}{4}\left(1+\frac{\varepsilon}{3M}\right) +$$

附录 Ⅱ 魏尔斯特拉斯定理

$$2M \cdot \frac{\varepsilon}{6M} + M \cdot \frac{\varepsilon}{3M} =$$

$$\frac{\varepsilon}{3} + \frac{\varepsilon}{3} + \frac{\varepsilon}{3} = \varepsilon.$$

于是关系式(7)已建立.

为了要证明魏尔斯特拉斯的定理1,现在只要证实可以找到函数序列 $\Omega_n(x,t)$,这些函数具备 1)—3)各性质并且是变数 x 的多项式:在最后这个条件下,函数 $f_n(x)$ 也是变数 x 的多项式.

兰道所指出的函数 $\Omega_n(x,t)$ 具有下面的形状

$$\Omega_n(x,t) = \frac{1}{2} \times \frac{1 \times 3 \times 5 \times \cdots \times (2n+1)}{2 \times 4 \times 6 \times \cdots \times 2n}$$
$$[1-(x-t)^2]^n =$$
$$\frac{[1-(x-t)^2]^n}{\int_{-1}^{+1}(1-t^2)^n \mathrm{d}t}$$

显然,$\Omega_n(x,t)$ 是 x 的多项式并且不能取负值(性质1)).另一方面,如果 $|x-t| \geqslant \delta$,那么

$$\Omega_n(x,t) < \frac{(1-\delta^2)^n}{\int_{-\frac{\delta}{2}}^{+\frac{\delta}{2}}(1-t^2)^n \mathrm{d}t} < \frac{1}{\delta}\left(\frac{1-\delta^2}{1-\frac{\delta^2}{4}}\right)^n$$

而右端和 $\frac{1}{n}$ 同时趋近于零(由此得性质2)).

最后我们设 $\eta \leqslant x \leqslant 1-\eta, 0 < \eta < \frac{1}{2}$;于是我们得到

$$\int_0^1 \Omega_n(x,t) \mathrm{d}t = \frac{\int_0^1 [1-(t-x)^2]^n \mathrm{d}t}{\int_{-1}^{+1}(1-t^2)^n \mathrm{d}t} =$$

$$\frac{\int_{-x}^{1-x}(1-t^2)^n dt}{\int_{-1}^{+1}(1-t^2)^n dt} =$$

$$1 - \frac{\int_{-1}^{-x}(1-t^2)^n dt + \int_{1-x}^{1}(1-t^2)^n dt}{\int_{-1}^{+1}(1-t^2)^n dt}$$

所以

$$\left|\int_0^1 \Omega_n(x,t)dt - 1\right| \leqslant \frac{\int_{-1}^{-\eta}(1-t^2)^n dt + \int_{\eta}^{1}(1-t^2)^n dt}{\int_{-1}^{+1}(1-t^2)^n dt} =$$

$$\frac{\int_{\eta}^{1}(1-t^2)^n dt}{\int_{0}^{1}(1-t^2)^n dt} < \frac{\int_{\eta}^{1}(1-t^2)^n dt}{\int_{\frac{\eta}{2}}^{1}(1-t^2)^n dt} <$$

$$\frac{2}{\eta}\left(\frac{1-\eta^2}{1-\frac{\eta^2}{4}}\right)^n$$

最后该不等式的右端与 $\frac{1}{n}$ 同时趋近于零(性质 3)).于是

$$f(x) = \lim_{n\to\infty}\frac{1}{2} \times \frac{1\times 3\times 5\times\cdots\times(2n+1)}{2\times 4\times 6\times\cdots\times 2n}$$

$$\int_0^1 f(t)[1-(x-t)^2]^n dt$$

(对于 $\eta \leqslant x \leqslant 1-\eta$ ($0 < \eta < \frac{1}{2}$) 是一致的)

所以,魏尔斯特拉斯定理已就区间 $\eta \leqslant x \leqslant 1-\eta$ 证明了,因而对于任何有限的区间也就证明了.

附录 Ⅱ　魏尔斯特拉斯定理

§4　第一定理的 C·H·伯恩斯坦的证明

C·H·伯恩斯坦的方法能够避免一切计算,因为它的论证是在二项展开式

$$(p+q)^n = \sum_{m=0}^{n} C_n^m p^m q^{n-m} \qquad (10)$$

的熟知性质上建立的. 我们要简略回忆一下著名的被称为"大数法则"的伯努利定理的内容;顺便也要指出在定理的证明中为我们所需要的由 Π·Л·切比雪夫提出的细节.

设 E 是一件在若干次试验的结果中可能发生的或不能发生的事件;设 x 是在试验的结果中 E 发生的概率($0 \leqslant x \leqslant 1$). 我们假定,试验的次数 n 是任意的. 用 m 表示在 n 次试验的结果中事件 E 发生的次数. 于是伯努利定理断定说,不论 η 与 δ($\eta, \delta > 0$) 是怎样小的数,对于足够大的值 $n(n > n_0 = n_0(\eta, \delta))$,不等式

$$\text{概率}\left\{\left|\frac{m}{n} - x\right| > \delta\right\} < \eta$$

成立(其中"概率{ }"表示括弧内的关系式的概率). 换句话说,使事件 E 发生的次数与任意的试验次数之比与在单独试验中事件发生的概率两者相差超过所给任意小数的那种概率,在试验的次数足够大时会小于任意小的数.

切比雪夫天才地给出了这个定理的简单证明,这个证明建立在应用数学期望的方法上,它可由下面的补助定理推出来: 如果 U 是某一个量,在试验的结果中可能取这种或者是另一种非负的数值,并且 A 是它

267

Bernstein 多项式与 Bézier 曲面

的数学期望,那么

$$\text{概率}\{U > At^2\} < \frac{1}{t^2} \qquad (11)$$

其中 t 是任一正数.

如果我们令

$$U = \left(\frac{m}{n} - x\right)^2$$

就可得到伯努利定理. 大家知道

$$A = \text{数学期望}\left(\frac{m}{n} - x\right)^2 = \frac{x(1-x)}{n} \leqslant \frac{1}{4n}$$

由不等式(11)推得

$$\text{概率}\left\{\left|\frac{m}{n} - x\right| > \frac{t}{2\sqrt{n}}\right\} < \frac{1}{t^2}$$

然后只要取

$$t = \frac{1}{\sqrt{\eta}}, n_0 = \left[\frac{1}{4\eta\delta^2}\right]$$

就证明了伯努利定理.

重要的是,上面给出的数 n_0 可算作不依赖于 x.

另一方面,我们注意,在 n 次试验中事件 E 发生 m 次的概率等于

$$C_n^m x^m (1-x)^{n-m}$$

显然

$$\sum_{m=0}^{n} C_n^m x^m (1-x)^{n-m} = 1 \qquad (12)$$

我们规定在记号

$$\sum_{m=0}^{n} = \sum_{\text{I}} + \sum_{\text{II}}$$

中,和 $\sum_{\text{I}}$ 是对那些使不等式 $\left|\frac{m}{n} - x\right| \leqslant \delta$ 成立的 m

附录 Ⅱ 魏尔斯特拉斯定理

值求和的，而和 $\sum_{\mathrm{II}}$ 是对那些使相反的不等式 $\left|\dfrac{m}{n}-x\right|>\delta$ 成立的 m 值求和的．

显然

$$\text{概率}\left\{\left|\frac{m}{n}-x\right|>\delta\right\}=\sum\nolimits_{\mathrm{II}} C_n^m x^m (1-x)^{n-m}$$

根据伯努利定理，只要 $n>n_0$，就有

$$\sum\nolimits_{\mathrm{I}} C_n^m x^m (1-x)^{n-m}<\eta \qquad (13)$$

至于和 $\sum_{\mathrm{I}}$，则由公式(12)推得

$$\sum\nolimits_{\mathrm{I}} C_n^m x^m (1-x)^{n-m}\leqslant 1 \qquad (14)$$

有了这些初步说明以后，我们来讨论 C·H·伯恩斯坦指出的多项式．设 $f(x)$ 是在区间 $(0\leqslant x\leqslant 1)$ 上给定的任意一个连续函数．设 M 是它的模的极大值，并设 δ 是这样小的一个数，使得当 $|x'-x''|<\delta$ 时，有 $|f(x')-f(x'')|<\dfrac{\varepsilon}{2}$．最后设 $\eta=\dfrac{\varepsilon}{4M}$．所说的多项式具有下面的形状

$$B_n(x)=\sum_{m=0}^{n} f\left(\frac{m}{n}\right) C_n^m x^m (1-x)^{n-m} \qquad (15)$$

我们来证明

$$\lim_{n\to\infty} B_n(x)=f(x) \qquad (16)$$

对于区间 $(0\leqslant x\leqslant 1)$ 上的一切值 x 是一致的．

事实上，令 $n>n_0$，并利用不等式(13)与(14)，我们得到

$$|B_n(x)-f(x)|=\left|\sum_{m=0}^{n} f\left(\frac{m}{n}\right) C_n^m x^m (1-x)^{n-m} - f(x)\sum_{m=0}^{n} C_n^m x^m (1-x)^{n-m}\right|=$$

$$\left|\sum_{m=0}^{n}\left[f\left(\frac{m}{n}\right)-f(x)\right]\cdot\right.$$
$$\left.C_n^m x^m (1-x)^{n-m}\right| \leqslant$$
$$\sum_{\mathrm{I}}\left|f\left(\frac{m}{n}\right)-f(x)\right|\cdot$$
$$C_n^m x^m (1-x)^{n-m} +$$
$$\sum_{\mathrm{II}}\left[\left|f\left(\frac{m}{n}\right)\right|+|f(x)|\right]\cdot$$
$$C_n^m x^m (1-x)^{n-m} <$$
$$\frac{\varepsilon}{2}\sum_{\mathrm{I}} C_n^m x^m (1-x)^{n-m} +$$
$$2M\sum_{\mathrm{II}} C_n^m x^m (1-x)^{n-m} <$$
$$\frac{\varepsilon}{2}\cdot 1 + 2M\cdot\eta = \frac{\varepsilon}{2} + \frac{\varepsilon}{2} = \varepsilon$$

附注 1 实际上前面所叙述的证明,不依赖于概率论及其原理,被利用到的是数学上一定的结果,那就是,对于 n 的一切足够大的值 ($n > n_0$, $n_0 = n_0(\eta,\delta)$),不等式(13)成立,概率论中的术语却可以完全避免. 要想证实这一点,我们直接来证明不等式(13)就好了(而这与伯努利定理的证明是等价的).

因为在和
$$\sum_{\mathrm{II}} C_n^m x^m (1-x)^{n-m}$$
中, m 的值满足不等式 $\left|\dfrac{m}{n}-x\right| > \delta$,所以
$$\sum_{\mathrm{II}} C_n^m x^m (1-x)^{n-m} < \frac{1}{\delta^2}\sum_{\mathrm{II}}\left(\frac{m}{n}-x\right)^2\cdot$$
$$C_n^m x^m (1-x)^{n-m} \leqslant$$
$$\frac{1}{\delta^2 n^2}\sum_{m=0}^{n}(m-nx)^2\cdot$$

$$C_n^m x^m (1-x)^{n-m} \quad (17)$$

另一方面，把恒等式

$$\sum_{m=0}^{n} C_n^m p^m q^{n-m} = (p+q)^n \quad (18)$$

对于变数 p 微分，然后用 p 相乘，我们得到

$$\sum_{m=0}^{n} m C_n^m p^m q^{n-m} = np(p+q)^{n-1} \quad (19)$$

再作一次同样的运算，得

$$\sum_{m=0}^{n} m^2 C_n^m p^m q^{n-m} = np(np+q)(p+q)^{n-2} \quad (20)$$

在恒等式(18)，(19)与(20)中令 $p=x, q=1-x$，再分别用 $n^2 x^2$，$-2nx$ 与 1 去乘它们并且相加起来，我们算出式(17)右端的和

$$\sum_{m=0}^{n} (m-nx)^2 C_n^m x^m (1-x)^{n-m} = nx(1-x) \leqslant \frac{1}{4}n$$

因此，由不等式(17)推出

$$\sum_{II} C_n^m x^m (1-x)^{n-m} < \frac{1}{4\delta^2 n}$$

显然，要不等式(13)成立就只要把 n 选得大于 $\frac{1}{4\delta^2 \eta}$，这就是所需要证明的一切.

附注 2 不难了解，作为 E·兰道与 C·H·伯恩斯坦的方法的基础的，是同样的思想，区别在于依赖于连续变化的参数 t 的函数 $\Omega_n(x,t)$，在这里为依赖于整数指标 m 的函数

$$\Omega_n\left(x, \frac{m}{n}\right) = C_n^m x^m (1-x)^{n-m}$$

所代替，而积分

$$\int \Omega_n(x,t) f(t) \mathrm{d}t$$

Bernstein 多项式与 Bézier 曲面

为相应的和

$$\sum \Omega_n\left(x, \frac{m}{n}\right) f\left(\frac{m}{n}\right)$$

所代替.

函数 $\Omega_n\left(x, \frac{m}{n}\right)$ 的性质完全类似于 $\Omega_n(x,t)$ 的性质. 引用斯提叶斯积分

$$\int f(t) \mathrm{d}_t \Psi_n(x,t)$$

并要求函数 $\Psi_n(x,t)$ 满足下列各条件: 1) $\Psi_n(x,t)$ 是变数 t 的不减函数; 2) 在由不等式 $|t-x|>\delta$ (其中 δ 是挖土机上的正数) 所定义的区间中, $\Psi_n(x,t)$ 的全变差当 n 无限增加时关于 x 一致地趋近于零; 3) 在整个区间 $0\leqslant x\leqslant 1$ 上, $\Psi_n(x,t)$ 的全变差当 n 无限增加时关于 x 一致地趋近于1; 这样就可以把上述两种情形统一起来.

例1 试作多项式 $B_{10}(x)$, 使逼近于图 5 中由经验曲线所给出的函数 $f(x)$. 多项式 $B_{10}(x)$ 具有下面的形状

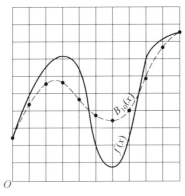

图 5

附录 Ⅱ 魏尔斯特拉斯定理

解
$$B_{10}(x) = 0.25 \times (1-x)^{10} + 0.47 \times 10x(1-x)^9 +$$
$$0.65 \times 45x^2(1-x)^8 +$$
$$0.72 \times 120x^3(1-x)^7 +$$
$$0.65 \times 210x^4(1-x)^6 +$$
$$0.20 \times 252x^5(1-x)^5 +$$
$$0.08 \times 210x^6(1-x)^4 +$$
$$0.23 \times 120x^7(1-x)^3 +$$
$$0.69 \times 45x^8(1-x)^2 +$$
$$0.83 \times 10x^9(1-x) + 0.86 \times x^{10}$$

下面是在形如 $\dfrac{m}{10}$ 的点处已知函数的值与近似多项式的值的对照表.

x	0.0	0.1	0.2	0.3	0.4	0.5	0.6	0.7	0.8	0.9	1.0
$B_{10}(x)$	0.25	0.43	0.56	0.57	0.48	0.38	0.35	0.41	0.58	0.77	0.86
$f(x)$	0.25	0.47	0.65	0.72	0.65	0.20	0.08	0.23	0.69	0.83	0.86

例 2 试作适用于一般形状的区间 (a,b) 的伯恩斯坦多项式.

解 令 $b-a=L, F(t) \equiv f(a+tL)$,我们写出关于函数 $F(t)$ 的近似等式
$$F(t) \approx \sum_{m=0}^{n} F\left(\frac{m}{n}\right) C_n^m t^m (1-t)^{n-m}$$

重新引进函数 $f(t)$ 并作替换 $t = \dfrac{x-a}{L}$,我们得到
$$f(x) \approx \sum_{m=0}^{m} f\left(a + \frac{m}{n}L\right) C_n^m \frac{(x-a)^m (b-x)^{n-m}}{L^n}$$

例 3 试用伯恩斯坦多项式来逼近在区间 $(-1, 1)$ 中的函数 $f(x) = |x|$.

解 多项式 $B_{2n}(x)$ 可由下列公式给出

$$B_{2n}(x) = \sum_{m=0}^{2n} \left| -1 + \frac{m}{n} \right| C_{2n}^m \frac{(1+x)^m (1-x)^{2n-m}}{2^{2n}} =$$

$$\frac{1}{n} \left(\frac{1-x^2}{4} \right)^n \sum_{v=1}^{n} v C_{2n}^{n-v} \left[\left(\frac{1+x}{1-x} \right)^v + \left(\frac{1-x}{1+x} \right)^v \right]$$

例 4 试就区间 (a, b) 来计算对于函数 $f(x) = e^{kx}$ 的 $B_n(x)$.

解 $B_n(x) = e^{ka} \left[\left(\frac{b-x}{L} \right) + \left(\frac{x-a}{L} \right) e^{k\frac{L}{n}} \right]^n =$

$$e^{ka} \left[1 + (e^{k\frac{L}{n}} - 1) \frac{x-a}{L} \right]^n,$$

$$L = b - a$$

例 5 试就区间 $\left(-\frac{\pi}{2}, \frac{\pi}{2} \right)$ 来计算对于函数 $f(x) = \cos x$ 的 $B_n(x)$.

解 $B_n(x) = \frac{1}{2} \left[\left(\cos \frac{\pi}{2n} + i \frac{2x}{\pi} \sin \frac{\pi}{2n} \right)^n + \left(\cos \frac{\pi}{2n} - i \frac{2x}{\pi} \sin \frac{\pi}{2n} \right)^n \right]$

§5 C·H·伯恩斯坦多项式的若干性质

我们要估计当用多项式 $B_n(x)$ 来代替已知函数 $f(x)$ 时所产生的误差的阶,这时我们要对 $f(x)$ 略为多假设一点:设 $f(x)$ 在区间 $(0, 1)$ 内具有连续的并且满足利普希兹条件

$$\omega_2(\delta) \leqslant K\delta \tag{21}$$

的二级导数 $f''(x)$(其中 $\omega_2(\delta)$ 是 $f''(x)$ 的连续模).

附录 Ⅱ 魏尔斯特拉斯定理

首先我们注意，把恒等式(18)逐次对变数 p 微分并用 p 去乘，得到一些新的恒等式

$$np(p+q)^{n-1} = \sum_0^n m C_n^m p^m q^{n-m}$$

$$n(n-1)p^2(p+q)^{n-2} + np(p+q)^{n-1} = \sum_0^n m^2 C_n^m p^m q^{n-m}$$

$$n(n-1)(n-2)p^3(p+q)^{n-3} + 3n(n-1)p^2(p+q)^{n-2} + np(p+q)^{n-1} = \sum_0^n m^3 C_n^m p^m q^{n-m}$$

$$n(n-1)(n-2)(n-3)p^4(p+q)^{n-4} + 6n(n-1)(n-2)p^3(p+q)^{n-3} + 7n(n-1)p^2(p+q)^{n-2} + np(p+q)^{n-1} = \sum_0^n m^4 C_n^m p^m q^{n-m}$$

等。这些恒等式经过 $p=x, q=1-x$ 代入以后成为

$$\begin{cases} \sum_0^n C_n^m x^m (1-x)^{n-m} = 1 \\ \sum_0^n m C_n^m x^m (1-x)^{n-m} = nx \\ \sum_0^n m^2 C_n^m x^m (1-x)^{n-m} = n(n-1)x^2 + nx \\ \sum_0^n m^3 C_n^m x^m (1-x)^{n-m} = n(n-1)(n-2)x^3 + 3n(n-1)x^2 + nx \\ \sum_0^n m^4 C_n^m x^m (1-x)^{n-m} = n(n-1)(n-2)(n-3)x^4 + 6n(n-1)(n-2)x^3 + 7n(n-1)x^2 + nx \end{cases}$$

Bernstein 多项式与 Bézier 曲面

(22)

等. 于是应用二项式公式，我们得到

$$\sum_{m=0}^{n}(m-nx)^4 C_n^m x^m(1-x)^{n-m} = 3n^2x^2(1-x)^2+nx(1-x)(1-6x+6x^2) < An^2$$

(23)

其中 A 是常数，既不依赖于 x，也不依赖于 n.

回转来作逼近的估计，我们可以写出

$$B_n(x)-f(x)=\sum_{m=0}^{n}\left[f\left(\frac{m}{n}\right)-f(x)\right]C_n^m x^m(1-x)^{n-m}$$

可是，因为按照泰勒公式有

$$f\left(\frac{m}{n}\right)-f(x)=\left(\frac{m}{n}-x\right)f'(x)+$$

$$\frac{1}{2}\left(\frac{m}{n}-x\right)^2 f''(\xi_n^{(m)})=$$

$$\left(\frac{m}{n}-x\right)f'(x)+\frac{1}{2}\left(\frac{m}{n}-x\right)^2 f''(x)+$$

$$\frac{1}{2}\left(\frac{m}{n}-x\right)^2\left[f''(\xi_n^{(m)})-f''(x)\right]$$

并且 $\xi_n^{(m)}$ 介于 $\frac{m}{n}$ 与 x 之间，所以由此推得

$$B_n(x)-f(x)=f'(x)\sum_{m=0}^{n}\left(\frac{m}{n}-x\right)C_n^m x^m(1-x)^{n-m}+$$

$$\frac{1}{2}f''(x)\sum_{m=0}^{n}\left(\frac{m}{n}-x\right)^2 C_n^m x^m(1-x)^{n-m}+$$

$$\frac{1}{2}\sum_{m=0}^{n}\left(\frac{m}{n}-x\right)^2\left[f''(\xi_n^{(m)})-f''(x)\right]C_n^m x^m(1-x)^{n-m}$$

因为右端的第一个和为零，而第二个和可化为 $\frac{x(1-x)}{n}$，所以由最后的等式得

附录 Ⅱ   魏尔斯特拉斯定理

$$\left| B_n(x) - f(x) - \frac{1}{2} f''(x) \cdot \frac{x(1-x)}{n} \right| \leqslant$$

$$\frac{1}{2} \sum_{m=0}^{n} \left(\frac{m}{n} - x \right)^2 | f''(\xi_n^{(m)}) - f''(x) | \cdot$$

$$C_n^m x^m (1-x)^{n-m} \qquad (24)$$

把最后这个和分成 $\sum_{\mathrm{I}}$ 与 $\sum_{\mathrm{II}}$ 两部分：凡使不等式

$$\left| \frac{m}{n} - x \right| \leqslant n^{-\frac{5}{12}}$$

成立的那些项都归入第一个和 $\sum_{\mathrm{I}}$，而使这个不等式不成立的那些项就归入第二个和 $\sum_{\mathrm{II}}$．

在第一个和中，由不等式(21)我们得到

$$| f''(\xi_n^{(m)}) - f''(x) | \leqslant \omega_2(|\xi_n^{(m)} - x|) \leqslant$$
$$\omega_2(n^{-\frac{5}{12}}) \leqslant K n^{-\frac{5}{12}}$$

因而

$$\sum_{\mathrm{I}} \leqslant K n^{-\frac{5}{12}} \sum_{\mathrm{I}} \left(\frac{m}{n} - x \right)^2 C_n^m x^m (1-x)^{n-m} <$$

$$K n^{-\frac{5}{12}} \sum_{\mathrm{I}} n^{-\frac{5}{6}} C_n^m x^m (1-x)^{n-m} \leqslant K n^{-\frac{5}{4}}$$

在第二个和中

$$| f''(\xi_n^{(m)} - f''(x)) | \leqslant 2 M_2$$

其中 M_2 是 $f''(x)$ 的最大模，因此

$$\sum_{\mathrm{II}} \leqslant 2 M_2 \sum_{\mathrm{II}} \left(\frac{m}{n} - x \right)^2 C_n^m x^m (1-x)^{n-m} <$$

$$2 M_2 \sum_{\mathrm{II}} n^{\frac{5}{6}} \left(\frac{m}{n} - x \right)^4 C_n^m x^m (1-x)^{n-m} <$$

$$2 M_2 n^{\frac{5}{6}} \sum_{m=0}^{n} \left(\frac{m}{n} - x \right)^4 C_n^m x^m (1-x)^{n-m}$$

利用不等式(23)，于是又推出

$$\sum{}_{\mathrm{II}} < 2M_2 n^{\frac{5}{6}} \cdot \frac{1}{n^4} \cdot An^2 = 2AM_2 n^{-\frac{7}{6}} \quad (26)$$

比较不等式(24),(25)与(26),我们肯定

$$\left| B_n(x) - f(x) - \frac{1}{2}\frac{x(1-x)}{n}f''(x) \right| <$$

$$\frac{1}{2}Kn^{-\frac{5}{4}} + AM_2 n^{-\frac{7}{6}}$$

所以我们最后得到

$$\lim_{n\to\infty} n[B_n(x) - f(x)] = \frac{1}{2}x(1-x)f''(x) \quad (27)$$

或者,写成渐近等式的形状

$$B_n(x) - f(x) \sim \frac{1}{2n}x(1-x)f''(x) \quad (28)$$

由此可见,函数 $f(x)$ 用 C·H·伯恩斯坦多项式的逼近,至少在区间中所有一切使二级导数 $f''(x)$ 不为零的内点处,其阶是 $\frac{1}{n}$;如果又有 $f''(x) = 0$,那么逼近的阶就更高. 极妙的是,逼近的阶不依赖于函数 $f(x)$ 的性质.

C·H·伯恩斯坦多项式的另一重要而有价值的性质,在此要提出如下. 如果被逼近的函数 $f(x)$ 有连续的导数 $f'(x)$,那么各个逼近多项式 $B_n(x)$ 的导数以 $f'(x)$ 为其极限,即

$$\lim_{n\to\infty} B'_n(x) = f'(x) \quad (29)$$

作出多项式 $B_{n+1}(x)$ 的导数

$$B'_{n+1}(x) = \sum_{m=0}^{n+1} f\left(\frac{m}{n+1}\right) C_{n+1}^m [mx^{m-1}(1-x)^{n-m+1} -$$
$$(n+1-m)x^m(1-x)^{n-m}] =$$
$$(n+1)\sum_{m=0}^{n} \left[f\left(\frac{m+1}{n+1}\right) - f\left(\frac{m}{n+1}\right) \right] \cdot$$

附录 II 魏尔斯特拉斯定理

$$C_n^m x^m (1-x)^{n-m}$$

其次，根据拉格朗日定理，由此推得

$$B'_{n+1}(x) = \sum_{m=0}^{n} f'(\xi_n^{(m)}) C_n^m x^m (1-x)^{n-m} =$$

$$\sum_{m=0}^{n} f'\left(\frac{m}{n}\right) C_n^m x^m (1-x)^{n-m} +$$

$$\sum_{m=0}^{n} \left[f'(\xi_n^{(m)}) - f'\left(\frac{m}{n}\right) \right] C_n^m x^m (1-x)^{n-m}$$

$$\left(\frac{m}{n+1} < \xi_n^{(m)} < \frac{m+1}{n+1} \right) \tag{30}$$

在等式(30)右端的第一个和趋向于极限 $f'(x)$，因为由假设，导数 $f'(x)$ 是连续的。我们来证实第二个和趋向于零。用 $\omega_1(\delta)$ 表示函数 $f'(x)$ 的连续模，我们得到

$$\left| \sum_{m=0}^{n} \left[f'(\xi_n^{(m)}) - f'\left(\frac{m}{n}\right) \right] C_n^m x^m (1-x)^{n-m} \right| \leqslant$$

$$\omega_1\left(\frac{1}{n}\right) \sum_{m=0}^{n} C_n^m x^m (1-x)^{n-m} = \omega_1\left(\frac{1}{n}\right)$$

由此推得所需要的结论。

也可以一般地证明，如果 $f(x)$ 具有连续的 k 级导数 $f^{(k)}(x)$，那么导数 $B_n^{(k)}(x)$ 有极限 $f^{(k)}(x)$

$$\lim_{n \to \infty} B_n^{(k)}(x) = f^{(k)}(x), k = 1, 2, \cdots \tag{31}$$

实际上

$$B_{n+k}^{(k)}(x) = \sum_{m=0}^{n+k} f\left(\frac{m}{n+k}\right) C_{n+k}^m \frac{d^k}{dx^k} \left[x^m (1-x)^{n+k-m} \right] =$$

$$\sum_{m=0}^{n+k} f\left(\frac{m}{n+k}\right) C_{n+k}^m \sum_{h=0}^{k} (-1)^{k-h} \cdot$$

$$C_k^h [(m-h+1)\cdots m] \cdot$$

$$[(n+h-m+1)\cdots(n+k-m)] \cdot$$

$$x^{m-h}(1-x)^{n+h-m} =$$
$$\sum_{h=0}^{k}(-1)^{k-h}C_k^h \sum_{m=h}^{n+k} f\left(\frac{m}{n+k}\right) C_{n+k}^m \frac{m!}{(m-h)!} \cdot$$
$$\frac{(n+k-m)!}{(n+h-m)!} x^{m-h}(1-x)^{n+h-m} =$$
$$\sum_{h=0}^{k}(-1)^{k-h}C_k^h \sum_{m=0}^{n} f\left(\frac{m+h}{n+k}\right) \cdot$$
$$C_{n+k}^{m+h} \frac{(m+h)!}{m!} \cdot$$
$$\frac{(n+k-m-h)!}{(n-m)!} x^m (1-x)^{n-m} =$$
$$\frac{(n+k)!}{n!} \sum_{m=0}^{n} \left[\sum_{h=0}^{k}(-1)^{k-h}C_k^h f\left(\frac{m+h}{n+k}\right)\right] \cdot$$
$$C_n^m x^m (1-x)^{n-m}$$

在对指标 h 求和的结果中,所得到的不是别的东西,而是函数 $f(x)$ 在点

$$x = \frac{m}{n+k}$$

处与增量 $\dfrac{1}{n+k}$ 相对应的 k 级有限差分;用 $\Delta_k f\left(\dfrac{m}{n+k}\right)$ 表示这个有限差分,我们有

$$B_{n+k}^{(k)}(x) = \frac{(n+k)!}{n!} \sum_{m=0}^{n} \Delta_k f\left(\frac{m}{n+k}\right) C_n^m x^m (1-x)^{n-m}$$

因此得到

$$\Delta_k f\left(\frac{m}{n+k}\right) = \left(\frac{1}{n+k}\right)^k f^{(k)}(\xi_n^{(m)})$$

其中

$$\frac{m}{n+k} < \xi_n^{(m)} < \frac{m+k}{n+k}$$

因而可以写成

附录 Ⅱ 魏尔斯特拉斯定理

$$B_{n+k}^{(k)}(x) = \left(1 - \frac{1}{n+k}\right)\left(1 - \frac{2}{n+k}\right)\cdots\left(1 - \frac{k-1}{n+k}\right) \cdot$$
$$\sum_{m=0}^{n} f^{(k)}(\xi_n^{(m)}) C_n^m x^m (1-x)^{n-m}$$

或者,换一个写法

$$B_{n+k}^{(k)}(x) = \sum_{m=0}^{n} f^{(k)}(x) C_n^m x^m (1-x)^{n-m} +$$
$$\sum_{m=0}^{n} [f^{(k)}(\xi_n^{(m)}) - f^{(k)}(x)] C_n^m x^m (1-x)^{n-m} -$$
$$\left[1 - \left(1 - \frac{1}{n+1}\right)\cdots\left(1 - \frac{k-1}{n+k}\right)\right] \cdot$$
$$\sum_{m=0}^{n} f^{(k)}(\xi_n^{(m)}) C_n^m x^m (1-x)^{n-m} \qquad (32)$$

在(32)的右端三个和中,第一个和等于 $f^{(k)}(x)$,第二个和趋近于零(这可像对于 $k=1$ 的情形一样加以证明);最后,第三个和也趋近于零,因为在这个和的前面方括弧中的因子无限地减小,而和的本身显然不超过 M_k. 在这里,M_k 是 $f^{(k)}(x)$ 的最大模,于是等于(31)得到证明.

从已证明的命题顺便推出这样的推论:如果函数 $f(x)$ 在区间 $(0,1)$ 中是无限级可微的,那么对于任何整数 $k(k \geqslant 0)$,多项式 $B_n^{(k)}(x)$ 一致地趋近于 $f^{(k)}(x)$. 换句话说,级数

$$f(x) = B_1(x) + \sum_{n=1}^{\infty} [B_{n+1}(x) - B_n(x)]$$

可以逐项微分任意多次.

当假定函数 $f(x)$ 在线段 $(0,1)$ 上或者甚至在某个部分闭线段 (α,β) $(0 \leqslant \alpha < \beta \leqslant 1)$ 上具备正则性时,可以作出更多的结论,那就是多项式 $B_n(x)$ 不仅在这

个线段上而且也在某个包含它的复数区域中一致收敛于 $f(x)$;由此自然推得极限关系 $B_n(x) \to f(x)$ 的无限级可微性.推广多项式 $B_n(x)$ 的性质到复数区域上这种研究是由 Л·В·康托洛维奇于1931年开始的,并且在 С·Н·伯恩斯坦的著作中得到了最后的完整成果.

§6 第二定理的证明以及第一定理与第二定理的联系

假定函数 $f(x)$ 是连续的并且具有周期 2π.要想证明定理 2,只要证明可以选得一个(关于变数 x 的)三角多项式序列
$$\Omega_n(x,t),n=0,1,2,\cdots$$
这些多项式(关于两个变数)具有周期 2π,并且在区域 $0\leqslant x\leqslant 2\pi,0\leqslant t\leqslant 2\pi$ 中满足下列各个要求:

1) 多项式 $\Omega_n(x,t)$ 不是负的并且对于变数 t 是可积分的;

2) 无论 $\delta(\delta>0)$ 是怎样小的数,关系式
$$\lim_{n\to\infty}\int_{x+\delta}^{x+2\pi-\delta}\Omega_n(x,t)\mathrm{d}t=0$$
对于基本区间中变数 x 的所有一切值一致地成立;

3) 关系式
$$\lim_{n\to\infty}\int_{x-\delta}^{x+\delta}\Omega_n(x,t)\mathrm{d}t=1$$
对于基本区间中变数 x 的所有一切值一致地成立.

由此看来,譬如说,可以令

附录 Ⅱ 魏尔斯特拉斯定理

$$\Omega_n(x,t) = \frac{1}{2\pi} \cdot \frac{2 \cdot 4 \cdot \cdots \cdot 2n}{1 \cdot 3 \cdot \cdots \cdot (2n-1)} \cos^{2n} \frac{x-t}{2} =$$

$$\frac{\cos^{2n} \dfrac{x-t}{2}}{\displaystyle\int_0^{2\pi} \cos^{2n} \dfrac{t}{2} \, dt}$$

实际上，首先知道 $\Omega_n(x,t)$ 确实是以 2π 为周期的三角多项式. 这一点可由公式

$$\cos^2 \frac{x-t}{2} = \frac{1}{2}[1 + \cos(x-t)] =$$
$$\frac{1}{2}(1 + \cos x \cos t + \sin x \sin t)$$

以及 $\cos x$ 与 $\sin x$ 的正整幂能用倍弧的余弦与正弦线性地表达出来（按照棣莫弗公式）这一事实明显地看出. 性质 1) 是明显的，性质 2) 可由以下事实推出：当

$$x + \delta < t < x + 2\pi - \delta$$

时，不等式

$$\cos^{2n} \frac{x-t}{2} < \cos^{2n} \frac{\delta}{2}$$

成立，另一方面

$$\int_0^{2\pi} \cos^{2n} \frac{t}{2} \, dt > \int_0^{\frac{\delta}{2}} \cos^{2n} \frac{t}{2} \, dt > \frac{\delta}{2} \cos^{2n} \frac{\delta}{4}$$

所以在所说的区间中

$$\Omega_n(x,t) < \frac{2}{\delta} \left(\frac{\cos \dfrac{\delta}{2}}{\cos \dfrac{\delta}{4}} \right)^{2n}$$

因而

$$\lim_{n \to \infty} \Omega_n(x,t) = 0$$

（一致成立），由此推得 2). 最后，性质 3) 可由性质 2) 推出，只要注意

$$\int_0^{2\pi} \Omega_n(x,t)\,dt = \frac{\int_0^{2\pi} \cos^{2n}\frac{x-t}{2}\,dt}{\int_0^{2\pi} \cos^{2n}\frac{t}{2}\,dt} = 1$$

于是证明了

$$f(x) = \lim_{n\to\infty} \frac{1}{2\pi} \cdot \frac{2\cdot 4\cdots\cdot 2n}{1\cdot 3\cdots\cdot(2n-1)}$$

$$\int_0^{2\pi} f(t) \cos^{2n}\frac{x-t}{2}\,dt$$

(对于 x 的一切值一致地成立).

定理 2 可以作为定理 1 的推论而得到, 我们现在要叙述的证明属于瓦莱·布散.

我们首先假定, 所给的连续的并且具有周期 2π 的函数 $f(x)$ 是偶的. 函数 $f(\arccos t)$ 在区间 $-1 \leqslant t \leqslant +1$ 中关于变数 t 是连续的, 并且 $\arccos t$ 的值是选得满足条件 $0 \leqslant \arccos t \leqslant \pi$ 的. 根据定理 1, 存在着这样的多项式 $P(t)$, 使得不等式

$$|f(\arccos t) - P(t)| < \varepsilon, -1 \leqslant t \leqslant +1 \quad (33)$$

成立, 其中 ε 是任意小的正数. 可是这个不等式显然和下面的等价

$$|f(x) - P(\cos x)| < \varepsilon, 0 \leqslant x \leqslant \pi \quad (34)$$

在这里用 $-x$ 来替代 x (这是可以的, 因为 $f(x)$ 与 $P(\cos x)$ 是偶函数), 我们看出, 如果不等式 (34) 可以这样表达的话, 自然它对于整个基本区间 $-\pi \leqslant x \leqslant +\pi$ 成立, 因而对于 x 的一切值也成立.

转到一般的情形, 我们现在假定 $f(x)$ 是任何一个以 2π 为周期的连续函数. 于是函数

$$\varphi(x) \equiv f(x) + f(-x)$$
$$\psi(x) \equiv [f(x) - f(-x)]\sin x$$

具有同样的性质,并且除此以外,也有偶的性质.根据已证明的事实,无论 ε 是怎样小的一个正数,可以指出这样的多项式 $P(t)$ 与 $Q(t)$,使得对于 x 的一切值,有不等式

$$|\varphi(x) - P(\cos x)| < \frac{\varepsilon}{2}$$

$$|\psi(x) - Q(\cos x)| < \frac{\varepsilon}{2}$$

由此推得

$$|\varphi(x)\sin^2 x - P(\cos x)\sin^2 x| < \frac{\varepsilon}{2}$$

$$|\psi(x)\sin x - Q(\cos x)\sin x| < \frac{\varepsilon}{2}$$

而最后用加法得到

$$|[\varphi(x)\sin^2 x + \psi(x)\sin x] - [P(\cos x)\sin^2 x + Q(\cos x)\sin x]| < \varepsilon$$

即

$$|2f(x)\sin^2 x - T_1(x)| < \varepsilon \tag{35}$$

其中 $T_1(x)$ 表示三角多项式

$$P(\cos x)\sin^2 x + Q(\cos x)\sin x$$

把应用到 $f(x)$ 上的讨论同样应用到函数 $f\left(x + \frac{\pi}{2}\right)$ 上去,我们可指出这样的三角多项式 $T_2(x)$,使得它满足不等式

$$\left|2f\left(x + \frac{\pi}{2}\right)\sin^2 x - T_2(x)\right| < \varepsilon$$

在这里把 x 换为 $x - \frac{\pi}{2}$,我们得到

$$|2f(x)\cos^2 x - T_3(x)| < \varepsilon \tag{36}$$

其中 $T_3(x)$ 又是一个三角多项式.把不等式(35)与

(36)相加起来并用 2 去除,我们得到

$$|f(x)-T(x)|<\varepsilon \qquad (37)$$

其中 $T(x)\equiv\dfrac{T_1(x)+T_3(x)}{2}$ 是一个三角多项式.

反之,定理 1 可同样简单地从定理 2 推出来.设 $f(x)$ 是在区间 $-1\leqslant x\leqslant +1$ 上给定的连续函数.根据定理 2,存在着三角多项式 $T(x)$,对于 x 的一切值,它满足不等式

$$|f(\cos x)-T(x)|<\varepsilon$$

由此推知,把 x 换为 $-x$ 以后,有 $|f(\cos x)-T(-x)|<\varepsilon$,又有

$$\left|f(\cos x)-\dfrac{T(x)+T(-x)}{2}\right|<\varepsilon \qquad (38)$$

三角多项式 $T(x)$ 具有 $T(x)=C(x)+S(x)$ 的形状,其中

$$C(x)=\sum_{k=0}^{n}a_k\cos kx,\ S(x)=\sum_{k=1}^{n}b_k\sin kx$$

因为显然

$$\dfrac{T(x)+T(-x)}{2}=C(x)$$

所以不等式(38)可变成下形

$$\left|f(\cos x)-\sum_{k=0}^{n}a_k\cos kx\right|<\varepsilon$$

在这里用 $\arccos x$ 来代替 x,我们得到对于区间 $-1\leqslant x\leqslant +1$ 上 x 的一切值都成立的不等式

$$\left|f(x)-\sum_{k=0}^{n}a_k T_k(x)\right|<\varepsilon$$

其中

$$T_k(x)=\cos k\arccos x$$

附录 Ⅱ　魏尔斯特拉斯定理

是切比雪夫多项式. 于是定理 1 已证明.

附注　定理 1 也可以从定理 2 用这样的方法得到. 如果连续函数 $f(x)$ 譬如说是在区间 $-1 \leqslant x \leqslant +1$ 上给定的, 那么可以首先保持它的连续性, 把它开拓到整个区间 $-\pi \leqslant x \leqslant +\pi$ 上去, 使得等式 $f(-\pi) = f(+\pi)$ 成立; 其次利用周期性条件 $f(x+2\pi) = f(x)$ 把它开拓到 x 的一切值上去. 在不等式

$$|f(x) - T(x)| < \frac{\varepsilon}{2}$$

中（其中 $T(x)$ 是三角多项式）, $T(x)$ 的每个形如 $\cos kx$ 或 $\sin kx$ 的项可以用由公式

$$\begin{cases} \cos t = \sum \dfrac{(-1)^n t^{2n}}{(2n)!} \\ \sin t = \sum \dfrac{(-1)^n t^{2n+1}}{(2n+1)!} \end{cases} \tag{39}$$

得到的泰勒展开式中若干个项来代替, 使得这时总的误差不超过 $\dfrac{\varepsilon}{2}$; 于是得到满足不等式

$$|f(x) - P(x)| < \varepsilon$$

的通常多项式 $P(x)$.

为了要用类似的方法从定理 1 导出定理 2, 可以利用泰勒展开式

$$\arcsin x = \sum_1^\infty c_n x^n, \ |x| \leqslant 1, \ |\arcsin x| \leqslant \frac{\pi}{2}$$

由此推得

$$x = \sum_1^\infty c_n \sin^n x \tag{40}$$

并且在区间 $-\dfrac{\pi}{2} \leqslant x \leqslant \dfrac{\pi}{2}$ 上该式必然一致收敛. 用

$\frac{\pi}{2} - x$ 代替 x,经过移项后我们得到

$$x = \frac{\pi}{2} - \sum_0^\infty c_n \cos^n x \qquad (41)$$

(在区间 $0 \leqslant x \leqslant \pi$ 上具有一致收敛性)

令 $f(x) = \varphi(x) + \psi(x)$,其中

$$\varphi(x) = \frac{f(x) + f(2\pi - x)}{2}, \psi(x) = \frac{f(x) - f(2\pi - x)}{2}$$

并且恒等式

$$\varphi(2\pi - x) = \varphi(x), \psi(2\pi - x) = -\psi(x)$$

显然成立.

设 $P_1(x)$ 是求得的这样一个多项式,使得当 $0 \leqslant x \leqslant \pi$ 时

$$|\varphi(x) - P_1(x)| < \frac{\varepsilon}{4}$$

在 $P_1(x)$ 中用和

$$\frac{\pi}{2} - \sum_0^N c_n \cos^n x$$

代替 x,其中 N 足够地大,使得用多项式

$$T_1(x) = P_1\left(\frac{\pi}{2} - \sum_0^N c_n \cos^n x\right)$$

来代替多项式 $P_1(x)$ 时,总的误差不超过 $\frac{\varepsilon}{4}$,于是有不等式

$$|\varphi(x) - T_1(x)| < \frac{\varepsilon}{2}, 0 \leqslant x \leqslant \frac{\pi}{2} \qquad (42)$$

另一方面,设 $P_2(x)$ 是求得的这样一个多项式,使得 $|\psi(x) - P_2(x)| < \frac{\varepsilon}{4}$(对于区间 $-\frac{\pi}{2} \leqslant x \leqslant \frac{\pi}{2}$). 利用公式(40),我们像前面一样得到三角多项式

附录 Ⅱ 魏尔斯特拉斯定理

$$T_2(x) = P_2\Big(\sum_0^{N'} c'_n \sin^n x\Big)$$

它满足不等式

$$|\psi(x) - T_2(x)| < \frac{\varepsilon}{2},\ -\frac{\pi}{2} \leqslant x \leqslant \frac{\pi}{2} \quad (43)$$

不等式(42)与(43)对于 x 的一切值都"自动地"成立. 令 $T_1(x) + T_2(x) = T(x)$,我们借此得到

$$|f(x) - T(x)| \leqslant |\varphi(x) - T_1(x)| +$$
$$|\psi(x) - T_2(x)| < \varepsilon$$
$$(44)$$

§7 关于插补基点的法柏定理

证实了在等距离基点的情形下,插补多项式不一定趋近于被插补的连续函数后,我们试问:是否终究不能这样来选择插补基点,使插补过程对于任何连续函数都收敛? 就这方面来看,譬如说切比雪夫的基点是否比较适当些?

在解答是肯定的情形下,我们就会得到魏尔斯特拉斯定理的新的证明方法.

可是回答只能是否定的:任何一组基点都不能使得插补过程对于任何的连续函数收敛.

为了证明这一点,我们必须从稍远一点的地方着手,同时我们要从三角的情形开始.

我们来证实下面的断言. 不论变数 θ 的值如何以及正整数 n 的值如何,三角多项式

$$\lambda(\theta) = \sum_{k=1}^{n} \frac{\sin(2k-1)\theta}{2k-1}$$

Bernstein 多项式与 Bézier 曲面

与

$$\mu(\theta) = \sum_{k=1}^{n} \frac{\sin(2k-1)\theta}{k} \quad (45)$$

都是一致有界的,这就是说它满足不等式

$$|\lambda(\theta)| < L, \ |\mu(\theta)| < M \quad (46)$$

其中 L 与 M 是绝对常数.

施行微分法,得到

$$\lambda'(\theta) = \sum_{k=1}^{n} \cos(2k-1)\theta = \frac{\sin 2n\theta}{2\sin\theta}$$

考察 $\lambda'(\theta)$ 的符号,我们肯定在区间 $0 \leqslant \theta \leqslant \frac{\pi}{2}$ 上,$\lambda(\theta)$ 在点

$$\theta_m = \frac{2m-1}{2n}\pi, m = 1, 2, \cdots, \left[\frac{n+1}{2}\right]$$

处有极大值,并且在点

$$\theta'_m = \frac{m}{n}\pi, m = 1, 2, \cdots, \left[\frac{n}{2}\right]$$

处有极小值. 极大值 $\lambda(\theta_m)$ 随着数码 m 的增加而减小.
事实上

$$\lambda(\theta_{m+1}) - \lambda(\theta_m) = \int_{\theta_m}^{\theta_{m+1}} \lambda'(\theta)\mathrm{d}\theta =$$

$$\frac{1}{2}\int_{\frac{2m-1}{2n}\pi}^{\frac{2m+1}{2n}\pi} \frac{\sin 2n\theta}{\sin\theta}\mathrm{d}\theta =$$

$$\frac{1}{2}\int_{\frac{2m-1}{2n}\pi}^{\frac{m}{n}\pi} \frac{\sin 2n\theta}{\sin\theta} +$$

$$\frac{1}{2}\int_{\frac{m}{n}\pi}^{\frac{2m+1}{2n}\pi} \frac{\sin 2n\theta}{\sin\theta}\mathrm{d}\theta =$$

$$\frac{1}{2}\int_{\frac{2m-1}{2n}\pi}^{\frac{m}{n}\pi} \sin 2n\theta \left(\frac{1}{\sin\theta} - \right.$$

附录 Ⅱ 魏尔斯特拉斯定理

$$\left. \frac{1}{\sin\left(\theta + \frac{\pi}{2n}\right)} \right) \mathrm{d}\theta < 0$$

因为在积分的区间中,$\sin 2n\theta$ 是负的,而在括号中的表达式是正的.同样极小值 $\lambda(\theta'_m)$ 随着 m 的增加而增加.最小的极小值等于

$$\lambda(\theta'_1) = \sum_{k=1}^{n} \frac{\sin(2k-1)\frac{\pi}{n}}{2k-1}$$

因为在上面这个和中离首项与离末项位置相同的两项,其分子的绝对值相等,所以这些项的和是正的,因而 $\lambda(\theta'_1) > 0$,由此推得当 $0 < \theta < \frac{\pi}{2}$ 时,$\lambda(\theta) > 0$. 另一方面,在这同一个区间中

$$\lambda(\theta) \leqslant \lambda(\theta_1) = \sum_{k=1}^{n} \frac{\sin(2k-1)\frac{\pi}{2n}}{2k-1}$$

当 n 无限增大时,最后这个和显然有有限的极限

$$\lim_{n\to\infty} \sum_{k=1}^{n} \frac{\sin(2k-1)\frac{\pi}{2n}}{2k-1} = \frac{1}{2}\int_0^{\pi} \frac{\sin\theta}{\theta}\mathrm{d}\theta > 0$$

由此推出不等式(46)中第一式(目前还只是对于区间 $0 \leqslant \theta \leqslant \frac{\pi}{2}$ 而言).为了要推广它到 θ 的一切值上去,只要注意

$$\lambda(\pi - \theta) = \lambda(\theta), \lambda(-\theta) = -\lambda(\theta)$$

转到不等式(46)中第二式,我们来考虑新的多项式

$$\lambda(\theta) - \frac{1}{2}\mu(\theta) = \sum_{k=1}^{n} \frac{\sin(2k-1)\theta}{2k(2k-1)}$$

因为

$$\left|\lambda(\theta) - \frac{1}{2}\mu(\theta)\right| < \sum_{k=1}^{n} \frac{1}{2k(2k-1)} <$$
$$\sum_{k=1}^{\infty} \frac{1}{2k(2k-1)} = \lg 2$$

所以利用不等式(46)中第一式，由此推得
$$|\mu(\theta)| < 2(L + \lg 2) \equiv M$$

现在可以证明，多项式
$$v(\theta) = \frac{\cos \theta}{n} + \frac{\cos 2\theta}{n-1} + \cdots + \frac{\cos n\theta}{1} -$$
$$\frac{\cos(n+1)\theta}{1} - \cdots -$$
$$\frac{\cos(2n-1)\theta}{n-1} - \frac{\cos 2n\theta}{n}$$

对于 θ 与 n 的任何值满足不等式
$$|v(\theta)| < N \tag{47}$$

其中 N 是一绝对常数．事实上
$$|v(\theta)| = \left|\sum_{k=1}^{n} \frac{1}{k}[\cos(n-k+1)\theta - \cos(n+k)\theta]\right| =$$
$$\left|2\sin\frac{2n+1}{2}\theta \cdot \sum_{k=1}^{n} \frac{1}{k} \cdot \sin(2k-1)\frac{\theta}{2}\right| \leqslant$$
$$2\left|\mu\left(\frac{\theta}{2}\right)\right| < 2M \equiv N$$

由上所述，不难计算 N，可是 N 的数值如何，对以后来讲不关重要．

因为要证明已给 n 次的插补多项式可以和被插补的函数有很大程度的差别，我们现在要讨论一个基本补助定理，可是这个补助定理也有其独立的意义。

存在着一个正数 τ（绝对常数），它具有这样的性质：不论 $\theta_i (i=0,1,2,\cdots,n)$ 是区间 $0 \leqslant \theta \leqslant \pi$ 上怎样的 $n+1$ 个不同的点，总可以作出一个 n 次的偶的（即

附录 Ⅱ 魏尔斯特拉斯定理

可由余弦表达的）多项式 $T^*(\theta)$，使得 1) 在各个点 θ_i 处它的绝对值不超过 1

$$|T^*(\theta_i)| \leqslant 1 \tag{48}$$

并且 2) 在某个点 $\theta = \theta^*$ 处，它满足不等式

$$|T^*(\theta^*)| \geqslant \tau \lg n \tag{49}$$

令

$$\psi(\theta) = \frac{1}{N}\left(\frac{\cos\theta}{n} + \frac{\cos 2\theta}{n-1} + \cdots + \frac{\cos n\theta}{1}\right)$$

$$\chi(\theta) = -\frac{1}{N}\left(\frac{\cos\overline{n+1}\,\theta}{1} + \frac{\cos\overline{n+2}\,\theta}{2} + \cdots + \frac{\cos 2n\theta}{n}\right)$$

我们看出，对于任意的 n 与 θ，这些多项式的和

$$\varphi(\theta) \equiv \psi(\theta) + \chi(\theta)\left(\equiv \frac{v(\theta)}{N}\right) \tag{50}$$

的绝对值不超过 1

$$|\varphi(\theta)| \leqslant 1 \tag{51}$$

用 α 表示某一个暂时未确定的、以后要加选择的实数，并且作一个次数为 n 的偶的插补多项式 $T(\alpha,\theta)$，使得在各个点 θ_i 处，它所取的值与 $2n$ 次的多项式

$$\Phi(\alpha,\theta) \equiv \frac{1}{2}[\varphi(\alpha-\theta) + \varphi(\alpha+\theta)]$$

所取的值相同. 这个多项式具有如下的形状

$$T(\alpha,\theta) = \sum_{k=0}^{n} \frac{1}{2}[\varphi(\alpha-\theta_k) + \varphi(\alpha+\theta_k)]l_k(\theta) \tag{52}$$

其中 $l_k(\theta)$ 是满足条件

$$l_i(\theta_k) = \begin{cases} 0, & \text{当 } i \neq k \\ 1, & \text{当 } i = k \end{cases}, i,k = 0,1,\cdots,n$$

的 n 次的偶三角多项式. 注意公式 (50)，又可以写

$$T(\alpha,\theta) = \sum_{k=0}^{n} \frac{1}{2}[\psi(\alpha-\theta_k) + \psi(\alpha+\theta_k)]l_k(\theta) +$$

Bernstein 多项式与 Bézier 曲面

$$\sum_{k=0}^{n} \frac{1}{2}[\chi(\alpha-\theta_k)+\chi(\alpha+\theta_k)]l_k(\theta)=$$

$$\frac{1}{2}[\psi(\alpha-\theta)+\psi(\alpha+\theta)]+$$

$$\sum_{k=0}^{n} \frac{1}{2}[\chi(\alpha-\theta_k)+\chi(\alpha+\theta_k)]l_k(\theta)$$

因为 $\psi(\theta)$ 的次数等于 n,而 $\chi(\theta)$ 的次数高于 n.

令 $\theta=\alpha$,我们得到

$$T(\alpha,\alpha)=\frac{1}{2}\psi(0)+\{\frac{1}{2}\psi(2\alpha)+\sum_{k=0}^{n}\frac{1}{2}[\chi(\alpha-\theta_k)+$$

$$\chi(\alpha+\theta_k)]l_k(\alpha)\}$$

在大括弧中的表达式是参数 α 的三角多项式,其中的常数项等于零①. 由此可见,可以这样选择 $\alpha=\alpha^*$,使得这个表达式成为零② 于是我们得到

$$T(\alpha^*,\alpha^*)=\frac{1}{2}\psi(0)=\frac{1}{2N}\left(\frac{1}{n}+\frac{1}{n-1}+\cdots+\frac{1}{1}\right)>$$

$$\frac{1}{2N}\lg n \tag{53}$$

现在我们用等式

$$T^*(\theta)\equiv T(\alpha^*,\theta)$$

来定义 n 次多项式 $T^*(\theta)$. 这个多项式满足所提出的要求:

1) 由关系式 (52),$T^*(\theta_i)=T(\alpha^*,\theta_i)=\Phi(\alpha^*,$

---

① 实际上,$l_k(\alpha)$ 只包含依赖于 $\cos m\alpha$ 的项,其中 $m\leqslant n$,而 $\chi(\alpha-\theta_k)+\chi(\alpha+\theta_k)$ 只包含依赖于 $\cos m\alpha$ 与 $\sin m\alpha$ 的项,其中 $m>n$,而作乘法时常数项不能产生.

② 如果在三角多项式 $T(\theta)$ 中缺少常数项,则 $\int_0^{2\pi}T(\theta)\mathrm{d}\theta=0$,这就表明在整个周期中 $T(\theta)$ 不能保持符号不变.

附录 Ⅱ 魏尔斯特拉斯定理

θ_i),因而

$$|T^*(\theta_i)|=|\Phi(\alpha^*,\theta_i)|\leqslant \frac{1}{2}[|\varphi(\alpha^*-\theta_i)|+|\varphi(\alpha^*+\theta_i)|]\leqslant 1$$

2) 根据不等式(53),令 $\theta^*=\alpha^*$,我们得到

$$T^*(\alpha^*)=T(\alpha^*,\alpha^*)>\tau\lg n,\text{其中}\tau=\frac{1}{2N}$$

这就证明了我们的补助定理.

所证的补助定理立刻可转移到基本区间$(-1,+1)$中的通常多项式上去:存在着这样的正数τ,使得无论$x_i(i=0,1,\cdots,n)$是区间$-1\leqslant x\leqslant +1$上怎样的$n+1$个不同的点,总可以作出一个具备下述性质的$n$次多项式$P^*(x)$

1° $|P^*(x_i)|\leqslant 1,i=0,1,\cdots,n$

2° $|P^*(x^*)|>\tau\lg n,-1\leqslant x^*\leqslant +1$

(只要作一个对应于点$\theta_i=\arccos x_i$的多项式$T^*(\theta)$,然后令$\cos\theta=x,\cos\theta^*=x^*$,并令$P^*(x)=T^*(\arccos x)$)

我们现在提出这样的问题:如果知道在区间$(-1,+1)$中的n次多项式$P(x)$在点$x_i(i=0,1,\cdots,n)$处的绝对值不超过1,问在$(-1,+1)$中它能取怎样的最大值G? 因为

$$P(x)\equiv\sum_{i=0}^{n}P(x_i)L_i(x)$$

其中

$$L_i(x)=\frac{A(x)}{A'(x_i)(x-x_i)},A(x)=\prod_{i=1}^{n}(x-x_i)$$

所以

295

$$|P(x)| \leqslant \sum_{i=0}^{n} |P(x_i)| \cdot |L_i(x)| \leqslant \sum_{i=0}^{n} |L_i(x)| \leqslant$$

$$\max_{-1 \leqslant x \leqslant 1} \sum_{i=0}^{n} |L_i(x)| = G$$

设 x^* 是这样的点,使得

$$\sum_{i=0}^{n} |L_i(x^*)| = G$$

(求得的 G 值是精确的,因为它是由条件 $Q_i(x) = \mathrm{sgn}\, L_i(x^*)$ 所确定的 n 次多项式 $Q(x)$ 在点 x^* 处所达到的值)

由前所证可见,无论点 $x_i, i=0,1,\cdots,n$ 如何,不等式

$$G > \tau \lg n \tag{54}$$

一定成立.

我们现在来设想不论由取怎样任意的基点

$$x_m^{(n)}, m=0,1,\cdots,n; n=1,2,\cdots$$

而作出的插补过程. 设 G_n 的满足不等式

$$|P(x_m^{(n)})| \leqslant 1, m=0,1,\cdots,n$$

的 n 次多项式 $P(x)$ 的最大的绝对值;设 $Q_n(x)$ 是所说的一类中的多项式,它在某一点 x_n^* 处达到数值 G_n

$$|Q_n(x_n^*)| = G_n \tag{55}$$

对于我们来说,重要的是,从不等式(54)可推出

$$\lim_{n \to \infty} G_n = \infty \tag{56}$$

各个数值 G_n 具有这样的性质,使得由不等式 $|f(x_m^{(n)})| \leqslant M$ 可得

$$|P_n(f;x)| \leqslant MG_n, -1 \leqslant x \leqslant +1 \tag{57}$$

根据魏尔斯特拉斯定理,我们来证明,不论 n 如何,总可以作出次数 $n' > n$ 的多项式 $R_{n'}(x)$,使得

附录 Ⅱ 魏尔斯特拉斯定理

1° $\quad |R_{n'}(x)| < 2, -1 \leqslant x \leqslant +1$

2° $\quad |P_n(R_{n'}, x_n^*)| > \dfrac{1}{2} G_n$

事实上，设 $F(x)$ 是满足条件 $F(x_m^{(n)}) = Q_n(x_m^{(n)})$ 与 $|F(x)| < 1$ 的任意的连续函数．根据魏尔斯特拉斯定理，存在着这样的多项式 $R_{n'}(x)$，使得 $|R_{n'}(x) - F(x)| < \varepsilon$．现在可以把数 ε 选得这样的小，使得最后这个不等式保证不等式 1° 与 2° 成立；这可由下面的事实推出：$P_n(R_{n'}, x_n^*)$ 是数量 $R_{n'}(x_m^{(n)})$ 的连续函数，这数与 $F(x_m^{(n)})$ 亦即与 $Q_n(x_m^{(n)})$ 的差可以任意地小，并且有等式 $|P_n(Q_n; x_n^*)| = |Q_n(x_n^*)| = G_n$．

选择整数序列
$$n_0 < n_1 < n_2 < \cdots < n_p < \cdots$$
及与之对应的多项式
$$R_{n'_0}(x), R_{n'_1}(x), R_{n'_2}(x), \cdots, R_{n'_p}(x), \cdots$$
使得不等式
$$n_p < n'_p < n_{p+1}, p = 0, 1, 2, \cdots \quad (58)$$
与
$$G_{n_{p+1}} > G_{n_p}^2, p = 0, 1, 2, \cdots \quad (59)$$
成立；由公式(56)，最后的不等式是可能的．我们有
$$|R_{n'_p}(x)| < 2, -1 \leqslant x \leqslant +1 \quad (60)$$
$$|P_{n_p}(R_{n'_p}; x_{n_p}^*)| > \dfrac{1}{2} G_{n_p} \quad (61)$$

现在可以作出连续函数 $f(x)$
$$f(x) = \sum_{p=1}^{\infty} \dfrac{1}{\sqrt{G_{n_p}}} \cdot R_{n'_p}(x) \quad (62)$$

对于这个函数来说，与所给的基点组对应的插补过程是发散的．

函数 $f(x)$ 的连续性从不等式(60)以及级数 $\sum_{p=1}^{\infty}\dfrac{1}{\sqrt{G_{n_p}}}$ 的收敛性可以推得. 我们现在来计算 $P_{n_k}(f;x)$

$$P_{n_k}(f;x)=\sum_{p=1}^{k-1}\frac{1}{\sqrt{G_{n_p}}}\cdot R_{n'_p}(x)+\frac{1}{\sqrt{G_{n_k}}}\cdot P_{n_k}(R_{n'_k};x)+P_{n_k}(\rho_k;x) \qquad (63)$$

其中已令

$$\rho_k(x)=\sum_{p=k+1}^{\infty}\frac{1}{\sqrt{G_{n_p}}}\cdot R_{n'_p}(x) \qquad (64)$$

考虑(63)右端三项中的各项. 由不等式(60)以及级数 $\sum_{p=1}^{\infty}\dfrac{1}{\sqrt{G_{n_p}}}$ 的收敛性,知第一项当 k 增大时保持小于某一常数. 对于第三项说, 这也同样是正确的: 事实上, 由(64)可见

$$|\rho_k(x)|<2\sum_{p=k+1}^{\infty}\frac{1}{\sqrt{G_{n_p}}}<\frac{2}{\sqrt{G_{n_{k+1}}}-1}$$

于是利用(56),(57)与(59)推得

$$|P_{n_k}(\rho_k;x)|<\frac{2G_{n_k}}{\sqrt{G_{n_{k+1}}}-1}<\frac{2\sqrt{G_{n_{k+1}}}}{\sqrt{G_{n_{k+1}}}-1}\to 2$$

至于第二项, 则如不等式(61)所指出, 当 $x=x^*_{n_k}$ 时它大于 $\dfrac{1}{2}\sqrt{G_{n_k}}$, 因而无限地增大. 由所有这些结果推得

$$\lim_{k\to\infty}P_{n_k}(f;x^*_{n_k})=\infty$$

可见 $P_n(f;x)$ 不一致趋近于 $f(x)$.

上面所说的法柏的否定结果可以与下面由爱尔得斯和杜兰所得到的肯定结果(P. Erdös 与 P. Turan)作一比较. 当利用平方收敛性替代一致收敛性以减弱收

附录 Ⅱ 魏尔斯特拉斯定理

敛性概念时,"通用的"插补基点系是存在的.确切地说:

设 $p(x)$ 是在区间 $a \leqslant x \leqslant b$ 上给定的某一个正的权;$\{\Phi_n(x)\}$ 是与权 $p(x)$ 相联系的正交多项式系;$x_m^{(n)}(m=1,2,\cdots,n)$ 是多项式 $\Phi_n(x)$ 的根;$\{P_n(f,x)\}$ 是对于函数 $f(x)$ 作成的具有基点 $x_m^{(n)}, m=1,2,\cdots,n$ 的拉格朗日插补多项式系,$f(x)$ 是在所考虑的区间上给定的函数. 在这种情况下,不论 $f(x)$ 是区间 $a \leqslant x \leqslant b$ 上怎样的连续函数,平方收敛性

$$\lim_{n\to\infty}\int_a^b \{P_n(f,x)-f(x)\}^2 p(x)\mathrm{d}x = 0 \quad (65)$$

总成立.

顺便,由此立即推知,只要权 $p(x)$ 在我们的区间上具有正的下界

$$p(x) \geqslant m > 0$$

那么关系式(65)可以用不显含权的下列形式替代

$$\lim_{n\to\infty}\int_a^b \{P_n(f,x)-f(x)\}^2 \mathrm{d}x = 0 \quad (66)$$

例如,在把勒让得多项式的零点当作插补基点的情况下,这是成立的.

§8 费叶的收敛插补过程

重新回到通常的拉格朗日插补法. 虽然如我们所见,"通用的"拉格朗日的插补基点系不存在,但是,不论所给的被插补的连续函数如何,在适当选择基点时,还是可能改变插补过程使得它收敛. 这就是说,我们要证实,例如,当 $2n-1$ 次的插补多项式 $P_{2n-1}(x)$ 是这样地作出时,收敛性成立:在切比雪夫基点 $x_m^{(n)} = \cos\dfrac{2m-1}{2n}\pi$ 处,插补多项式与所给的函数符合

$$P_{2n-1}(f;x_m^{(n)}) = f(x_m^{(n)})$$

并且在这些基点处,它们的导数为零

$$P'_{2n-1}(f;x_m^{(n)}) = 0, m=1,2,\cdots,n$$

关于多项式 $P_{2n-1}(f;x)$ 的公式可由之前的公式得到,并且包含有导数的项都失去了

$$P_{2n-1}(f;x) = \sum_{m=1}^{n} f(x_m^{(n)}) h_m^{(n)}(x) \quad (67)$$

其中

$$\begin{cases} h_m^{(n)}(x) = \dfrac{1}{n^2}(1-xx_m^{(n)})\left[\dfrac{T_n(x)}{x-x_m^{(n)}}\right]^2 \\ T_n(x) = \cos n\arccos x \end{cases} \quad (68)$$

因为 $|x_m^{(n)}| < 1$,并且假定了 $|x| \leqslant 1$,所以由(68) 可见

$$h_m^{(n)}(x) \geqslant 0 \quad (69)$$

除此以外,在(67) 中令 $f(x) \equiv 1$,我们确定

$$\sum_{m=1}^{n} h_m^{(n)}(x) \equiv 1 \quad (70)$$

注意到最后的等式,我们可以写

$$f(x) = \sum_{m=1}^{n} f(x) h_m^{(n)}(x) \quad (71)$$

并且由(67) 减去(71),我们得到(利用不等式(69))

$$|P_{2n-1}(f;x) - f(x)| = \left|\sum_{m=1}^{n}[f(x_m^{(n)}) - f(x)]h_m^{(n)}(x)\right| \leqslant$$

$$\sum_{m=1}^{n} |f(x_m^{(n)}) - f(x)| h_m^{(n)}(x)$$

$$(72)$$

附录 Ⅱ 魏尔斯特拉斯定理

把最后这个和分成为两个

$$\sum_{m=1}^{n} = \sum_{\mathrm{I}} + \sum_{\mathrm{II}}$$

凡使 $|x_m^{(n)} - x| < \delta$ 的项列入和 $\sum_{\mathrm{I}}$ 之内,而使 $|x_m^{(n)} - x| \geqslant \delta$ 的项列入和 $\sum_{\mathrm{II}}$ 之内,其中 δ 是这样选择的正数,使得由不等式 $|x' - x''| < \delta (-1 \leqslant x' \leqslant 1, -1 \leqslant x'' \leqslant 1)$ 可得不等式 $|f(x') - f(x'')| < \frac{\varepsilon}{2}$ (由 $f(x)$ 的连续性,这是可能的). 于是根据不等式 (69) 与公式 (70),我们对于第一个和得到

$$\sum_{\mathrm{I}} |f(x_m^{(n)}) - f(x)| h_m^{(n)}(x) < \frac{\varepsilon}{2} \sum_{\mathrm{I}} h_m^{(n)}(x) \leqslant$$

$$\frac{\varepsilon}{2} \sum_{m=1}^{n} h_m^{(n)}(x) = \frac{\varepsilon}{2} \qquad (73)$$

至于第二个和,则用 M 表示 $f(x)$ 在线段 $(-1, +1)$ 上的最大模时,我们就得到

$$\sum_{\mathrm{II}} |f(x_m^{(n)}) - f(x)| h_m^{(n)}(x) \leqslant$$

$$2M \sum_{\mathrm{II}} h_m^{(n)}(x) \qquad (74)$$

现在我们注意,当 $|x_m^{(n)} - x| \geqslant \delta$ 时,由 (68) 推得

$$h_m^{(n)}(x) \leqslant \frac{1}{n^2} \cdot 2 \cdot \left(\frac{1}{\delta}\right)^2 = \frac{2}{\delta^2 n^2}$$

所以由不等式 (74) 可得

$$\sum_{\mathrm{II}} |f(x_m^{(n)}) - f(x)| \cdot h_m^{(n)}(x) \leqslant \frac{4M}{\delta^2 n}$$

因此,我们最后从式 (72) 得到

$$|P_{2n-1}(f; x) - f(x)| < \frac{\varepsilon}{2} + \frac{4M}{\delta^2 n}$$

选取任意小的数 ε,及与它相对应的 δ,然后取次数 n 足

够大,使得不等式
$$\frac{4M}{\delta^2 n} < \frac{\varepsilon}{2}$$
成立,我们得到结论
$$|P_{2n-1}(f;x) - f(x)| < \varepsilon$$

不难了解,在费叶的插补过程中,收敛性是用了在插补多项式的次数增加到两倍的代价而达到.C·H·伯恩斯坦证明了,同样的结果可以在增加到次数不大于 $1+\varepsilon$ 倍(其中 ε 倍是任意小的数)时得到.

另一方面,费叶已经证明,多项式 $P_{2n-1}(f;x)$ 的导数为零的条件可以大大地减弱:只要在插补基点处这些导数的值不增加得太快.例如,在条件
$$|P'_{2n-1}(f;x_m^{(n)})| < \frac{\varepsilon_n}{\sqrt{1-x_m^{(n)2}}} \cdot \frac{n}{\lg n}, \varepsilon_n \to 0$$
(75)
下,定理的结论仍然有效.

附录Ⅲ　关于 Bernstein 型和 Bernstein-Grünwald 型插值过程

谢庭藩

§1　引言

众所周知，根据 Faber 定理，Lagrange 插值多项式不可能对一切连续函数一致收敛. 为此，S. N. Bernstein 和 G. Grünwald 将 Lagrange 插值多项式修改，引入了如下两类所谓 Bernstein 插值过程和 Bernstein-Grünwald 插值过程，我们分别简称为 B－过程和 BG－过程.

记 $T_n(x) = \cos n\theta (x = \cos \theta)$ 为第一类 Чебышев 多项式

$$x_k = \cos \theta_k = \cos \frac{(2k-1)\pi}{2n}, k=1,2,\cdots,n$$

是 $T_n(x)$ 的 n 个零点. 用

$$l_k(x) = \frac{(-1)^{k+1}(1-x_k^2)^{\frac{1}{2}}}{n} \cdot \frac{T_n(x)}{x-x_k}, k=1,2,\cdots,n$$

表示 Lagrange 插值基本多项式. S. N. Bernstein[29] 定义 B－过程如下：设 $f \in C[-1,1]$

---

① 数学学报，1985，28(4)：455－469.

$$B_n(f,x) = \sum_{k=1}^{n} f(x_k)\varphi_k(x)$$

其中

$$\varphi_1(x) = \frac{1}{4}[3l_1(x) + l_2(x)]$$

$$\varphi_n(x) = \frac{1}{4}[l_{n-1}(x) + 3l_n(x)]$$

$$\varphi_k(x) = \frac{1}{4}[l_{k-1}(x) + 2l_k(x) + l_{k+1}(x)],$$

$$k = 2,3,\cdots,n-1$$

G. Grünwald[30] 定义 BG—过程如下

$$G_n(f,x) = \sum_{k=1}^{n} f(x_k)\varphi_k(x)$$

这里

$$\varphi_k(x) = \varphi_k(\theta) = \frac{1}{2}\left[l_k\left(\theta + \frac{\pi}{2n}\right) + l_k\left(\theta - \frac{\pi}{2n}\right)\right],$$

$$k = 1,\cdots,n$$

$$x = \cos\theta, l_k(\theta) = l_k(\cos\theta)$$

S. N. Bernstein[29] 和 G. Grünwald[30] 分别证明了:对于 $f \in C[-1,1]$,$B_n(f,x)$ 和 $G_n(f,x)$ 在[-1,1]上一致收敛于 $f(x)$.

其后,Д. Л. Берман(参见 [31]),О. Киш[32],A. K. Varma[33-34] 研究了有关节点的 B—过程,而 T. M. Mills 和 A. K. Varma[35],B. P. S. Chauhan 和 K. B. Srivastava[36] 研究了 BG—过程. 迄今为止,关于这两类插值过程逼近阶的最好估计是

$$O\left(\omega\left(f, \frac{\sqrt{1-x^2}}{n} + \frac{1}{n^2}\right)\right) \tag{1}$$

由此产生如下的问题:插值过程 $B_n(f,x)$ 和 $G_n(f,x)$

附录 Ⅲ 关于 Bernstein 型和 Bernstein – Grünwald 型插值过程

的逼近阶估计(1)是否是最好的？它们的饱和阶是什么？本章 §2 首先考虑相应于第二类 Чебышев 多项式零点的 B — 过程：$B_n^*(f,x)$，而 §3 考虑修正的 BG — 过程 $G_n^*(f,x)$。们证明了：$B_n^*(f,x)$ 和 $G_n^*(f,x)$ 的逼近阶能用

$$O\left(\omega_2\left(f,\frac{\sqrt{1-x^2}}{n}\right)+\omega\left(f,\frac{1}{n^2}\right)\right)$$

来估计，在 §4 中，我们提出一般定理，利用一般定理可以证明 $B_n(f,x)$ 和 $G_n(f,x)$ 的饱和阶是 $\frac{1}{n^2}$，它们的逼近阶分别可用

$$O\left(\omega_2\left(f,\frac{\sqrt{1-x^2}}{n}\right)+\omega\left(f,\frac{1}{n^2}\right)\right)$$

$$\text{和 } O\left(\omega_2\left(f,\frac{1}{n}\right)+\omega\left(f,\frac{1}{n^2}\right)\right) \tag{2}$$

来估计，而且(2)中"$\omega\left(f,\frac{1}{n^2}\right)$"一项不能省去．由此，回答了上面提出的问题．

§2 关于一个 B — 过程

A. K. Varma[34] 考虑了第二类 Чебышев 多项式 $U_n(x)=\sin(n+1)\theta/\sin\theta(x=\cos\theta)$ 的零点 $t_k=\cos\theta_k=\cos\frac{k\pi}{n+1}(k=1,2,\cdots,n)$ 为节点的 B — 过程如下

$$B_n^*(f,x)=\sum_{k=1}^n f(t_k)m_k(x)$$

这里
$$r_k(x) = \frac{(-1)^{k+1}(1-t_k^2)U_n(x)}{(n+1)(x-t_k)}, k=1,2,\cdots,n$$

$$m_1(x) = \frac{1}{4}[3r_1(x) + r_2(x)]$$

$$m_n(x) = \frac{1}{4}[r_{n-1}(x) + 3r_n(x)]$$

$$m_k(x) = \frac{1}{4}[r_{k-1}(x) + 2r_k(x) + r_{k+1}(x)],$$
$$k = 2,\cdots, n-1$$

为获得性质更好的逼近阶,A. K. Varma[34] 将 $B_n^*(f,x)$ 修改成

$$B_n^{**}(f,x) = \sum_{k=1}^n f(t_k) P_k(x)$$

其中
$$P_1(x) = m_1(x) + \frac{1}{2}m_2(x)$$

$$P_k(x) = \frac{1}{2}[m_k(x) + m_{k+1}(x)], k=2,\cdots,n-2$$

$$P_{n-1}(x) = \frac{1}{2}m_{n-1}(x), P_n(x) = m_n(x)$$

A. K. Varma[34] 证得:对于 $f \in C[-1,1]$

$$B_n^*(f,x) - f(x) = O\left(\omega\left(f, \frac{1}{n}\right)\right)$$

$$B_n^{**}(f,x) - f(x) = O\left(\omega\left(f, \frac{\sqrt{1-x^2}}{n} + \frac{1}{n^2}\right)\right)$$

我们使用不同于 A. K. Varma 的方法证得:

定理 1 对于 $f \in C[-1,1]$,成立

$$B_n^*(f,x) - f(x) = O\left(\omega_2\left(f, \frac{\sqrt{1-x^2}}{n}\right) + \omega\left(f, \frac{1}{n^2}\right)\right),$$

附录 Ⅲ 关于 Bernstein 型和 Bernstein – Grünwald 型插值过程

$$n \geqslant 3$$

这里记号"O"与 n, x 及 f 都无关.

引理 1　（参见[34]）成立

$$\sum_{k=1}^{n} | m_k(x) | = O(1)$$

引理 2　设 $p_{n-1}(x) \in \prod_{n-1}$（$\prod_{n-1}$ 表示阶不超过 $n-1$ 的代数多项式全体），则

$$B_n^*(p_{n-1}, x) = \frac{1}{4}[p_{n-1}(\cos(\theta - 2t)) + 2p_{n-1}(\cos\theta) + p_{n-1}(\cos(\theta + 2t))] + \frac{1}{4}[p_{n-1}(\cos\theta_1) - p_{n-1}(1)]\tilde{r}_1(\theta) + \frac{1}{4}[p_{n-1}(\cos\theta_n) - p_{n-1}(-1)]\tilde{r}_n(\theta) \qquad (3)$$

其中 $\tilde{r}_n(\theta) = r_n(\cos\theta), t = \dfrac{\pi}{2(n+1)}$.

证　显然有

$$B_n^*(f, x) = \frac{1}{4}\sum_{k=1}^{n}[f(t_{k-1}) + 2f(t_k) + f(t_{k+1})]r_k(x) + \frac{1}{4}[f(t_1) - f(1)]r_1(x) + \frac{1}{4}[f(t_n) - f(-1)]r_n(x) \qquad (4)$$

因为，当 $p_{n-1}(x) \in \prod_{n-1}$ 时

$$p_{n-1}(\cos(\theta - 2t)) + 2p_{n-1}(\cos\theta) + p_{n-1}(\cos(\theta + 2t))$$

仍然属于 $\prod_{n-1}$. 于是，根据 Lagrange 插值多项式的性质推得

$$\frac{1}{4}\sum_{k=1}^{n}\bigl[p_{n-1}(\cos(\theta_k-2t)) + 2p_{n-1}(\cos\theta_k) +$$
$$p_{n-1}(\cos(\theta_k+2t))\bigr]r_k(\theta) =$$
$$\frac{1}{4}\bigl[p_{n-1}(\cos(\theta-2t)) + 2p_{n-1}(\cos\theta) +$$
$$p_{n-1}(\cos(\theta+2t))\bigr]$$

由上式和(4)立即推出(3)成立.

引理 3 成立

$$\sum_{k=1}^{n}\omega_2\Bigl(f,\frac{\sqrt{1-t_k^2}}{n}\Bigr)\mid m_k(x)\mid =$$
$$O\Bigl(\omega_2\Bigl(f,\frac{\sqrt{1-x^2}}{n}\Bigr) + \omega\Bigl(f,\frac{1}{n^2}\Bigr)\Bigr) \tag{5}$$

证 由引理 1 知
$$\mid m_k(x)\mid = O(1), k=1,2,\cdots,n \tag{6}$$

由文献[34]
$$m_k(x) = \frac{(-1)^{k+1}\sin^2 t \sin(n+1)\theta}{n+1} \cdot$$
$$\left\{\frac{\cot\frac{1}{2}(\theta-\theta_k)}{\sin\frac{1}{2}(\theta-\theta_{k-1})\sin\frac{1}{2}(\theta-\theta_{k+1})} + \frac{\cot\frac{1}{2}(\theta+\theta_k)}{\sin\frac{1}{2}(\theta+\theta_{k-1})\sin\frac{1}{2}(\theta+\theta_{k+1})}\right\} +$$
$$\frac{(-1)^{k+1}4\cos\theta_k\sin^2 t U_n(x)}{n+1},$$
$$k=2,\cdots,n-1, t=\frac{\pi}{2(n+1)} \tag{7}$$

利用(6)我们有

附录 Ⅲ 关于 Bernstein 型和 Bernstein – Grünwald 型插值过程

$$\omega_2\left(f,\frac{\sin\theta_1}{n}\right)\mid m_1(x)\mid+\omega_2\left(f,\frac{\sin\theta_n}{n}\right)\mid m_n(x)\mid=$$
$$O\left(\omega_2\left(f,\frac{1}{n^2}\right)\right) \tag{8}$$

利用下述不等式和引理 1
$$\sin\theta_k\leqslant\sin\theta+\mid\theta-\theta_k\mid \tag{9}$$
我们有
$$\sum_{k=2}^{n-1}\omega_2\left(f,\frac{\sin\theta_k}{n}\right)\mid m_k(x)\mid\leqslant\sum_{k=2}^{n-1}\omega_2\left(f,\frac{\sin\theta}{n}\right)\mid m_k(x)\mid+$$
$$\sum_{k=2}^{n-1}\omega_2\left(f,\frac{\mid\theta-\theta_k\mid}{n}\right)\mid m_k(x)\mid=$$
$$O\left(\omega_2\left(f,\frac{\sin\theta}{n}\right)\right)+R \tag{10}$$

设 θ_j 满足 $\mid\theta-\theta_j\mid=\min\limits_{1\leqslant k\leqslant n}\mid\theta-\theta_k\mid$，记 $i=\mid k-j\mid$，于是
$$\frac{1}{2}\mid\theta_j-\theta_k\mid\leqslant\mid\theta-\theta_k\mid\leqslant 2\mid\theta_j-\theta_k\mid,k\neq j$$
$$\tag{11}$$

现在，利用（6），注意到（7），并利用不等式
$$\left|\sin\frac{1}{2}(\alpha-\beta)\right|\leqslant\sin\frac{1}{2}(\alpha+\beta),0\leqslant\alpha,\beta\leqslant\pi$$
$$\tag{12}$$

得到
$$R=O\left(\omega_2\left(f,\frac{1}{n^2}\right)\right)+\sum_{\substack{k=2\\k\neq j,j\pm 1}}^{n-1}\omega_2\left(f,\frac{\mid\theta-\theta_k\mid}{n}\right)\mid m_k(x)\mid=$$
$$O\left(\omega_2\left(f,\frac{1}{n^2}\right)\right)+O(1)\Big\{\sum_{\substack{k=2\\k\neq j,j\pm 1}}^{n-1}\omega_2\left(f,\frac{2i\pi}{n^2}\right)\cdot$$
$$\frac{1}{n^3\left|\sin\frac{1}{2}(\theta-\theta_{k-1})\sin\frac{1}{2}(\theta-\theta_k)\sin\frac{1}{2}(\theta-\theta_{k+1})\right|}+$$

$$\sum_{\substack{k=2\\k\neq j,j\pm 1}}^{n-1}\omega_2\left(f,\frac{2\mathrm{i}\pi}{n^2}\right)\frac{|U_n(x)|}{n^3}\bigg\}=O\left(\omega_2\left(f,\frac{1}{n^2}\right)\right)+$$
$$R_1+R_2 \qquad (13)$$

显然
$$R_2=O\left(\omega_2\left(f,\frac{1}{n^2}\right)\sum_{k=1}^{n}\mathrm{i}\cdot\frac{1}{n^2}\right)=O\left(\omega\left(f,\frac{1}{n^2}\right)\right)$$

又有
$$R_1=O\left(\omega\left(f,\frac{1}{n^2}\right)\right)\cdot\sum_{\substack{k=2\\k\neq j,j\pm 1}}^{n-1}\mathrm{i}/[n^3\mid\sin\frac{1}{2}(\theta-\theta_{k-1})\cdot$$
$$\sin\frac{1}{2}(\theta-\theta_k)\sin\frac{1}{2}(\theta-\theta_{k+1})\mid]=O\left(\omega\left(f,\frac{1}{n^2}\right)\right)$$

将上面两式代入(13)得
$$R=O\left(\omega\left(f,\frac{1}{n^2}\right)\right)$$

再将上式代入(10)并结合(8)即得(5).

定理 1 的证明 根据 R. A. DeVore[37] 的结果,对于每一 $f\in C[-1,1]$,存在一个 n 次代数多项式 $p_n(f)$ 和一个绝对常数 $c>0$,使得
$$|f(x)-p_n(f,x)|\leqslant c\omega_2\left(f,\frac{\sqrt{1-x^2}}{n}\right),n\geqslant 2$$
$$(14)$$

现设 $p_{n-1}(x)=p_{n-1}(f,x)$,则由引理 2 我们有
$$B_n^*(f,x)-f(x)=B_n^*(f-p_{n-1},x)+$$
$$\frac{1}{4}\{[p_{n-1}(\cos(\theta-2t))-$$
$$f(\cos(\theta-2t))]+$$
$$2[p_{n-1}(\cos\theta)-f(\cos\theta)]+$$
$$[p_{n-1}(\cos(\theta+2t))-$$
$$f(\cos(\theta+2t))]\}+$$

附录 Ⅲ 关于 Bernstein 型和 Bernstein – Grünwald 型插值过程

$$\frac{1}{4}[f(\cos(\theta-2t))-$$
$$2f(\cos\theta)+f(\cos(\theta+2t))]+$$
$$\frac{1}{4}\{[p_{n-1}(\cos\theta_1)-p_{n-1}(1)]\tilde{r}_1(\theta)+$$
$$[p_{n-1}(\cos\theta_n)-p_{n-1}(-1)]\tilde{r}_n(\theta)\}=$$
$$I_1+I_2+I_3+I_4 \qquad (15)$$

利用(14)和引理 3 得到

$$I_1=O(1)\sum_{k=1}^n\omega_2\left(f,\frac{\sqrt{1-t_k^2}}{n}\right)|m_k(x)|=$$
$$O\left(\omega_2\left(f,\frac{\sqrt{1-x^2}}{n}\right)+\omega\left(f,\frac{1}{n^2}\right)\right) \qquad (16)$$

利用(14)不难推得

$$I_2=O\left(\omega_2\left(f,\frac{\sqrt{1-x^2}}{n}\right)+\omega\left(f,\frac{1}{n^2}\right)\right) \qquad (17)$$

显然

$$I_3=\frac{1}{4}[f(\cos(\theta-2t))-2f(\cos\theta\cos 2t)+$$
$$f(\cos(\theta+2t))]+\frac{1}{2}[f(\cos\theta\cos 2t)-$$
$$f(\cos\theta)]=O\left(\omega_2\left(f,\frac{\sqrt{1-x^2}}{n}\right)+\omega\left(f,\frac{1}{n^2}\right)\right)$$
$$(18)$$

下面估计 I_4,利用(14)有
$$|p_{n-1}(\cos\theta_1)-p_{n-1}(1)|\leqslant$$
$$|p_{n-1}(\cos\theta_1)-f(\cos\theta_1)|+|f(\cos\theta_1)-f(1)|+$$
$$|f(1)-p_{n-1}(1)|=$$
$$O\left(\omega_2\left(f,\frac{\sin\theta_1}{n}\right)+\omega\left(f,2\sin^2\frac{\theta_1}{2}\right)\right)=O\left(\omega\left(f,\frac{1}{n^2}\right)\right)$$

同理

$$|p_{n-1}(\cos\theta_n) - p_{n-1}(-1)| = O\left(\omega\left(f, \frac{1}{n^2}\right)\right)$$

由上面两式和显然的估计
$$|r_k(\theta)| = |r_k(\cos\theta)| \leqslant 3, k = 1, 2, \cdots, n \quad (19)$$

得到
$$I_4 = O\left(\omega\left(f, \frac{1}{n^2}\right)\right) \quad (20)$$

最后合并(15)—(18)和(20),定理1获证.

注1 定理1中 $B_n^*(f,x)$ 的逼近阶不可能改进为
$$O\left(\omega_2\left(f, \frac{\sqrt{1-x^2}}{n}\right)\right)$$

事实上,对于函数 $f_0(x) = x$,有
$$B_{2n}^*(f_0, 1) - f_0(1) = \frac{1}{4}[\cos(\theta - 2t) - 2\cos\theta + \cos(\theta + 2t)] +$$
$$\frac{1}{4}[\cos\theta_1 - 1]r_1(\theta) +$$
$$\frac{1}{4}[\cos\theta_{2n} + 1]r_{2n}(\theta) =$$
$$-2\sin^2\frac{\pi}{2(2n+1)}$$

由此可知
$$|B_n^*(f_0, 1) - f_0(1)| \sim \omega\left(f_0, \frac{1}{n^2}\right)$$

定理2 设 $f \in C[-1,1]$,则
$$B_n^{**}(f,x) - f(x) = O\left(\omega\left(f, \frac{\sqrt{1-x^2}}{n} + \frac{1}{n^2}\right)\right), n \geqslant 3$$
$$(21)$$

并且,上述逼近阶不可能改进为
$$O\left(\omega_2\left(f, \frac{\sqrt{1-x^2}}{n}\right) + \omega\left(f, \frac{1}{n^2}\right)\right).$$

附录 Ⅲ 关于 Bernstein 型和 Bernstein – Grünwald 型插值过程

证 应用定理 1,显然有

$$B_n^{**}(f,x) - f(x) =$$

$$B_n^*(f,x) - f(x) + \frac{1}{2}\sum_{k=1}^{n}[f(t_k-1) -$$

$$f(t_k)]m_k(x) + \frac{1}{2}[f(t_1) - f(t_0)]m_1(x) +$$

$$\frac{1}{2}[f(t_n) - f(t_{n-1})]m_n(x) =$$

$$O\left(\omega_2\left(f, \frac{\sqrt{1-x^2}}{n}\right) + \omega\left(f, \frac{1}{n^2}\right)\right) +$$

$$\frac{1}{2}\sum_{k=1}^{n}[f(t_{k-1}) - f(t_k)]m_k(x) \tag{22}$$

又有

$$|f(t_k-1) - f(t_k)| \leqslant |\omega(f, t_{k-1} - t_k)| \leqslant$$

$$\omega(f, 2\sin t \sin(\theta_k - t)) \leqslant$$

$$2\omega(f, \sin\theta\sin t + \sin^2 t) +$$

$$2\omega(f, \sin t |\sin(\theta - \theta_k)|) \leqslant$$

$$2\omega\left(f, \frac{\sqrt{1-x^2}}{n} + \frac{1}{n^2}\right) +$$

$$2\omega\left(f, \frac{1}{n^2}\right)[1 + n \cdot$$

$$|\sin(\theta - \theta_k)|]$$

将上式代入(22),利用引理 2 不难得到(21).

现在假设 $B_n^{**}(f,x)$ 的逼近阶可以改进为

$$O\left(\omega_2\left(f, \frac{\sqrt{1-x^2}}{n}\right) + \omega\left(f, \frac{1}{n^2}\right)\right) \tag{23}$$

令 $f_0(x) = x$,则有

$$B_n^{**}(f_0,x) - f_0(x) = O\left(\frac{1}{n^2}\right) \tag{24}$$

另一方面，由(22)我们有

$$\Delta_{2n}(x) = B_{2n}^{**}(f_0, x) - f_0(x) =$$

$$\frac{1}{2}\sum_{k=1}^{2n}[t_{k-1} - t_k]m_k(x) + O\left(\frac{1}{n^2}\right) =$$

$$\sum_{k=1}^{2n}\sin t\cos t\sin\theta_k m_k(x) -$$

$$\sum_{k=1}^{2n}\sin^2 t\cos\theta_k m_k(x) + O\left(\frac{1}{n^2}\right) =$$

$$\frac{1}{2}\sin 2t\sum_{k=1}^{2n}\sin\theta_k m_k(x) + O\left(\frac{1}{n^2}\right) \quad (25)$$

因为

$$\sin\theta_k = 2\sin\frac{1}{2}(\theta_k \pm \theta)\left[\cos\theta\cos\frac{1}{2}(\theta_k \pm \theta)\pm\right.$$

$$\left.\sin\theta\sin\frac{1}{2}(\theta_k \pm \theta)\right]\mp\sin\theta$$

所以，由(7)我们有

$$I_{2n}(x) = \sum_{k=1}^{2n}\sin\theta_k m_k(x) = \sum_{k=1}^{2n}[(-1)^{k-1}\sin\theta_k\sin^2 t \cdot$$

$$\sin(2n+1)\theta\cos\frac{1}{2}(\theta+\theta_k)]/[(2n+1)\cdot$$

$$\sin\frac{1}{2}(\theta+\theta_{k-1})\sin\frac{1}{2}(\theta+\theta_k)\sin\frac{1}{2}(\theta+\theta_{k+1})]+$$

$$\sum_{k=1}^{2n}[(-1)^{k-1}\sin\theta_k\sin^2 t\sin(2n+1)\theta \cdot$$

$$\cos\frac{1}{2}(\theta-\theta_k)]/[(2n+1)\sin\frac{1}{2}(\theta-\theta_{k-1})\cdot$$

$$\sin\frac{1}{2}(\theta-\theta_k)\sin\frac{1}{2}(\theta-\theta_{k+1})]+O\left(\frac{1}{n}\right) =$$

$$\sum_{k=1}^{2n}[(-1)^{k-1}\sin\theta\sin^2 t\sin(2n+1)\theta\cos\frac{1}{2}(\theta+$$

附录 Ⅲ 关于 Bernstein 型和 Bernstein–Grünwald 型插值过程

$$\theta_k)]/[(2n+1)\sin\frac{1}{2}(\theta+\theta_{k-1})\sin\frac{1}{2}(\theta+\theta_k)\cdot$$

$$\sin\frac{1}{2}(\theta+\theta_{k+1})]+\sum_{k=1}^{2n}[(-1)^{k-1}\cdot$$

$$\sin\theta_k\sin^2 t\sin(2n+1)\theta\cos\frac{1}{2}(\theta-\theta_k)]/[(2n+$$

$$1)\sin\frac{1}{2}(\theta-\theta_{k-1})\sin\frac{1}{2}(\theta-\theta_k)\sin\frac{1}{2}(\theta-$$

$$\theta_{k+1})]+O\!\left(\frac{1}{n}\right)$$

在上式中,令 $x=\cos\frac{\pi}{2}=0$,则有

$$I_{2n}(0)=(-1)^n\sum_{k=1}^{2n}\frac{(-1)^k\sin^2 t\cos\frac{1}{2}\!\left(\frac{\pi}{2}+\theta_k\right)}{(2n+1)\prod_{i=k-1}^{k+1}\sin\frac{1}{2}\!\left(\frac{\pi}{2}+\theta_i\right)}+$$

$$(-1)^n\sum_{k=1}^{2n}\frac{(-1)^{k-1}\sin^2 t\cos\frac{1}{2}\!\left(\frac{\pi}{2}-\theta_k\right)}{(2n+1)\prod_{i=k-1}^{k+1}\sin\frac{1}{2}\!\left(\frac{\pi}{2}-\theta_i\right)}+$$

$$O\!\left(\frac{1}{n}\right)=(-1)^n J_1+(-1)^n J_2+O\!\left(\frac{1}{n}\right)$$

(26)

先估计 J_2

$$J_2=\sum_{k=1}^{n}+\sum_{k=n+1}^{2n}=J_{21}+J_{22}$$

注意到 $\theta_k=\pi-\theta_{2n-k+1}$,则

$$J_{22}=\sum_{k=n+1}^{2n}\frac{(-1)^{k-1}\sin^2 t\cos\frac{1}{2}\!\left(\frac{\pi}{2}-\pi+\theta_{2n-k+1}\right)}{(2n+1)\prod_{i=k-1}^{k+1}\sin\frac{1}{2}\!\left(\frac{\pi}{2}-\pi+\theta_{2n-i+1}\right)}=$$

$$\sum_{k=n+1}^{2n} \frac{(-1)^k \sin^2 t \sin \frac{1}{2}\left(\frac{\pi}{2}+\theta_{2n-k+1}\right)}{(2n+1)\prod_{i=k-1}^{k+1}\cos\frac{1}{2}\left(\frac{\pi}{2}+\theta_{2n-i+1}\right)} =$$

$$\sum_{k=1}^{2n} \frac{(-1)^{k-1} \sin^2 t \sin \frac{1}{2}\left(\frac{\pi}{2}+\theta_k\right)}{(2n+1)\prod_{i=k-1}^{k+1}\cos\frac{1}{2}\left(\frac{\pi}{2}+\theta_i\right)} = J_{21}$$

于是

$$J_2 = 2J_{21} = \frac{2\sin^2 t}{2n+1} \cdot$$

$$\left\{\sum_{k=1}^{n-1} \frac{(-1)^{k-1}\cos\frac{1}{2}\left(\frac{\pi}{2}-\theta_k\right)}{\sin\frac{1}{2}\left(\frac{\pi}{2}-\theta_{k-1}\right)\sin\frac{1}{2}\left(\frac{\pi}{2}-\theta_k\right)\sin\frac{1}{2}\left(\frac{\pi}{2}-\theta_{k+1}\right)} + \right.$$

$$\left. \frac{(-1)^n \cos\frac{1}{2}\left(\frac{\pi}{2}-\theta_n\right)}{\sin\frac{1}{2}\left(\frac{\pi}{2}-\theta_{n-1}\right)\sin\frac{1}{2}\left(\frac{\pi}{2}-\theta_n\right)\sin\frac{1}{2}\left(\theta_{n+1}-\frac{\pi}{2}\right)}\right\} =$$

$$\frac{2\sin^2 t}{2n+1}\{J'_{21}+J''_{21}\}$$

由于 J'_{21} 中各项的符号正负交错变化且各项的绝对值单调递增，所以 J'_{21} 中按绝对值最大项

$$J_M = \frac{(-1)^{n-2}\cos\frac{1}{2}\left(\frac{\pi}{2}-\theta_{n-1}\right)}{\sin\frac{1}{2}\left(\frac{\pi}{2}-\theta_{n-2}\right)\sin\frac{1}{2}\left(\frac{\pi}{2}-\theta_{n-1}\right)\sin\frac{1}{2}\left(\frac{\pi}{2}-\theta_n\right)}$$

与 J'_{21} 同号，注意到 J_M 又与 J''_{21} 同号，所以

$$|J_M|\frac{2\sin^2 t}{2n+1} \leqslant |J_2| \leqslant |J_M+J''_{21}|\frac{2\sin^2 t}{2n+1}$$

从而推得

$$|J_2| \sim 1 \qquad (27)$$

附录 Ⅲ　关于 Bernstein 型和 Bernstein – Grünwald 型插值过程

同理可得

$$J_k = 2\sum_{k=1}^{n} \frac{(-1)^k \sin^2 t \cos \frac{1}{2}\left(\frac{\pi}{2}+\theta_k\right)}{(2n+1)\prod_{i=k-1}^{k+1} \sin \frac{1}{2}\left(\frac{\pi}{2}+\theta_i\right)}$$

并且上述级数是一交错级数,故有

$$|J_1| \leqslant \frac{2\sin^2 t \cos \frac{1}{2}\left(\frac{\pi}{2}+\theta_1\right)}{(2n+1)\prod_{i=0}^{2} \sin \frac{1}{2}\left(\frac{\pi}{2}+\theta_i\right)} = O\left(\frac{1}{n^3}\right)$$

(28)

由(26)－(28)得

$$|I_{2n}(0)| \sim 1$$

于是,由上式和(25)得

$$|\Delta_{2n}(0)| = \frac{1}{2}\sin 2t\, |I_{2n}(0)| + O\left(\frac{1}{n^2}\right) \sim \frac{1}{n}$$

(29)

但由(24)得

$$\Delta_{2n}(0) = O\left(\frac{1}{n^2}\right)$$

这与(29)矛盾.由此可知,(23)的阶不可能达到,证毕.

定理 2 表明 A.K.Varma 试图通过修改算子 $B_n^*(f,x)$ 以获得点态的逼近阶,但实际的结果并不成功,修正后的算子 $B_n^{**}(f,x)$ 的逼近性能反而比 $B_n^*(f,x)$ 差.究其原因乃是 $B_n^{**}(f,x)$ 已不再具有类似于(3)那样的性质.可以证明,如果我们进行"对称型"的修改

$$\overline{B}_n(f,x) = \sum_{k=1}^{n} f(t_k) \overline{P}_k(x)$$

Bernstein 多项式与 Bézier 曲面

$$\overline{P}_1(x) = \frac{1}{4}[3m_1(x) + m_2(x)]$$

$$\overline{P}_n(x) = \frac{1}{4}[m_{n-1}(x) + 3m_n(x)]$$

$$\overline{P}_k(x) = \frac{1}{4}[m_{k-1}(x) + 2m_k(x) + m_{k+1}(x)],$$

$$k = 2, \cdots, n-1$$

那么,$\overline{B}_n(f,x)$ 就具有形如(23)的阶.

§3 关于一个 BG-过程

我们修改 $G_n(f,x)$,定义

$$G_n^*(f,x) = \sum_{k=1}^n f(x_k)\mu_k(x)$$

这里

$$\mu_k(x) = \frac{1}{2}[\varphi_k(\theta - t) + \varphi_k(\theta + t)] =$$

$$\frac{1}{4}[l_k(\theta - 2t) + 2l_k(\theta) + l_k(\theta + 2t)] =$$

$$\{(-1)^{k+1}\sin^2 t \sin\theta_k \cos n\theta[2\sin^2\theta\cos^2 t - $$

$$\cos\theta\sin\frac{1}{2}(\theta - \theta_k - 2t)\sin\frac{1}{2}(\theta + \theta_k - 2t) - $$

$$\cos\theta\sin\frac{1}{2}(\theta - \theta_k + 2t)\sin\frac{1}{2}(\theta + \theta_k + 2t)]\}/$$

$$\{8n\sin\frac{1}{2}(\theta - \theta_k)\sin\frac{1}{2}(\theta - \theta_k - 2t) \cdot$$

$$\sin\frac{1}{2}(\theta - \theta_k + 2t)\sin\frac{1}{2}(\theta + \theta_k) \cdot$$

$$\sin\frac{1}{2}(\theta + \theta_k - 2t) \cdot$$

附录 Ⅲ 关于 Bernstein 型和 Bernstein–Grünwald 型插值过程

$$\sin\frac{1}{2}(\theta+\theta_k+2t)\} \qquad (30)$$

其中 $t=\dfrac{\pi}{2n}$.

定理 3 设 $f\in C[-1,1]$，则

$$G_n^*(f,x)-f(x)=O\Big(\omega_2\Big(f,\frac{\sqrt{1-x^2}}{n}\Big)+\omega\Big(f,\frac{1}{n^2}\Big)\Big)$$

其中记号"O"与 n,x 及 f 均无关.

证 由[30]的结果立即推得

$$\sum_{k=1}^{n}|\mu_k(x)|=O(1) \qquad (31)$$

由 $G_n^*(f,x)$ 的定义和 Lagrange 插值多项式的性质推得，对于任何 $p_{n-1}(x)\in\prod_{n-1}$，有

$$G_n^*(p_{n-1},x)=\frac{1}{4}\big[p_{n-1}(\cos(\theta-2t))+2p_{n-1}(\cos\theta)+p_{n-1}(\cos(\theta+2t))\big] \qquad (32)$$

现在我们证明

$$\sum_{k=1}^{n}\omega_2\Big(f,\frac{\sin\theta_k}{n}\Big)|\mu_k(x)|=$$
$$O\Big(\omega_2\Big(f,\frac{\sqrt{1-x^2}}{n}\Big)+\omega\Big(f,\frac{1}{n^2}\Big)\Big) \qquad (33)$$

事实上，由(30)和(31)我们有

$$\sum_{k=1}^{n}\omega_2\Big(f,\frac{\sin\theta_k}{n}\Big)|\mu_k(x)|=$$
$$O(1)\sum_{k=2}^{n-1}\Big\{\omega_2\Big(f,\frac{\sin\theta_k}{n}\Big)\sin\theta_k\sin^2\theta\,|\cos n\theta|\Big\}\Big/$$
$$\Big\{n^3\,|\sin\frac{1}{2}(\theta-\theta_k)\sin\frac{1}{2}(\theta-\theta_k-2t)\cdot$$
$$\sin\frac{1}{2}(\theta-\theta_k+2t)\sin\frac{1}{2}(\theta+\theta_k)\cdot$$

$$\sin\frac{1}{2}(\theta+\theta_k-2t)\sin\frac{1}{2}(\theta+\theta_k+2t)\mid\Big\}+$$

$$O(1)\sum_{k=2}^{n-1}\Big\{\omega_2\Big(f,\frac{\sin\theta_k}{n}\Big)\sin\theta_k\mid\cos n\theta\mid\Big\}/$$

$$\Big\{n^3\mid\sin\frac{1}{2}(\theta-\theta_k)\sin\frac{1}{2}(\theta-\theta_k+2t)\cdot$$

$$\sin\frac{1}{2}(\theta+\theta_k)\sin\frac{1}{2}(\theta+\theta_k+2t)\mid\Big\}+$$

$$O(1)\sum_{k=2}^{n-1}\Big\{\omega_2\Big(f,\frac{\sin\theta_k}{n}\Big)\sin\theta_k\mid\cos n\theta\mid\Big\}/$$

$$\Big\{n^3\mid\sin\frac{1}{2}(\theta-\theta_k)\sin\frac{1}{2}(\theta-\theta_k-2t)\cdot$$

$$\sin\frac{1}{2}(\theta+\theta_k)\sin\frac{1}{2}(\theta+\theta_k-2t)\mid\Big\}+$$

$$O\Big(\omega_2\Big(f,\frac{1}{n^2}\Big)\Big)=r_1+r_2+r_3+O\Big(\omega_2\Big(f,\frac{1}{n^2}\Big)\Big) \tag{34}$$

我们需要下面几个显然的不等式

$$\sin\theta_k\leqslant\sin\theta+2\sin t+\mid\sin(\theta\pm\theta_k\pm2t)\mid,$$
$$k=1,\cdots,n \tag{35}$$

$$\sin\theta\leqslant 2\sin\frac{1}{2}(\theta+\theta_k\pm 2t),k=2,\cdots,n-1 \tag{36}$$

$$\sin\theta\leqslant 2\sin\frac{1}{2}(\theta+\theta_k),\sin\theta_k\leqslant 2\sin\frac{1}{2}(\theta+\theta_k),$$
$$k=1,\cdots,n \tag{37}$$

$$\Big|\sin\frac{1}{2}(\theta-\theta_k-2t)\Big|\leqslant\sin\frac{1}{2}(\theta+\theta_k+2t),$$
$$k=2,\cdots,n-1 \tag{38}$$

现在,利用光滑模的性质及(36)和(37)得

$$r_1=O\Big(\omega_2\Big(f,\frac{\sin\theta}{n}\Big)\Big)\sum_{k=2}^{n-1}\Big(1+\frac{\sin^2\theta_k}{\sin^2\theta}\Big)\cdot$$

附录 Ⅲ 关于 Bernstein 型和 Bernstein – Grünwald 型插值过程

$$\{\sin^2\theta \mid \cos n\theta \mid\} / \{n^3 \mid \sin \frac{1}{2}(\theta-\theta_k) \cdot$$

$$\sin \frac{1}{2}(\theta-\theta_k-2t)\sin \frac{1}{2}(\theta-\theta_k+2t) \cdot$$

$$\sin \frac{1}{2}(\theta+\theta_k-2t)\sin \frac{1}{2}(\theta+\theta_k+2t) \mid\} =$$

$$O\left(\omega_2\left(f, \frac{\sin\theta}{n}\right)\right)\{\sum_{k=2}^{n-1}[\mid\cos n\theta\mid]/$$

$$\left[n^3 \mid \sin \frac{1}{2}(\theta-\theta_k)\sin \frac{1}{2}(\theta-\theta_k-2t) \cdot \right.$$

$$\left.\sin \frac{1}{2}(\theta-\theta_k+2t) \mid\right] \sum_{k=2}^{n-1}[\sin^2\theta_k \mid \cos n\theta \mid]/$$

$$\left[n^3 \mid \sin \frac{1}{2}(\theta-\theta_k)\sin \frac{1}{2}(\theta-\theta_k-2t)\sin \frac{1}{2}(\theta-\theta_k+2t) \cdot \right.$$

$$\left.\sin \frac{1}{2}(\theta+\theta_k-2t)\sin \frac{1}{2}(\theta+\theta_k+2t) \mid\right]\} =$$

$$O\left(\omega_2\left(f, \frac{\sin\theta}{n}\right)\right)\{r_{11}+r_{12}\} \qquad (39)$$

显然

$$r_{11}=O(1)$$

由(35),(36) 和(38),(12) 可以得到

$$r_{12}=O(1)\{\sum_{k=2}^{n-1}[\mid\cos n\theta\mid]/\left[n^3 \mid \sin\frac{1}{2}(\theta-\theta_k) \cdot \right.$$

$$\left.\sin\frac{1}{2}(\theta-\theta_k-2t)\sin\frac{1}{2}(\theta-\theta_k+2t)\mid\right]+$$

$$\sum_{k=2}^{n-1}[\sin^2 t \mid \cos n\theta \mid]/\left[n^3 \mid \sin\frac{1}{2}(\theta-\theta_k) \cdot \right.$$

$$\sin\frac{1}{2}(\theta-\theta_k-2t)\sin\frac{1}{2}(\theta-\theta_k+2t)\sin\frac{1}{2}(\theta+\theta_k-2t)$$

$$\left.\sin\frac{1}{2}(\theta+\theta_k+2t)\mid\right]+$$

$$\left.\sum_{k=2}^{n-1}(|\cos n\theta|/[n^3|\sin\frac{1}{2}(\theta-\theta_k)\sin\frac{1}{2}(\theta-\theta_k+2t)|\sin(\theta+\theta_k-2t)]\right\}=O(1)$$

于是,将上述两个估计式代入(39)得

$$r_1=O\Big(\omega_2\Big(f,\frac{\sin\theta}{n}\Big)\Big) \qquad (40)$$

类似地可证得

$$r_2=O(1)\Big\{\sum_{k=2}^{n-1}\omega_2\Big(f,\frac{\sin\theta}{n}\Big)\cdot$$

$$\frac{|\cos n\theta|}{n^3\Big|\sin\frac{1}{2}(\theta-\theta_k)\sin\frac{1}{2}(\theta-\theta_k-2t)\sin\frac{1}{2}(\theta-\theta_k+2t)\Big|}+$$

$$\sum_{k=2}^{n-1}w(f,\frac{1}{n^2})[1+n\,|\sin\frac{1}{2}(\theta-\theta_k)|]\cdot$$

$$\frac{|\cos n\theta|}{n^3\Big|\sin\frac{1}{2}(\theta-\theta_k)\sin\frac{1}{2}(\theta-\theta_k-2t)\sin\frac{1}{2}(\theta-\theta_k+2t)\Big|}\Big\}=$$

$$O\Big(\omega_2\Big(f,\frac{\sin\theta}{n}\Big)+\omega\Big(f,\frac{1}{n^2}\Big)\Big) \qquad (41)$$

同理

$$r_3=O\Big(\omega_2\Big(f,\frac{\sin\theta}{n}\Big)+\omega\Big(f,\frac{1}{n^2}\Big)\Big) \qquad (42)$$

结合(34)和(40)—(42)得到(33).

由(31)—(33)利用证明定理1的方法不难证得定理3成立.

定理 4 设 $f\in C[-1,1]$,并定义 $g(\theta)=f(\cos\theta)$,则存在常数 c_1 和 $c_2(0<c_1<c_2)$,使得

$$c_1\omega_2\Big(g,\frac{1}{n}\Big)\leqslant\|G_n^*(f,x)-f(x)\|\leqslant c_2\omega_2\Big(g,\frac{1}{n}\Big)$$

附录 Ⅲ 关于 Bernstein 型和 Bernstein – Grünwald 型插值过程

证 由(32),我们有

$$G_n^*(f,x) - f(x) =$$
$$G_n^*(f - p_{n-1}, x) + \frac{1}{4}\{[p_{n-1}(\cos(\theta - 2t)) - f(\cos(\theta - 2t))] + 2[p_{n-1}(\cos\theta) - f(\cos\theta)] + [P_{n-1}(\cos(\theta + 2t)) - f(\cos(\theta + 2t))]\} +$$
$$\frac{1}{4}[g(\theta - 2t) - 2g(\theta) + g(\theta + 2t)] \tag{43}$$

在上式中令 $p_{n-1}(x)$ 是 $f(x)$ 的 $n-1$ 阶最佳逼近多项式,则由(31)和 Jackson 定理得到

$$\|G_n^*(f,x) - f(x)\| = O\left(E_{n-1}^*(g) + \omega_2\left(g, \frac{1}{n}\right)\right) =$$
$$O\left(\omega_2\left(g, \frac{1}{n}\right)\right) \tag{44}$$

由(43)还得到

$$\|g(\theta - 2t) - 2g(\theta) + g(\theta + 2t)\| =$$
$$O(\|G_n^*(f,x) - f(x)\| + E_{n-1}^*(g)) =$$
$$O(\|G_n^*(f,x) - f(x)\|)$$

由上式不难推得

$$\omega_2\left(g, \frac{1}{n}\right) = O(\|G_n^*(f,x) - f(x)\|) \tag{45}$$

结合(44)和(45),定理 4 获证.

§4 一般定理

现设 $x_k = x_k^{(n)} = \cos\theta_k^{(n)}\ (k = 1, \cdots, n)$,且
$$-1 \leqslant x_n^{(n)} < x_{n-1}^{(n)} < \cdots < x_1^{(n)} \leqslant 1$$
又设 $\Phi_k(x)$ 是 $n-1$ 次代数多项式,则

$$L_n(f,x) = L_n(f,\theta) = \sum_{k=1}^{n} f(x_k^{(n)}) \Phi_k(x) =$$

$$\sum_{k=1}^{n} f(\cos\theta_k^{(n)}) \Phi_k(\cos\theta) \quad (46)$$

是 $C_{[-1,1]} \Rightarrow \prod_{n-1}$ 的线性算子.应用证明定理1,定理3和定理4的方法可以证明下述一般定理.

定理5 假设算子(46)满足下列条件:

(ⅰ) $\sum_{k=1}^{n} |\Phi_k(x)| = O(1)$;

(ⅱ) 对于每一 $p_{n-1}(x) \in \prod_{n-1}$ 和某个 $t = t_n = \dfrac{c}{n}$ (c 为正的常数)有

$$L_n(p_{n-1}, x) = \frac{1}{4}\big[p_{n-1}(\cos(\theta-t)) + 2p_{n-1}(\cos\theta) + p_{n-1}(\cos(\theta+t))\big], x = \cos\theta$$

或者

$$L_n(p_{n-1}, x) = \frac{1}{2}\big[p_{n-1}(\cos(\theta-t)) + p_{n-1}(\cos(\theta+t))\big]$$

那么成立

$$L_n(f,x) - f(x) = O\left(\omega_2\left(f, \frac{1}{n}\right) + \omega\left(f, \frac{1}{n^2}\right)\right)$$

(47)

定理6 假定算子(46)满足定理5的条件(ⅰ)和(ⅱ),还满足条件

(ⅲ) $\sum_{k=1}^{n} \omega_2\left(f, \dfrac{\sqrt{1-x_k^2}}{n}\right) |\Phi_k(x)| = O\left(\omega_2\left(f, \dfrac{\sqrt{1-x^2}}{n}\right) + \omega\left(f, \dfrac{1}{n^2}\right)\right)$;

则成立

附录 Ⅲ　关于 Bernstein 型和 Bernstein - Grünwald 型插值过程

$$L_n(f,x) - f(x) = O\left(\omega_2\left(f,\frac{\sqrt{1-x^2}}{n}\right) + \omega\left(f,\frac{1}{n^2}\right)\right)$$
（48）

定理 7　假定算子(46)满足定理 5 的条件（ⅰ）和（ⅱ），则存在常数 c_1 和 c_2 $(0 < c_1 < c_2)$，使得

$$c_1\omega_2\left(g,\frac{1}{n}\right) \leqslant \|L_n(f,x) - f(x)\| \leqslant c_2\omega_2\left(g,\frac{1}{n}\right)$$
（49）

这里 $g(\theta) = f(\cos\theta)$.

将定理 6 和定理 5 分别应用于 §1 的算子 $B_n(f,x)$ 和 $G_n(f,x)$，可以证明它们分别能用形如(48)和(49)的阶来估计. 同时，它们满足定理 7 的条件，所以结论(49)亦成立. 由此推出算子 $B_n(f,x)$ 和 $G_n(f,x)$ 都具有饱和阶 $\dfrac{1}{n^2}$.

附录Ⅳ Bernstein 多项式逼近的一个注记(A Note on Approximation by Bernstein Polynomials)

谢庭藩

By establishing an identity for $S_n(x): \sum_{j=0}^{n} |j/n - x| \binom{n}{j} x^j (1-x)^{n-j}$, the present paper shows that a pointwise asymptotic estimate cannot hold for $S_n(x)$, and at the same time, obtains a better result than that in R. Bojanic and F. H. Cheng[38]. © 1993 Academic Press, Inc.

§1 Introduction

Let $C[0,1]$ be the space of continuour functions on $[0,1]$, $B_n(f,x)$ is the usual Bernstein polynomial of degree n to $f(x)$, that is

$$B_n(f,x) = \sum_{j=0}^{n} f(j/n) P_{nj}(x)$$

where for $j = 0, 1, \cdots, n$

$$P_{nj}(x) = \binom{n}{j} x^j (1-x)^{n-j}$$

附录 IV Bernstein 多项式逼近的一个注记

It is well-known (cf. [39]) that $B_n(f,x)$ converges uniformly to $f(x) \in C[0,1]$, and (cf. [40])

$$|B_n(f,x) - f(x)| \leqslant c\omega(f, n^{-\frac{1}{2}}) \quad (1)$$

where $c = \dfrac{5}{4}$, $\omega(f,t)$ is the modulus of continuity of f in $[0,1]$. The best possible constant in (1) is (cf. [41])

$$\frac{4\,306 + 837\sqrt{6}}{5\,832}$$

Write

$$S_n(x) = \sum_{j=0}^{n} \left|\frac{j}{n} - x\right| P_{nj}(x)$$

Then (cf. [42])

$$S_n(x) = O\left(\left(\frac{x(1-x)}{n}\right)^{\frac{1}{2}}\right)$$

R. Bojanic[43] proved that

$$S_n(x) = \left(\frac{2x(1-x)}{\pi n}\right)^{\frac{1}{2}} + o(n^{-\frac{1}{2}}), n \to \infty \quad (2)$$

Recently, R. Bojanic and F. H. Cheng[38] improved it to the following

$$S_n(x) = \left(\frac{2x(1-x)}{\pi n}\right)^{\frac{1}{2}} + O(n^{-1}(x(1-x))^{-\frac{1}{2}}),$$

$$x \in (0,1) \quad (3)$$

Clearly, the estimate (3) is meaningless at endpoints $x = \pm 1$. Therefore it is natural to ask if it can be improved to include the endpoints. For example, can we get the following estimate

$$S_n(x) = \left(\frac{2x(1-x)}{\pi n}\right)^{\frac{1}{2}} + O(n^{-1}) \quad (4)$$

At the same time, from the above results, it appears very likely that the following pointwise asymptotic estimate for $S_n(x)$ will hold

$$S_n(x) = \left(\frac{2x(1-x)}{\pi n}\right)^{\frac{1}{2}} + o\left(\left(\frac{x(1-x)}{n}\right)^{\frac{1}{2}}\right), n \to \infty$$

(5)

Is it true? If not, what pointwise estimate for $S_n(x)$ exists?

The present paper will deal with these questions. We first establish an identity for $S_n(x)$ by a simple and different approach from the others. In particular we show that (5) cannot hold, and meanwhile obtain a pointwise estimate for $S_n(x)$ which is stronger than (4). Finally, theorems in [38], [44] on the approximation rate of functions that are integrals of functions of bounded variation are also improved.

§ 2 Results

Theorem 1 We have for $0 \leqslant x < 1$

$$S_n(x) = 2x(1-x)^{n-[nx]} \binom{n-1}{[nx]} x^{[nx]}$$

and

$$S_n(1) = 0$$

where $[x]$ is the greatest integer not exceeding x.

Theorem 2 Let $\{\lambda_n\}$ be any given increasing

附录Ⅳ Bernstein 多项式逼近的一个注记

nonnegative sequence. Then there is a sequence $\{x_n\}$, $\lim\limits_{n\to\infty} x_n = 0$, such that

$$\lim_{n\to\infty} \lambda_n S_n(x_n) \left(\frac{2x_n(1-x_n)}{\pi n}\right)^{-\frac{1}{2}} = 0$$

Corollary 1 The formula (5) cannot hold.

Theorem 3 We have for $x \in [0,1]$

$$S_n(x) = \left(\frac{2x(1-x)}{\pi n}\right)^{\frac{1}{2}} + O\left(\frac{\sqrt{x(1-x)}}{\sqrt{n}(nx(1-x)+1)}\right)$$

Corollary 2 We have for $x \in [0,1]$

$$S_n(x) = \left(\frac{2x(1-x)}{\pi n}\right)^{\frac{1}{2}} + O(n^{-1}) \quad (6)$$

The following theorem improves Theorem 2 in [38] and the Theorem in [44].

Theorem 4 Let $f(x)$ be an integral of some function $\phi(x)$ of bounded variation on $[0,1]$, that is

$$f(x) = f(0) + \int_0^x \phi(t)\mathrm{d}t, x \in [0,1]$$

Then for any $x \in [0,1]$

$$\left| B_n(f,x) - f(x) - \sigma\left(\frac{2x(1-x)}{2\pi n}\right)^{\frac{1}{2}} \right| \leqslant$$

$$\frac{\sigma}{2} \frac{M\sqrt{x(1-x)}}{\sqrt{n}(nx(1-x)+1)} + \frac{2}{n}\sum_{k=1}^{[\sqrt{n}]} V_{x-x/k}^{x+(1-x)/k}(\phi_x)$$

where M is a constant independent of n and x, $V_a^b(\phi_x)$ is the total variation of ϕ_x on $[a,b]$

$$\phi_x(t) = \begin{cases} \phi(t) - \phi(x-), & t < x \\ 0, & t = x \\ \phi(t) - \phi(x+), & t > x \end{cases}$$

$$\sigma = \phi(x+) - \phi(x-)$$

and
$$f(x+) = \lim_{t \to x+0} f(t), f(x-) = \lim_{t \to x-0} f(t)$$

§ 3 Proofs

Proof of Theorem 1 Let
$$A_s(x) = 2 \sum_{j=0}^{s} \left(x - \frac{j}{n}\right) \binom{n}{j} x^j (1-x)^{n-j}$$
then we have for $0 \leqslant s \leqslant n-1$
$$A_s(x) = 2x(1-x)^{n-s} \binom{n-1}{s} x^s \qquad (7)$$

Suppose that (7) holds for $0 \leqslant s \leqslant n-2$ ((7) evidently holds for $s=0$), then
$$A_{s+1}(x) = A_s(x) + 2\left(x - \frac{s+1}{n}\right) \binom{n}{s+1} \cdot$$
$$x^{s+1}(1-x)^{n-s-1} =$$
$$2x(1-x)^{n-s-1} \binom{n-1}{s} \left((1-x) + \left(x - \frac{s+1}{n}\right) \frac{n}{s+1}\right) x^s =$$
$$2x(1-x)^{n-s-1} \binom{n-1}{s} \left(\frac{n}{s+1} - 1\right) x^{s+1} =$$
$$2x(1-x)^{n-s-1} \binom{n-1}{s+1} x^{s+1}$$

thus (7) holds by induction. At the same time, it is not difficult to see that
$$A_n(x) = 0 \qquad (8)$$

附录 Ⅳ　Bernstein 多项式逼近的一个注记

Therefore for $\dfrac{k-1}{n} \leqslant x < \dfrac{k}{n}$

$$S_n(x) = \sum_{j=0}^{n} \left| \dfrac{j}{n} - x \right| \binom{n}{j} x^j (1-x)^{n-j} =$$

$$\sum_{j=0}^{k-1} \left(x - \dfrac{j}{n} \right) \binom{n}{j} x^j (1-x)^{n-j} +$$

$$\sum_{j=k}^{n} \left(\dfrac{j}{n} - x \right) \binom{n}{j} x^j (1-x)^{n-j} =$$

$$2 \sum_{j=0}^{k-1} \left(x - \dfrac{j}{n} \right) \binom{n}{j} x^j (1-x)^{n-j} +$$

$$\sum_{j=0}^{n} \left(\dfrac{j}{n} - x \right) \binom{n}{j} x^j (1-x)^{n-j} =$$

$$2 \sum_{j=0}^{k-1} \left(x - \dfrac{j}{n} \right) \binom{n}{j} x^j (1-x)^{n-j}$$

by (8), that is, $S_n(x) = A_{k-1}(x)$. Combining it with (7) we obtain that for $0 \leqslant x < 1$

$$S_n(x) = 2x(1-x)^{n-[nx]} \binom{n-1}{[nx]} x^{[nx]}$$

and evidently

$$S_n(1) = 0$$

Proof of Theorem 2　Taking $x_n = \lambda_n^{-2} n^{-2}$, we have[①]

$$S_n(x_n) = 2\lambda_n^{-2} n^{-2} (1 - \lambda_n^{-2} n^{-2})^n \sim \lambda_n^{-2} n^{-2}$$

by Theorem 1, while

$$\left(\dfrac{2 x_n (1 - x_n)}{\pi n} \right)^{\frac{1}{2}} \sim \lambda_n^{-1} n^{-\frac{3}{2}}$$

---

①　By $A_n \sim B_n$ we indicate that there is a positive constant M independent of n such that $M^{-1} \leqslant A_n / B_n \leqslant M$.

that is
$$\lambda_n S_n(x_n)\left(\frac{2x_n(1-x_n)}{\pi n}\right)^{-\frac{1}{2}} \sim n^{-\frac{1}{2}}$$
thus we get the required result.

Proof of Theorem 3 First we discuss the case $\frac{2}{n} \leqslant x \leqslant \frac{1}{2}$. Without loss of generality assume that $n \geqslant 4$. Write $[nx] = v$. Then
$$1 - \frac{v}{n} = 1 - x + \rho, 0 \leqslant \rho < \frac{1}{n} \qquad (9)$$
From Theorem 1, it follows that
$$S_n(x) = 2x(1-x+\rho)\frac{n!}{v!}\frac{x^v(1-x)^{n-v}}{(n-v)!}$$
By using Stirling formula
$$n! = \sqrt{2\pi n}\, n^n \mathrm{e}^{-n} \mathrm{e}^{\theta_n/(12n)},\ |\theta_n| \leqslant 1$$
we get
$$S_n(x) = 2x(1-x+\rho)\left(\frac{n}{2\pi v(n-v)}\right)^{\frac{1}{2}} \cdot$$
$$\frac{n^n}{v^v(n-v)^{n-v}}x^v(1-x)^{n-v}(1+O(v^{-1}))$$

While
$$W = \left(\frac{nx}{v}\right)^v\left(\frac{n(1-x)}{n-v}\right)^{n-v}$$
we see (9) yields that
$$\sqrt{\frac{n^2}{v(n-v)}} = \sqrt{\frac{1}{x(1-x)}} + O(n^{-1}x^{-\frac{3}{2}})$$
hence
$$S_n(x) = 2x(1-x+\rho)(1+O(v^{-1})) \cdot$$

附录 Ⅳ　Bernstein 多项式逼近的一个注记

$$\left(\frac{1}{\sqrt{x(1-x)}}+O(n^{-1}x^{-\frac{3}{2}})\right)\sqrt{\frac{1}{2\pi n}}W$$

(10)

It is not difficult to deduce that

$$-\ln W = v\ln\frac{v}{nx}+(n-v)\ln\left(\frac{1}{1-x}\left(1-\frac{v}{n}\right)\right)=$$

$$v\ln\left(1+x^{-1}\left(\frac{v}{n}-x\right)\right)+$$

$$(n-v)\ln\left(1-\frac{1}{1-x}\left(\frac{v}{n}-x\right)\right)=$$

$$vx^{-1}\left(\frac{v}{n}-x\right)-(n-v)\cdot$$

$$\frac{1}{1-x}\left(\frac{v}{n}-x\right)+O(v^{-1})=$$

$$nx^{-1}(1-x)^{-1}\left(\frac{v}{n}-x\right)^2+$$

$$O(v^{-1})=O(v^{-1})$$

Therefore

$$W = 1 + O(v^{-1})$$

Combining it with (10) we get

$$S_n(x) = 2x(1-x+\rho)(1+O(v^{-1}))\cdot$$

$$\left(\frac{1}{\sqrt{x(1-x)}}+O(n^{-1}x^{-\frac{3}{2}})\right)\sqrt{\frac{1}{2\pi n}}$$

that is

$$S_n(x) = \sqrt{\frac{2x(1-x)}{\pi n}}+O(x^{-\frac{1}{2}}n^{-\frac{3}{2}})$$

for $\frac{1}{2}\leqslant x\leqslant\frac{2}{n}$. Meanwhile the symmetry implies that

$$S_n(x) = \sqrt{\frac{2x(1-x)}{\pi n}}+O((1-x)^{-\frac{1}{2}}n^{-\frac{3}{2}})$$

for $\frac{1}{2} \leqslant x \leqslant 1 - \frac{2}{n}$, or

$$S_n(x) = \sqrt{\frac{2x(1-x)}{\pi n}} + O\left(\frac{1}{n^{\frac{3}{2}}\sqrt{x(1-x)}}\right)$$

for $\frac{1}{2} \leqslant x \leqslant 1 - \frac{2}{n}$. In the case $0 \leqslant x < \frac{2}{n}$, by Theorem 1 we have

$$S_n(x) - \sqrt{\frac{2x(1-x)}{\pi n}} = 2x(1-x)^n - \sqrt{\frac{2x(1-x)}{\pi n}} = O\left(\frac{\sqrt{x(1-x)}}{\sqrt{n}(nx(1-x)+1)}\right)$$

The same result is also valid for $1 - \frac{2}{n} < x \leqslant 1$. Therefore for $0 \leqslant x \leqslant 1$

$$S_n(x) = \sqrt{\frac{2x(1-x)}{\pi n}} + O\left(\frac{\sqrt{x(1-x)}}{\sqrt{n}(nx(1-x)+1)}\right)$$

In particular

$$S_n(x) = \sqrt{\frac{2x(1-x)}{\pi n}} + O(n^{-1})$$

that is (6) fo Corollary 2.

Proof of Theorem 4 Applying Theorem 3, with the other arguments of proof of Theorem 2 in [40] rematining, we have the desired result.

Note added in proof. Recently the second author has recognized from Gonska's letter that a formula similar to Theorem 1 had been proved by Schurer and Steutel [F. Schurer and F. W. Steutel, "On the Degree of Approximation of Functions in $C^1[0,1]$ by Bernstein Polynomials", T. H.-Report 75-WSK-07

附录 Ⅳ　Bernstein 多项式逼近的一个注记

(Onderafdeling der Wiskunde), Technische Hogeschool Eindhoven, The Netherlands, 1975] (this work does not appear to be particularly well known).

附录Ⅴ 数值分析中的伯恩斯坦多项式

§1 伯恩斯坦多项式的一些性质

由前面的讨论可知,虽然给定函数 $f(x)$ 的最优的均匀逼近可由广义多项式保证且以这些多项式去逼近的方法也是最好的,但因为在一般情形下没有有效的方法去作广义多项式,所以利用均匀趋于 $f(x)$ 的另一些多项式是适当的. 其中特别重要的是伯恩斯坦多项式 $B_n(x)$,按照 $f(x)$ 在区间(在其中可实现函数 $f(x)$ 以多项式 $B_n(x)$ 的逼近)的离散点处的一些特殊值去作这些多项式并没有任何困难. 被伯恩斯坦推广了的 E•B•伏罗诺夫斯卡娅的研究证明了,虽然函数 $f(x)$ 的微分性质当 $n \to \infty$ 时对切比雪夫的最优逼近的递减的阶有影响,但以多项式 $B_n(x)$ 来逼近的阶却与 $f(x)$ 的性质无关. 更详细些说,在伏罗诺夫斯卡娅的著作中所得的结果说到,对于任一区间 $[0,1]$ 上有连续二阶导数 $f''(x)$ 的函数 $f(x)$,极限等式

$$\lim_{n \to \infty} n \left[f(x) - \sum_{m=0}^{n} \binom{n}{m} f\left(\frac{m}{n}\right) x^m (1-x)^{n-m} \right] = -\frac{1}{2} x(1-x) f''(x) \tag{1}$$

附录 V　数值分析中的伯恩斯坦多项式

是成立的.

欲证明(1)，我们假定函数 $f(x)$ 在区间 $[0,1]$ 内有连续二阶导数并考虑差

$$f(x) - B_n(x) = \sum_{m=0}^{n} \binom{n}{m} x^m (1-x)^{n-m} \left[f(x) - f\left(\frac{m}{n}\right) \right]$$

因为按戴劳公式

$$f\left(\frac{m}{n}\right) - f(x) = \left(\frac{m}{n} - x\right) f'(x) +$$

$$\frac{1}{2} \left(\frac{m}{n} - x\right)^2 f''\left[x + \left(\frac{m}{n} - x\right)\theta\right], 0 < \theta < 1$$

所以可以写出

$$f(x) - B_n(x) = -f'(x) \sum_{m=0}^{n} \binom{n}{m}$$

$$x^m (1-x)^{n-m} \left(\frac{m}{n} - x\right) -$$

$$\frac{1}{2} \sum_{m=0}^{n} \binom{n}{m} x^m (1-x)^{n-m} \left(\frac{m}{n} - x\right)^2 \cdot$$

$$f''\left[x + \left(\frac{m}{n} - x\right)\theta\right]$$

此等式右端的第一个和是消失的. 第二个和可写作

$$-\frac{1}{2} f''(x) \sum_{m=0}^{n} \left(\frac{m}{n} - x\right)^2 \binom{n}{m} x^m (1-x)^{n-m} -$$

$$\frac{1}{2} \sum_{m=0}^{n} \left(\frac{m}{n} - x\right)^2 \binom{n}{m} x^m (1-x)^{n-m} \alpha_m$$

其中

$$\alpha_m = f''\left[x + \left(\frac{m}{n} - x\right)\theta\right] - f''(x)$$

这后两个和中的第一个等于

Bernstein 多项式与 Bézier 曲面

$$-\frac{x(1-x)f''(x)}{2n}$$

今将第二个和分成两个和：$\sum'$ 和 $\sum''$，在 $\sum'$ 中包含着使 $\left|\dfrac{m}{n}-x\right| \leqslant \dfrac{1}{\sqrt[4]{n}}$ 的一些项，而在 $\sum''$ 中的是所有其他的项.

于是

$$\left|\sum\nolimits'\right| \leqslant \varepsilon_n \sum_{m=0}^{n}\left(\frac{m}{n}-x\right)^2 \binom{n}{m} x^m (1-x)^{n-m} = \frac{x(1-x)}{n}\varepsilon_n$$

其中

$$\varepsilon_n = \max_{\left|\frac{m}{n}-x\right| \leqslant \frac{1}{\sqrt[4]{n}}} |\alpha_m|$$

随 n 的增大与 $\dfrac{m}{n}-x$ 同趋于零，又因为 $\left|\dfrac{m}{n}-x\right| > \dfrac{1}{\sqrt[4]{n}}$，所以

$$\left|\sum\nolimits''\right| \leqslant \frac{M}{2}\sum_{m=0}^{n}\frac{\left(\dfrac{m}{n}-x\right)^4}{\left(\dfrac{m}{n}-x\right)^2}\binom{n}{m}x^m(1-x)^{n-m} \leqslant$$

$$\frac{M\sqrt{n}}{2}\sum_{m=0}^{n}\left(\frac{m}{n}-x\right)^4\binom{n}{m}x^m(1-x)^{n-m}$$

其中 M 表示

$$\left|f''\left[x+\left(\frac{m}{n}-x\right)\theta\right]-f''(x)\right|$$

在区间 $[0,1]$ 上的上确界. 上一不等式可改写成如下形式

$$\left|\sum\nolimits''\right| \leqslant \frac{M}{2n\sqrt{n}}\left\{3x^2(1-x)^2 + \frac{x(1-x)[1-6x(1-x)]}{n}\right\}$$

因此

附录 V　数值分析中的伯恩斯坦多项式

$$\left| \sum_{m=0}^{n} \left(\frac{m}{n} - x \right)^2 \binom{n}{m} x^m (1-x)^{n-m} \alpha_m \right| \leqslant \frac{\rho_n}{n}$$

其中

$$\rho_n = x(1-x)\varepsilon_n + \frac{M}{2\sqrt{n}} \left\{ 3x^2(1-x)^2 + \frac{x(1-x)[1-6x(1-x)]}{n} \right\}$$

随 n 的增大而趋于零.

因此,极限等式(1)得证.我们可用它来写出渐近关系式

$$f(x) - B_n(x) \sim \frac{1}{2n} x(1-x) f''(x)$$

对于在 $f''(x)$ 变为零的各个点

$$\lim_{n \to \infty} n [f(x) - B_n(x)] = 0$$

因此,在区间 $[0,1]$ 内任一个具有不消失的连续二阶导数的函数 $f(x)$ 不能用 n 次的伯恩斯坦多项式以其阶比 $\frac{1}{n}$ 为高的近似来逼近.对于使 $f''(x)$ 变为零的各个点,逼近的阶较高.在 $f''(x) \equiv 0$ 的情形,便达到线性函数,它与伯恩斯坦多项式

$$f(0) + [f(1) - f(0)] x = B_1(x)$$

一致.

等式(1)的更一般的形式

$$f(x) - B_n(x) = -\sum_{k=1}^{2v} \frac{S_{k,n}(x)}{k!} f^{(k)}(x) - \frac{\varepsilon}{n^v} \quad (2)$$

是伯恩斯坦得到的,其中 ε 随 n 的增大而趋于零.

如果 $f(x)$ 有连续的高阶导数,则渐近等式(2)能使我们作出更快的趋于 $f(x)$ 的多项式.

例如,对于在区间 $[0,1]$ 上逼近在此区间上有四

阶连续导数的 $f(x)$ 的多项式

$$\sum_{m=0}^{n}\left[f\left(\frac{m}{n}\right)-\frac{x(1-x)}{2n}f''\left(\frac{m}{n}\right)\right]\binom{n}{m}x^m(1-x)^{n-m},$$
$$0\leqslant x\leqslant 1$$

下列渐近等式是成立的

$$f(x)-\sum_{m=0}^{n}\left[f\left(\frac{m}{n}\right)-\frac{x(1-x)}{2n}f''\left(\frac{m}{n}\right)\right]\cdot$$

$$\binom{n}{m}x^m(1-x)^{n-m}=$$

$$\left[\frac{x^2(1-x)^2}{8}f^{(4)}(x)-\frac{x(1-x)(1-2x)}{6}f'''(x)\right]\cdot$$

$$\frac{1}{n^2}+\frac{\rho_n}{n^2}$$

其中 ρ_n 随 n 增大而趋于零.

§2 关于被逼近的函数的导数与伯恩斯坦逼近多项式间的联系

今叙述一个定理①,它说:如果 $f(x)$ 在区间 $[0,1]$ 的每个点处都有连续的 k 阶导数 $f^{(k)}(x)$,则对 $r=1$, $2,\cdots,k$,导数 $B_n^{(r)}(x)$ 在区间 $[0,1]$ 上均匀趋于 $f^{(r)}(x)$.

首先对 $k=1$ 来证此定理. 将 $B_n(x)$ 的导数表作

---

① 此定理在 C·M·尼哥里斯基的论文中是作为 И·H·赫罗道夫斯基定理而引入的,认为是他在全苏联数学会的著作 I 中发表的(哈力阔夫,1930). 但在那里并未找到赫罗道夫斯基的文章. 此处所引的证明就观念上说与 B·Л·冈查洛夫的证明是一致的.

附录 V 数值分析中的伯恩斯坦多项式

$$B'_n(x) = n\sum_{m=0}^{n-1}\left[f\left(\frac{m+1}{n}\right) - f\left(\frac{m}{n}\right)\right]\binom{n-1}{m} \cdot x^m(1-x)^{n-m-1}$$

并注意到

$$n\left[f\left(\frac{m+1}{n}\right) - f\left(\frac{m}{n}\right)\right] = f'(\xi_m), \frac{m}{n} < \xi_m < \frac{m+1}{n}$$

由此可得

$$B'_n(x) = \sum_{m=0}^{n-1} f'(\xi_m)\binom{n-1}{m}x^m(1-x)^{n-m-1} =$$
$$\sum_{m=0}^{n-1} f'\left(\frac{m}{n-1}\right)\binom{n-1}{m}x^m(1-x)^{n-m-1} +$$
$$\sum_{m=0}^{n-1} \left[f'(\xi_m) - f'\left(\frac{m}{n-1}\right)\right]\binom{n-1}{m} \cdot x^m(1-x)^{n-m-1}$$

上一等式右端的第一个和,在全区间$[0,1]$上均匀的趋于极限$f'(x)$;因为按条件,导数$f'(x)$是连续的,而此和的本身也就是对函数$f'(x)$的$n-1$次伯恩斯坦多项式. 第二个和的绝对值不大于

$$\max_{\left|\xi_m - \frac{m}{n-1}\right| < \frac{1}{n}} \left|f'(\xi_m) - f'\left(\frac{m}{n-1}\right)\right|$$

但因$f'(x)$在区间$[0,1]$上是连续的,这就是说,它在此区间上均匀连续. 所以,不论$\varepsilon > 0$怎样小,恒可指出如此的$n = n(\varepsilon)$使得对$[0,1]$中满足不等式

$$\left|\xi_m - \frac{m}{n-1}\right| < \frac{1}{n}$$

的所有值ξ_m和$\frac{m}{n-1}$,不等式

$$\max\left|f'(\xi_m) - f'\left(\frac{m}{n-1}\right)\right| < \varepsilon$$

成立.

因此,第二个和均匀的趋于零,故对于 $k=1$,定理得证.

不难证实
$$B_n''(x) = n(n-1)\sum_{m=0}^{n-2}\left[f\left(\frac{m+2}{n}\right)-2f\left(\frac{m+1}{n}\right)+f\left(\frac{m}{n}\right)\right]\cdot\binom{n-2}{m}x^m(1-x)^{n-m-2}$$

一般地
$$B_n^{(k)}(x) = n(n-1)\cdots[n-(k-1)]\cdot\sum_{m=0}^{n-k}\Delta^k f\left(\frac{m}{n}\right)\binom{n-k}{m}x^m(1-x)^{n-m-k}$$

其中 $\Delta^k f\left(\dfrac{m}{n}\right)$ 是函数 $f(x)$ 在点 $x=\dfrac{m}{n}$ 处对于彼此相距 $\dfrac{1}{n}$ 的一串 x 值的 k 阶有限差分.

但据前文中确立 $\Delta^n f(a)$ 和 $f^{(n)}(\xi)$ 间的联系的一个公式,可以写出
$$n^k \Delta^k f\left(\frac{m}{n}\right) = f^{(k)}(\xi_m),\ \frac{m}{n}<\xi_m<\frac{m+k}{n}$$

因此
$$B_n^{(k)}(x) = \left(1-\frac{1}{n}\right)\left(1-\frac{2}{n}\right)\cdots\left(1-\frac{k-1}{n}\right)\cdot\sum_{m=0}^{n-k}f^{(k)}(\xi_m)\binom{n-k}{m}x^m(1-x)^{n-m-k}$$

今可将这个表达式改写为
$$B_n^{(k)}(x) = \prod_{s=1}^{k-1}\left(1-\frac{s}{n}\right)\sum_{m=0}^{n-k}f^{(k)}\left(\frac{m}{n-k}\right)\binom{n-k}{m}x^m(1-x)^{n-m-k}+$$

附录 V 数值分析中的伯恩斯坦多项式

$$\prod_{s=1}^{k-1}\left(1-\frac{s}{n}\right)\sum_{m=0}^{n-k}\left[f^{(k)}(\xi_m)-f^{(k)}\left(\frac{m}{n-k}\right)\right]\binom{n-k}{m} \cdot$$
$$x^m(1-x)^{n-m-k}$$

且在以后,我们假定 $\left|\xi_m-\dfrac{m}{n-k}\right|<\dfrac{k}{n}$,这是因为 ξ_m 和 $\dfrac{m}{n-k}$ 都属于长为 $\dfrac{k}{n}$ 的同一个区间 $\left[\dfrac{m}{n},\dfrac{m+k}{n}\right]$.

上一等式右端的第一项在全区间 $[0,1]$ 上均匀的趋于极限 $f^{(k)}(x)$,因为在和前的系数随 n 的增大趋于 1,而和本身则是对于函数 $f^{(k)}(x)$ 的 $n-k$ 次伯恩斯坦多项式. 第二个和的绝对值不超过

$$\max_{\left|\xi_m-\frac{m}{n-k}\right|<\frac{k}{n}}\left|f^{(k)}(\xi_m)-f^{(k)}\left(\frac{m}{n-k}\right)\right|$$

因而据 $f^{(k)}(x)$ 的区间 $[0,1]$ 上的均匀连续性,此和均匀的趋于零.

因此,如果函数 $f(x)(0\leqslant x\leqslant 1)$ 有连续导数 $f^{(k)}(x)$,则

$$\lim_{n\to\infty}B_n^{(k)}(x)=f^{(k)}(x)$$

对 x 是均匀的.

今根据所证,可陈述下一结果:对于在区间 $[0,1]$ 内的无限次可微函数 $f(x)$,级数

$$f(x)=B_1(x)+[B_2(x)-B_1(x)]+\cdots+$$
$$[B_{n+1}(x)-B_n(x)]+\cdots$$

可逐项微分任意多次,只要 x 在区间 $[0,1]$ 内,而且于此所得的级数在区间 $[0,1]$ 内均匀收敛.

§3 最小偏差递减的快慢

由于魏尔斯特拉斯的关于在给定区间上的连续函数能用充分高次的多项式以任意的逼近来表示的这一定理,使得当 $n \to \infty$ 时,$E_n(f)$ 递减的快慢问题获得巨大的意义.魏尔斯特拉斯定理一点也没有谈到当 $n \to \infty$ 时,$E_n(f) \to 0$ 的快慢.此处简单地介绍一下关于被逼近函数的构造性质对它的最优的逼近 $E_n(f)$ 的递减阶数的影响问题.我们指出,函数 $f(x)$ 的微分性质(连续性,满足李普希兹条件,可微性等)对它的最优的逼近 $E_n(f)$ 当 $n \to \infty$ 时是有影响的.函数 $f(x)$ 的微分性质和量 $E_n(f)$ 递减的快慢之间的关联在伯恩斯坦和杰克逊的工作中出色地解决了.如果说伯恩斯坦是注意于函数 $f(x)$ 的性质按最优的逼近 $E_n(f)$ 的性能而回复的问题,则杰克逊是集中其注意于由关于函数 $f(x)$ 的构造性质能判定最优的逼近的微小性的阶的一些定理.

曾有人注意,对于在给定区间内不具备连续可微性的连续函数,如
$$f(x) = |x|^p, p = 0$$
用多项式来逼近的问题.曾注意过 $|x|^s$ 的最优逼近的递减的阶的问题.伯恩斯坦已证明过,$|x|$ 在 $[-1,1]$ 上借助于次数 n 递增的诸多项式的最优逼近的阶等于 $\dfrac{1}{n}$.后来他还证明,当 $n \to \infty$ 时,渐近等式
$$E_n(|x|^p) \sim \frac{\mu(p)}{n^p}$$

附录 V 数值分析中的伯恩斯坦多项式

是成立的,其中 $\mu(p)$ 是参数 p 的连续函数,它在所有 p 的整值处变为零.

由于具有"角点"的连续函数可用多项式逼近,能否使 $E_n(f)$ 趋于零的速度加快的问题就是极为重要的了. 此问题,瓦雷-布桑曾对一个特殊问题表述过,是说"能不能将折线的纵坐标用 n 次的多项式以其阶不高于 $\dfrac{1}{n}$ 的误差来近似表示,知道这一点是很要紧的". 对此问题的完全回答是伯恩斯坦给出的. 他曾证明,有正数 A 和 B 存在,能使

$$\frac{A}{n} < E_n(|x|) < \frac{B}{n}$$

如已经指出的,杰克逊的研究使我们能按被逼近函数的构造性质来判定关于最优的逼近 $E_n(f)$ 递减的快慢,因而这样便使关于在给定区间上连续函数的逼近的魏尔斯特拉斯定理更精密了. 在伯恩斯坦的研究中,函数的构造性质是未知的,而是按最优的逼近 $E_n(f)$ 递减的性质来对构造性质做出结论. 本书的范围不允许我们更详尽地叙述这些卓越的研究,但是我们仍然要将伯恩斯坦许多定理中的一个与其对应的杰克逊逆定理作一下比较,由此也稍许详细地说明了这类研究在函数的最优逼近理论中的价值.

例如,此处便是有关的结果. 按杰克逊定理,如果 $f(x)$ 是周期为 2π 的连续函数且它有 $r \geqslant 0$ 阶导数,此导数满足幂次为 $\alpha(0 < \alpha < 1)$ 且带常数 $M > 0$ 的李普希兹条件(x'' 和 x' 为区间 $0 \leqslant x \leqslant 2\pi$ 的任意点)

$$|f^{(r)}(x'') - f^{(r)}(x')| \leqslant M |x'' - x'|^{\alpha} \quad (3)$$

则有常数 $k_1 > 0$ 存在,能使对 $f(x)$ 的最优的三角逼近,不等式

$$E_n(f) \leqslant \frac{k_1}{n^{r+a}} \qquad (4)$$

成立. 对这个函数 $f(x)$, 伯恩斯坦定理断定, 如果对于被 n 次三角多项式所逼近的周期函数 $f(x)$, 不等式(4)满足(在不等式的右端应以另一常数 k 代替 k_1), 则函数 $f(x)$ 有满足李普希兹条件(3)的连续 r 阶导数.

这两个定理可结合成为一个定理.

定理　欲使属于周期为 2π 的周期类函数 $f(x)$ 有满足李普希兹条件(3)的 $r \geqslant 0$ 阶导数, 必要(杰克逊)且充分(伯恩斯坦)的条件为不等式(4)成立.

当 $\alpha = 1$ 时, 条件(4)是必要的, 但它不是充分的.

参考文献

[1] Ashok Sahai. An Iterative Algorithm for Improved Approximation by Bernstein's Operator Using Statistical Perspective[J]. Applied Mathematics and Computation, 2004, 149:327-335.

[2] Lorwnz G G. Bernstein Polynomials[M]. Toronto: American Mathematical Society, 1953.

[3] Ditzian Z. Derivatives of Bernstein Polynomials and Smoothness[J]. Proc. Amer. Matn. Soc., 1985, 93:25-31.

[4] Zhou D X. On Smoothness Characterized by Bernstein Type Operators[J]. J. Approx. Theory, 1995, 81:303-315.

[5] Ditzian Z. Inverse Theorems for Multidimensional Bernstin Operators[J]. Pacific J. Math., 1986, 121:293-319.

[6] Guo Shunsheng, Qi Qiulan. Strong Converse Inequality for Bernstein Operators[J]. Acta Math. Sinica, 2003, 46:891-896.

[7] Cao Feilong, Yang Ruyue, Xu Zongben. Multivariate Bernstein Operators and Smoothness of Function[J]. Acta Math. Appl. Sinica 2001, 24:582-589.

[8] Stancu D D. Asupra Unei Generalizano a Polinomdorlui Bernstein [J]. Studia Univ. Basel-

Boljeu,1969,2:31-45.

[9] Volkov V I. On the Convergence of Sequences of Linear Positive Operators in the Space of Two Variable[J]. Dokl. Akad. Nauk. SSSR(N. S.),1957,115:17-19.

[10] Bézier P. Numerical Control-Mathematics and Applications[M]. London: John Wiley and Sons,1972.

[11] Gordon W J, Riesenfeld R F. Bernstein-Bézier Methods for Computer-Aided Design of Free Form Curves and Surfaces[J]. J. of ACM,1974,21(2):293-310.

[12] 苏步青.高维仿射空间参数曲线的某些内在不变量[J].应用数学学报,1980,3:139-146.

[13] 苏步青.关于三次参数样条曲线的一些注记[J].应用数学学报,1976,8:49-58.

[14] 刘鼎元.有理 Bézier 曲线[J].应用数学学报,1985,8(1):70-83.

[15] 苏步青.关于三次参数样条曲线的一个定理[J].应用数学学报,1997(1):49-54.

[16] 苏步青.论 Bézier 曲线的仿射不变量[J].计算数学,1980(2):289-298.

[17] 华宣积.关于三次 Bézier 曲线的凸性[J].计算数学,1981(3):377-380.

[18] 莫蓉,吴英,常智勇.计算机辅助几何造型技术[M].北京:科学出版社,2004:56-62.

[19] Marnar E. Shape preserving alternatives to the rational Bézier model[J]. Computer Aided Geo-

metric Design,2001,18(1):37-60.

[20] Zhang Jiwen. C-curves: an extention of cubic curves[J]. Computer Aided Geometric Design, 1996,13(2):199-217.

[21] 朝旭里,刘圣军. 二次 Bézier 曲线的扩展[J]. 中南工业大学学报(自然科学版),2003,34(2):214-217.

[22] 潘庆云,陈素根. 五次 Bézier 曲线的三种不同扩展[J]. 安庆师范学院学报(自然科学版),2008,14(2):70-73.

[23] 谢进,邬弘毅. 一类带双参数的二次三角 Bézier 曲线[J]. 合肥学院学报(自然科学版),2006,16(1):20-23.

[24] 杨联强,邬弘毅. 带形状参数的三次三角 Bézier 曲线[J]. 合肥工业大学学报(自然科学版),2005,28(11):1 472-1 476.

[25] 谢进,洪素珍. 一类带两个形状参数的三次 Bézier 曲线[J]. 计算机工程与设计,2007,28(6):1 361-1 363.

[26] 邬弘毅,夏成林. 带多个形状参数的 Bézier 曲线与曲面的扩展[J]. 计算机辅助几何设计与图形学学报,2005,17(12):2 607-2 612.

[27] 严兰兰,宋来忠. 带多个形状参数的 Bézier 曲线[J]. 工程图形学学报,2008(3):88-92.

[28] Goldman R. 金字塔算法——曲线曲面几何模型的动态编程处理[M]. 吴宗敏,译. 北京:电子工业出版社,2004:152-157.

[29] Bernstein S N. Collected Works[M]. Moscow:

[s. n.],1954(Ⅱ):130-140.

[30] Grünwald G. On a convergence theorem for the lagrange interpolation polynomials[J]. Bull of AMS,1941(47):271-275.

[31] 陈建功. 三角级数论(下册)[M]. 上海:上海科学技术出版社,1979.

[32] Киш O. О Иекоторых Иитерполяционных Процессах С Н бернштейна[J]. Acta Math. Acad. Sci. Hungar.,1973(24):353-361.

[33] Varma A K. A New Proof of A F Timan's Approximation Theorem,II[J]. J. Approx. Theory,1976(18):57-62.

[34] Varma A K. On an Interpolation Process of S N Bernstein[J]. Acta Math. Acad. Sci. Hungar.,1978(31):81-87.

[35] Mills T M,Varma A K. A New Proof of A. F. Timan's Approximation Theorem[J]. Israel J. Math.,1974(18):39-44.

[36] Chauhan B P S,Srivastava K B. Uniform convergence and rapidity of convergence of Grünwald－Type operators on extended tchebychev nodes of second kind[J]. Indian J. Pure and Appl. Math.,1978(9):1 337-1 343.

[37] DeVore R A. Degree of Approximation[C]//In Approximation Theory II(G. G. Lorentz Ed.). New York:Acad. Press,1976.

[38] Bojanic R,Cheng F H. Rate of convergence of Bernstein polynomials for functions with deriva-

tives of bounded variation[J]. Math. Anal. Appl.,1989(141):136-151.

[39] Bernstein S N. Démonstration du théoremè de Weierstrass, fondé sur les probabilites [J]. Comm. Soc. Math. Kharkow,1912－1913(3):1-2.

[40] Popoviciu T. Sur l'approximation des fonctions convexes d'ordre superieur[J]. Mathematica (Cluj),1935(10):49-54.

[41] Sikkema P C. Der Wert einiger Konstanten in der Theorie der Approximation mit Bernstein－Polynomen[J]. Numer. Math.,1961(3):107-116.

[42] DeVore R A. The Approximation of Continuous Functions by Positive Linear Operators [M]. New York:Springer－Verlag,1972.

[43] Bojanic R. On the approximation of continuous functions by Bernstein polynomials (Serbian) [J]. Acad. Serbe Sci. Arts Glas,1959(232):59-65.

[44] Cheng F H. On the rate of convergence of Bernstein polynomials for bounded variation [J]. J. Approx. Theory,1983(39):259-274.

[45] Davis P J. Interpolation and Approximation [M]. New York:Dover,1975.

[46] Watson G A. Approximation Theory and Numerical Methods[M]. Chichester:Wiley,1980.

[47] Kashin B S,Saakian A A. 正交级数[M]. 孙永

生,王昆扬译.北京:北京师范大学出版社,2007.

[48] Meyer Y F. Wavelets: Algorithm and Applications (Translated and Revised by Robert D R)[M]. Philadelphia: SIAM,1993.

[49] Mallat S G. A theory for multiresolution signal decomposition: The wavelet representation[J]. IEEE Trans. Pattern Analysis and Machine Intelligence,1989,11(7):674-693.

[50] Mallat S G. Multiresolution approximations and wavelet orthonomal based of ^{12}(R). Trans[J]. The American Mathematical Society,1989,315(1):69-87.

[51] Micchelli C, Xu Y S. Using the matrix refinement equation for the construction of wavelets on invariant sets[J]. Appl. Comp. Harm. Anal.,1994,1:391-401.

[52] 苏步青,刘鼎元.计算几何[M].上海:上海科学技术出版社,1981.

[53] 穗坂,黑田满.CAD いおけろ曲线曲面の成しいて[J].情报处理,1976,17.

[54] 齐东旭.分形及其计算机生成[M].北京:科学出版社,1994.

[55] de Casteljou P. Courbes et surfaces à pôles[M]. Technical Report. Paris: Citröen, 1963.

[56] Schoenberg I J. Contributions to the problem of approximation of equidistant data by analytic functions[J]. Quat. Appl. Math.,1946,4:45-99,112-141.

[57] Curry H B. Review[J]. Math. Tables Aids Comput,1947,2:167-169,211-213.

[58] de Boor C. On calculating with B-splines[J]. Journal of Approximation Theory,1972,16(1):50-62.

[59] Cox M G. The numerical evaluation of B-spline [J]. Journal of Istitute of Mathematics and Its Approximation,1972,10:134-149.

[60] Gordon W J, Riesenfeld R F. Bernstein-Bézier methods for the computer aued design of free-form curves and surfaces[J]. Journal of the ACM,1974,21(2):293-310.

[61] Gordon W J, Riesenfeld R F. B-spline curves and surfaces. Computer Aided Geometric Design[M]. New York:Academic Press,1974:95-126.

[62] de Boor C. A Practical Guide to Splines[M]. New York:Springer-Verlag,1978.

[63] 孙家昶.样条函数与计算几何[M].北京:科学出版社,1982.

[64] Kincaid D, Cheney W. Numerical Analysis: Mathematics of Sci entific Computing. Third edition[M]. New York:Thomson Learning, Inc.,2002.

[65] Qi D X, Li H. Many-knot spline technique for approximation of data[J]. Science in China(Series E),1999,42(4):383-387.

[66] Li Y S. Average of distribution and remarks on

box-splines[J]. Northeast Math., 2001,17(2): 241-252.

[67] Li Y S. The inversion of multiscale convolution approximation and average of distributions[J]. Advances in Computational Mathematics, 2003,19(1-3):293-306.

[68] Farin G. Triangular Bernstein-Bézier patches [J]. Computer Aided Geometric Design, 1986, 3(2):83-127.

[69] 常庚哲. 曲面的数学[M]. 湖南:湖南教育出版社,1995.

[70] Kirov G H. A generalization of the Bernstein polynomials[J]. Math. Balk. New Ser., 1992,6 (2):147-153.

[71] 宋瑞霞. 基于 Kirov 定理的曲线拟合方法[J]. 北方工业大学学报,2005,17(1):20-25.

[72] 宋瑞霞,王小春,马辉. 关于曲线拟合的广义 Bézier 方法[J]. 计算机工程与应用,2005,41 (20):60-63.

[73] Qi D X, Schaback R. Limit of Bernstein-Bézier curves for periodic control nets[J]. Approximation Theory and its Applications, 1994,10(3): 5-16.

[74] 王国瑾,郑建民,汪国昭. 计算机辅助几何设计[M]. 北京:高等教育出版社,2001.

[75] Hu S M, Jin T G, Wang G Z. Properties of two types generalized ball curves[J]. Computer-Aided Design, 1996,28(2):125-133.

编辑手记

无论身处怎样的社会中,精英总是精英.

在第二次世界大战中,英军死亡率为15%,但主要由贵族子弟组成的伊顿公学毕业生的死亡率达到45%!伊顿公学是英国精英的摇篮,甚至可以说其毕业生就是精英的代名词,英国不能没有伊顿.那么法国的精英在哪呢?答案是巴黎的多科工艺学院.本书的主角伯恩斯坦1899年先是毕业于巴黎大学,1901年又毕业于这所巴黎多科工艺学院,1904年获数学博士学位,是一位名符其实的数学精英.

Bernstein 多项式与 Bezier 曲面

> 有人说:"研究并不只是学院知识分子的专长.实际上,由于远离现实生活,尤其由于丧失真切的关怀,学院研究越来越接近于语词的癌变,只在叽叽喳喳的研讨会上才适合生存."(陈嘉映"执着于真切的关怀"《读书》2009.12,P28)

伯恩斯坦的研究领域在数学中是偏应用,他主要研究多项式逼近理论.这一理论的起源是在蒸气机车刚问世时,要解决将热产生的动力以四边形传杆传递到火车轮时如何能实现均匀平稳.另外,伯恩斯坦还研究了偏微分方程和概率论.而这两个领域中的问题来源大都是物理世界中提出来的.特别是今天金融学中常用的随机微分方程,伯恩斯坦那时就将其拿来用于对概率论方法进行研究.他的研究使我们感觉到数学无处不在.这正如一段电影台词,48岁的布拉德·皮特在全球同步首映的香奈儿影片《总有你在》中,念了一段意境悠远的广告词——"不管我去哪,你都在.我的运,我的命."

本书的第二部分内容是与贝齐尔曲面有关,而贝齐尔曲面最耀眼的应用就是在汽车外形设计中的应用,所以为了增强感性认识,我们特别加了一个很长的附录,其作者就是使用此方法的总监.在此表示感谢并惊叹于应用之巧妙.巴贝奇对此有一个理论,剑桥大学"卢卡斯讲座"数学教授,牛顿的继任查尔斯·巴贝奇的最大贡献不在于提出了什么理论,而在于将数学方法引入管理领域,试图用数学方法来解决管理问题,他

编辑手记

还创造性地将人的脑力劳动进行了分工,他以桥梁和公路学校的校长 G·F·普罗尼为例来说明.普罗尼在准备绘制一套详尽的数学表时,成功地把他的工作人员分成熟练、半熟练和不熟练三类,进而把比较复杂的任务交给能力强的数学家去完成,把比较简单的但又是必须做的杂务,交给只会加减法的人去做,这样保存了能力较强的数学家进行复杂工作的实力.

本书最初是由一个竞赛试题的解法产生的.当一项大赛出来之后会有许多教练员去研究新的解法.缺乏高深素养的人往往会给出表面上十分花哨但没什么本质性新意的方法.而像常庚哲这样的大家给出的解法才能使我们嗅到一丝近代数学的气息,并从中领悟到试题背后的东西,也就是试题的背景.这样一来二去材料越积越多便成了现在这个样子.

1942年出生于中国,1962年入读牛津大学历史系,后转而研究哲学的牛津大学高级研究员德里克·帕菲特被许多人视为英语世界最具原创性的道德哲学家.他写了一本名为《论何者重要》的书.帕菲特希望他的书尽可能地接近完美,他希望回答所有可能的反驳.为此,他把书稿送给所有他认识的哲学家,征求批评,有250多个人提交了他们的评论.他花了好几年的时间修正每一个错误.随着他订正错误,澄清论证,书变得越来越厚.他本来是想写一本小书,结果变成了一部厚达1400页的书.本书作者显然不想这样做.

在奥斯汀的《傲慢与偏见》中有一句令人记忆犹新又追悔莫及的名言:"将爱埋藏得太深有时是一件坏事."所以,我们要及时将我们喜爱的题目及背景拿出来与大家分享.这是出版的乐趣.江西教育出版社社长傅伟中说："只要我们锲而不舍,循而不拘,学而不厌,诚而不伪,出版犹如'我们青春岁月里的初恋',永远不会成为出版人生涯中的一件坏事."

苏轼有"常行于所当行,常止于所不可不止"的语句.数学工作室致力于重版数学经典,传播数学文化是我们在"行于所当行".如果因应试教育的进一步泛滥令数学经典无处立身,因经济原因而停转,则是该止于所不可不止,所以我们要有紧迫感.

刘培杰

2015 年 11 月 26 日

于哈工大